lbf 14201
43 ing 110

Ausgeschieden im Jahr 2025

Anleitung zum praktischen Gebrauch der Laplace-Transformation und der Z-Transformation

von
Prof. Dr. Gustav Doetsch †

6. Auflage

Mit 43 Figuren
und einer Tabelle korrespondierender Funktionen
von Prof. Dr. Rudolf Herschel

R. Oldenbourg Verlag München Wien 1989

CIP-Titelaufnahme der Deutschen Bibliothek

Doetsch, Gustav:
Anleitung zum praktischen Gebrauch der Laplace-Transformation und der Z-Transformation / Gustav Doetsch. Mit 43 Fig. u.e. Tab. korrespondierender Funktionen von Rudolf Herschel. – 6. Aufl., Nachdr. d. 3., neubearb. Aufl. – München ; Wien : Oldenbourg, 1989
  ISBN 3-486-21310-5

Nachdruck der 3., neu bearbeiteten Auflage

© 6. Auflage 1989 R. Oldenbourg Verlag GmbH, München

Das Werk einschließlich aller Abbildungen ist urheberrechtlich geschützt. Jede Verwertung außerhalb der Grenzen des Urheberrechtsgesetzes ist ohne Zustimmung des Verlages unzulässig und strafbar. Das gilt insbesondere für Vervielfältigungen, Übersetzungen, Mikroverfilmungen und die Einspeicherung und Bearbeitung in elektronischen Systemen.

Druck: Grafik + Druck, München
Bindearbeiten: R. Oldenbourg Graphische Betriebe GmbH, München

ISBN 3-486-21310-5

Aus dem Vorwort zur 2. Auflage

Für die Anwendung der Laplace-Transformation auf technische Probleme muß man eine Reihe von Sätzen über diese Transformation kennen, deren Beweise meist nicht ganz einfach, zum Teil sogar ziemlich langwierig sind. Bei dem enormen Umfang der mathematischen Kenntnisse, die der moderne Ingenieur nötig hat, ist es unmöglich, daß er auch noch sämtliche Beweise ausführlich studiert. Er muß sich häufig darauf verlassen, daß der Mathematiker für die Richtigkeit der Beweise garantiert und die Sätze in absolut einwandfreier Formulierung zur Verfügung stellt — letzteres ist wichtig, denn ein verschwommener Wortlaut, der einen Teil der Voraussetzungen verschweigt, birgt die Gefahr einer fehlerhaften Anwendung in sich.

Von diesem Standpunkt bin ich bei der Abfassung des vorliegenden Buches ausgegangen. Deshalb sind die für den eigentlichen Kalkül notwendigen und immer wieder gebrauchten Sätze im 2. Kapitel als „Regeln" in übersichtlicher und präziser Form ohne Beweis zusammengestellt. Die im weiteren Verlauf gebrauchten theoretischen Hilfsmittel sind als exakt formulierte „Sätze" durch besonderen Druck hervorgehoben, so daß sie leicht zu finden sind. Solche Voraussetzungen, die bei den Anwendungen erfahrungsgemäß oft unbeachtet bleiben und dadurch zu Fehlerquellen werden, sind durch ein „Gefahrenzeichen" kenntlich gemacht.

Dem Ingenieur mit höheren Ansprüchen, der sich für die Beweise interessiert, weil er die bei ihnen benutzten Ideen für selbständige Untersuchungen braucht, ist Gelegenheit gegeben, an Hand von Verweisen auf ein in neuerer Zeit erschienenes Buch des Verfassers die vollständigen Beweise zu studieren.

Natürlich kommen in dem Buch immer noch zahlreiche Beweise vor, nämlich bei solchen Dingen, die ohne Beweis überhaupt nicht verständlich wären oder deren Beweise anderwärts nicht zu finden sind.

Dadurch, daß die Darstellung weitgehend von theoretischen Erörterungen entlastet ist, können die Methoden der Anwendung der Laplace-Transformation deutlich herausgearbeitet und an vielen numerischen Beispielen eingeübt werden. Dabei habe ich mich bemüht, immer das Gedankliche hervortreten zu lassen. Wenn ein technisches Problem einmal mathematisch formuliert ist, etwa in Form eines Systems von Differentialgleichungen, so zeigt die Laplace-Transformation einen ganz eindeutigen Weg zur Lösung, ohne daß ein Rückgriff auf die physikalische Bedeutung der Größen nötig ist. Das bringt es mit sich, daß technische Probleme, die zunächst völlig verschieden aussehen, aber mathematisch formuliert dieselbe Struktur aufweisen, auf die gleiche Art gelöst werden können.

Besonders berücksichtigt wurde die Beziehung der Laplace-Transformation zu der dem Ingenieur so vertrauten spektralen Denkweise und zur Erzielung einer sicheren Grundlage die Spektraldarstellung von Funktionen in § 1 ausführlich behandelt. Die Laplace-Transformation nimmt die spektrale Denkweise in sich auf, geht aber weit darüber hinaus. Ihre wahre Bedeutung liegt darin, daß sie eine Zeitfunktion in eine analytische Funktion transformiert, die als Erweiterung der Spektraldichte aufgefaßt werden kann, aber die Eigenschaften der Zeitfunktion in viel vollkommenerer Weise widerspiegelt als die Spektraldichte, die zudem für viele Funktionen der Praxis überhaupt nicht existiert.

Vorwort zur 3. Auflage

Die neue Auflage unterscheidet sich von der vorhergehenden außer durch zahlreiche einzelne Änderungen vor allem durch die Einbeziehung der modernen Distributionstheorie, deren Grundzüge in einem Anhang zusammengefaßt sind, womit einem vielfach an mich von Ingenieurseite herangetragenen Wunsch entsprochen wird. Der Distributionsbegriff gestattet zunächst eine exakte Behandlung des für die Technik unentbehrlichen „Impulses" und seiner „Ableitungen", die in der klassischen Mathematik nur ein ungesichertes Dasein fristen. Des weiteren aber sind die Distributionen unentbehrlich bei den Systemen von simultanen Differentialgleichungen in dem in der Praxis am häufigsten vorliegenden Fall, daß die vorgegebenen Anfangsbedingungen mit der Struktur des Systems unverträglich sind und daher von den Lösungen nicht angenommen werden können. In der 2. Auflage wurde dieser Fall bereits so weit diskutiert, wie es im Rahmen der klassischen Mathematik möglich ist. Die jetzt angewandte Methode, die ich zum ersten Mal auf einer Veranstaltung der „Wissenschaftlichen Gesellschaft für Luft- und Raumfahrt", 21. bis 25. Oktober 1963 in Braunschweig, vorgeführt habe, dürfte wohl eine endgültige und alle Zweifel beseitigende Erledigung dieses Problems, das in der Ingenieurliteratur zu vielfältigen Diskussionen Anlaß gegeben hat, darstellen. Dies erforderte eine völlige Neugestaltung des 3. Kapitels über „Gewöhnliche Differentialgleichungen".

Eine weitere Neuerung betrifft die sogenannte $\mathcal{З}$-Transformation, die in der 2. Auflage bei der Behandlung der Differenzengleichungen und Impulssysteme als eine Methode neben anderen nicht besonders auffällig in Erscheinung trat. Um ihrer inzwischen in der Technik weiter gewachsenen Bedeutung Rechnung zu tragen, ist ihr jetzt als einer selbständigen Methode ein eigenes Kapitel eingeräumt, wobei manches einfacher und übersichtlicher gestaltet werden konnte, als es sonst geschieht.

An äußerlichen Veränderungen ist besonders zu erwähnen, daß ich mich jetzt der in der technischen Literatur ziemlich allgemein üblich gewordenen Schreibweise angeschlossen habe, die Zeitfunktionen mit kleinen und ihre Laplace-Transformierten mit den entsprechenden großen Buchstaben zu bezeichnen (früher umgekehrt).

78 Freiburg i. B. *G. Doetsch*
    Riedbergstraße 8

Inhaltsverzeichnis

Bezeichnungen 10

Kapitel 1. *Definition der Laplace-Transformation*
§ 1. Spektraldarstellung einer Funktion durch Fourier-Reihe und Fourier-Integral 11
§ 2. Das Laplace-Integral und seine physikalische Deutung 23
§ 3. Einige Eigenschaften der durch das Laplace-Integral dargestellten Funktion und Berechnung von Beispielen. 26
§ 4. Das Laplace-Integral als Transformation. 30

Kapitel 2. *Die Regeln für das Rechnen mit der Laplace-Transformation*
§ 5. Die Abbildung von Operationen 33
§ 6. Lineare Substitutionen 34
§ 7. Differentiation 36
§ 8. Integration 38
§ 9. Multiplikation und Faltung 39

Kapitel 3. *Gewöhnliche Differentialgleichungen*
§ 10. Die Differentialgleichung erster Ordnung. 43
§ 11. Die Differentialgleichung zweiter Ordnung 46
§ 12. Die inhomogene Differentialgleichung n-ter Ordnung mit verschwindenden Anfangswerten 52
§ 13. Die Antworten auf spezielle Erregungen 60
    1. Die Sprungantwort (Übergangsfunktion) 61
    2. Die Impulsantwort 63
    3. Der Frequenzgang 66
§ 14. Die homogene Differentialgleichung n-ter Ordnung mit beliebigen Anfangswerten. Die Eigenschwingungen 69
§ 15. Normales System von simultanen Differentialgleichungen; beliebige Anfangsbedingungen erfüllbar 73
§ 16. Anomales System von simultanen Differentialgleichungen unter erfüllbaren Anfangsbedingungen 81
§ 17. Anomales System von simultanen Differentialgleichungen unter nichterfüllbaren Anfangsbedingungen. Lösung durch Distributionen 84
§ 18. Die in der Technik übliche Methode der Reduktion eines Systems von Differentialgleichungen durch Elimination auf eine einzelne Gleichung für eine Unbekannte 88

§ 19. Ein System von Differentialgleichungen mit intervallweise verschiedener Struktur 90

§ 20. Das Gleichungssystem eines elektrischen Netzwerks 94

§ 21. Die Anfangswerte im anomalen Fall der Netzwerkgleichungen 99

§ 22. Nichtlineare Differentialgleichungen 105

Kapitel 4. *Partielle Differentialgleichungen*

§ 23. Allgemeine Richtlinien für die Anwendung der Laplace-Transformation auf partielle Differentialgleichungen 109

§ 24. Die Wärmeleitungsgleichung 114
    1. Verschwindende Anfangstemperatur, beliebige Randtemperaturen . . . 116
    2. Beliebige Anfangstemperatur, verschwindende Randtemperaturen . . . 119

§ 25. Das Gleichungssystem einer elektrischen Doppelleitung mit verteilten Konstanten 121

Kapitel 5. *Integralgleichungen und Integralrelationen*

§ 26. Integralgleichungen vom Faltungstypus 131

§ 27. Integralrelationen 134

Kapitel 6. *Berechnung der Originalfunktion aus der Bildfunktion*

§ 28. Das komplexe Umkehrintegral 137

§ 29. Reihenentwicklungen 141
    1. Entwicklung in Potenzreihen 141
    2. Reihenentwicklung nach Exponentialfunktionen 143
    3. Entwicklung in Reihen nach beliebigen Funktionen 148

§ 30. Numerische Berechnung der Originalfunktion 151

§ 31. Bestimmung des Maximums der Originalfunktion vermittels der Bildfunktion 154

Kapitel 7. *Asymptotisches Verhalten von Funktionen und die Frage der Stabilität*

§ 32. Einige Grenzwertsätze 156

§ 33. Allgemeiner Begriff der asymptotischen Darstellung und asymptotischen Entwicklung von Funktionen 157

§ 34. Asymptotische Entwicklung der Bildfunktion 160

§ 35. Asymptotische Entwicklung der Originalfunktion 162

§ 36. Untersuchung der Stabilität 166

Kapitel 8. *Die $\mathfrak{Z}$-Transformation und ihre Anwendungen*

§ 37. Übergang von der $\mathfrak{L}$-Transformation über die diskrete $\mathfrak{L}$-Transformation zur $\mathfrak{Z}$-Transformation 170

§ 38. Die Regeln für das Rechnen mit der $\mathfrak{Z}$-Transformation 176

§ 39. Zwei Grenzwertsätze 178

§ 40. Die allgemeine lineare Differenzengleichung 179

§ 41. Die Differenzengleichung zweiter Ordnung 182

§ 42. Das Randwertproblem der Differenzengleichung zweiter Ordnung 185

§ 43. Ein System von simultanen Differenzengleichungen unter Anfangs- und Randbedingungen (Elektrischer Kettenleiter) 186

§ 44. Erzeugung einer Folge durch ein Impulselement. Beschreibung diskontinuierlicher Prozesse durch $\mathfrak{L}$- und $\mathfrak{Z}$-Transformation 193

§ 45. Impulsgesteuerte Systeme 200

Anhang. *Die Distributionen und ihre Laplace-Transformierten*

    I. Das durch eine Funktion definierte Funktional 212

    II. Die Distribution 214

    III. Die Laplace-Transformation von Distributionen 218

Tabellen zur Laplace-Transformation

1. Operationen 225

2. Rationale Funktionen 228

3. Irrationale Funktionen 236

4. Transzendente Funktionen 238

5. Stückweise verschieden definierte Originalfunktionen 242

6. Distributionen als Originale 253

Funktionen-Verzeichnis 254

Stichwortverzeichnis 255

Bezeichnungen

$j =$ imaginäre Einheit

$z = x + jy$, $\quad x = \Re z$, $\quad y = \Im z$;

$z = r\,e^{j\varphi}$, $\quad r = |z|$, $\quad \varphi = \operatorname{arc} z$;

$\bar{z} = x - jy = r\,e^{-j\varphi}$ (komplex konjugiert zu z);

$[a] =$ größte ganze Zahl $\leq a$.

Aus satztechnischen Gründen wird in Brüchen der horizontale Bruchstrich oft durch einen schrägen ersetzt. Dabei ist für die richtige Interpretation die Regel zu beachten:

Wenn nicht durch Klammern eine andere Anordnung vorgeschrieben ist, sind Multiplikationen vor den Divisionen, und diese beiden vor den Additionen (Subtraktionen) auszuführen.

Beispiele:

$$a/bc = \frac{a}{bc} \qquad\qquad a + b/c = a + \frac{b}{c}$$

$$a/b + c = \frac{a}{b} + c \qquad\qquad a/bc + d = \frac{a}{bc} + d.$$

Dagegen muß $\frac{a}{b}c$ durch $(a/b)\,c$ ausgedrückt werden,

$$\frac{a}{b+c} \text{ durch } a/(b+c) \qquad\qquad \frac{a}{b\,(c+d)} \text{ durch } a/b\,(c+d)$$

$$\frac{a+b}{c} \quad ,, \quad (a+b)/c \qquad\qquad \frac{a}{bc+d} \quad ,, \quad a/(bc+d).$$

Die Beweise zu den in dieser »Anleitung« angeführten Sätzen findet man in dem Buch des Verfassers »Einführung in Theorie und Anwendung der Laplace-Transformation«, Birkhäuser Verlag, Basel und Stuttgart 1958, 301 Seiten. Auf dieses Buch wird mit EINF. und Angabe der Seitenzahl verwiesen.

Auf die anhängende Tabelle von Korrespondenzen wird mit TAB. und Nummer der Korrespondenz verwiesen.

 $=$ Warnungstafel.

KAPITEL 1

Definition der Laplace-Transformation

§ 1. Spektraldarstellung einer Funktion durch Fourier-Reihe und Fourier-Integral

Der Ingenieur oder Physiker verwendet mit Vorliebe solche mathematischen Begriffe, mit denen sich eine anschauliche Vorstellung verbinden läßt. Bei dem sogenannten Laplace-Integral

$$F(s) = \int_0^\infty e^{-st} f(t)\, dt$$

ist dies in der Tat der Fall.

Um zu einer physikalischen Deutung dieses Integrals zu gelangen, gehen wir aus von der bekannten Entwicklung einer reellen Funktion $f(t)$, die die Periode 2π hat, in eine *Fourier-Reihe:*

(1.1) $$f(t) = a_0 + 2 \sum_{n=1}^\infty (a_n \cos nt + b_n \sin nt),$$

deren Koeffizienten sich nach den Formeln

(1.2) $$a_n = \frac{1}{2\pi} \int_{-\pi}^{+\pi} f(t) \cos nt\, dt, \quad b_n = \frac{1}{2\pi} \int_{-\pi}^{+\pi} f(t) \sin nt\, dt \quad (n = 0, 1, 2, \ldots)$$

bestimmen. Wenn die Funktion $f(t)$ gewisse Bedingungen erfüllt, z. B. wenn sie in endlich viele stetige und monotone Stücke zerfällt (siehe Bild 1.1),

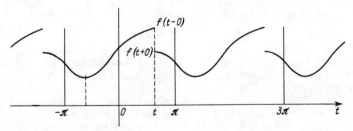

Bild 1.1 Periodische Funktion, aus stetigen und monotonen Stücken bestehend.

so konvergiert die Reihe und stellt $f(t)$ dar[1]). Mit

(1.3) $$a_n = r_n \cos \varphi_n, \qquad b_n = r_n \sin \varphi_n,$$

wo
$$r_n = (a_n{}^2 + b_n{}^2)^{1/2}, \qquad \operatorname{tg} \varphi_n = \frac{b_n}{a_n}$$

ist, nimmt die Reihe (1.1) die Gestalt an:

(1.4) $$f(t) = r_0 + 2 \sum_{n=1}^{\infty} r_n \cos(nt - \varphi_n).$$

Wenn t die Zeit bedeutet, läßt sich diese Formel anschaulich deuten als Auflösung des periodischen Vorgangs $f(t)$, der etwa die Elongation eines auf einer Geraden beweglichen materiellen Punktes darstellt, in eine *Summe von harmonischen Schwingungen*, d. h. Schwingungen der ganzzahligen Frequenzen $n = 1, 2, \ldots$ Die n-te Partialschwingung hat die Amplitude $2 r_n$, und ihre Phasenlage wird durch $-\varphi_n$ bestimmt.

In der Physik gehorchen die Funktionen in den meisten Fällen Differentialgleichungen, so daß ihre Ableitungen zu bilden sind. Die Reihen (1.1) und (1.4) haben den Nachteil, daß dabei die cos-Funktionen sich in sin-Funktionen verwandeln und umgekehrt. Dies wird vermieden, wenn man die *Fourier-Reihe in komplexer Gestalt* schreibt:

(1.5) $$f(t) = \sum_{n=-\infty}^{+\infty} c_n e^{jnt},$$

wobei die Koeffizienten c_n nach der Formel

(1.6) $$c_n = \frac{1}{2\pi} \int_{-\pi}^{+\pi} f(t) e^{-jnt} dt \qquad (n = 0, \pm 1, \pm 2, \ldots)$$

zu berechnen sind[2]).

Die beiden Darstellungen (1.1) und (1.5) sind mathematisch vollkommen äquivalent, wenn $f(t)$ reell ist. Dann ist c_0 reell und $c_{-n} = \bar{c}_n$, folglich

$$f(t) = c_0 + \sum_{n=1}^{\infty}(c_n e^{jnt} + \bar{c}_n e^{-jnt}) = c_0 + 2\sum_{n=1}^{\infty} \Re(c_n e^{jnt}).$$

---

[1]) Wo die stetigen monotonen Stücke aneinanderstoßen, kann die Funktion einen Sprung haben (vgl. Bild 1.1), ein Fall, der in den Anwendungen häufig vorkommt. Dort stellt die Reihe den Mittelwert zwischen den Grenzwerten von links und rechts, d. h. $[f(t-0) + f(t+0)]/2$ dar.

[2]) Daß bei der Reihe (1.5) der Summationsbuchstabe im Gegensatz zu (1.1) von $-\infty$ bis $+\infty$ läuft, hängt damit zusammen, daß die Funktionen $\cos nt$, $\sin nt$ mit positiv ganzzahligem $n = 0, 1, 2, \ldots$ im Intervall $(-\pi, +\pi)$ ein vollständiges Orthogonalsystem bilden, während das Orthogonalsystem e^{jnt} nur dann vollständig ist, wenn n alle ganzzahligen Werte, auch die negativen, durchläuft.

Setzt man

(1.7) $$c_0 = a_0, \quad c_n = (a_n - j b_n) \quad (n = 1, 2, \ldots),$$

so ergibt sich

$$f(t) = a_0 + 2 \sum_{n=1}^{\infty} (a_n \cos nt + b_n \sin nt),$$

wobei nach (1.6)

$$a_n = \Re c_n = \frac{1}{2\pi} \int_{-\pi}^{+\pi} f(t) \cos nt \, dt, \quad b_n = -\Im c_n = \frac{1}{2\pi} \int_{-\pi}^{+\pi} f(t) \sin nt \, dt$$

ist. Mit der Definition (1.7) sind somit die Formeln (1.5), (1.6) gleichbedeutend mit (1.1), (1.2).

Man kann die komplexe Fourier-Reihe (1.5) auch auf die zu (1.4) analoge Form bringen. Nach (1.7) und (1.3) ist

$$c_0 = r_0, \quad \varphi_0 = 0; \quad c_n = r_n (\cos \varphi_n - j \sin \varphi_n) = r_n e^{-j\varphi_n} \quad (n = 1, 2, \ldots);$$

ferner ist

$$c_{-n} = \overline{c_n} = r_n e^{j\varphi_n}.$$

Setzt man $r_{-n} = r_n$, $\varphi_{-n} = -\varphi_n$, so ist

$$c_{-n} = r_{-n} e^{-j\varphi_{-n}},$$

und man erhält

(1.8) $$f(t) = \sum_{n=-\infty}^{+\infty} r_n e^{j(nt-\varphi_n)}.$$

Die Reihen (1.5) und (1.8) erweisen sich zwar für das Differenzieren vorteilhaft, sind aber weniger anschaulich als (1.1) und (1.4), weil sie $f(t)$ als Summe von komplexen Funktionen darstellen und daher den Aufbau der Funktion aus reellen harmonischen Schwingungen nicht unmittelbar erkennen lassen. Um die Glieder $c_n e^{jnt}$ graphisch darzustellen, muß man die *komplexe Ebene* zu Hilfe nehmen. $c_n e^{jnt} = r_n e^{j(nt-\varphi_n)}$ bestimmt einen vom Nullpunkt ausgehenden Vektor, der die Länge r_n hat und mit der positiv reellen Achse den Winkel $nt - \varphi_n$ bildet. Bei wachsendem t durchläuft der Endpunkt des Vektors den Kreis vom Radius r_n, bei positivem n im positiven, bei negativem n im negativen Drehsinn. $f(t)$ ergibt sich durch Addition aller dieser Vektoren. Siehe Bild 1.2, S. 14.

Man kann nun aber zu den reellen Schwingungen $2 r_n \cos (nt - \varphi_n)$ zurückgelangen, indem man immer die zwei spiegelbildlich liegenden Vektoren $c_n e^{jnt}$ und $c_{-n} e^{-jnt}$ vereinigt, wie das schon oben beim Beweis der Äquivalenz von (1.1) und (1.5) geschehen war:

$$c_n e^{jnt} + c_{-n} e^{-jnt} = 2 \Re (c_n e^{jnt}) = 2 \Re (r_n e^{j(nt-\varphi_n)}) = 2 r_n \cos (nt - \varphi_n),$$

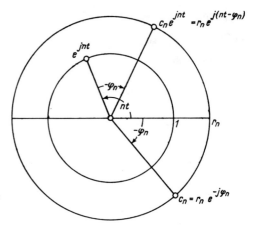

Bild 1.2 Darstellung von $c_n e^{jnt}$ in der komplexen Ebene.

was darauf hinausläuft, daß man die Vektoren $2 c_n e^{jnt}$ und $2 c_{-n} e^{-jnt}$ auf die reelle Achse projiziert. Wenn die Endpunkte der beiden spiegelbildlichen Vektoren den Kreis vom Radius $2 r_n$ in entgegengesetztem Drehsinn durchlaufen, so schwingt der Schnittpunkt ihrer Verbindungslinie mit der reellen Achse nach dem Gesetz $2 r_n \cos (nt - \varphi_n)$ zwischen den Punkten $+ 2 r_n$ und $- 2 r_n$ hin und her (siehe Bild 1.3).

Dadurch daß man die Vektoren $c_n e^{jnt}$ nicht in beliebiger Weise addiert, sondern immer je zwei mit den Indizes $+n$ und $-n$ zusammenfaßt, kommt man also wieder zu der Vorstellung von reellen Schwingungen, ja man kann sogar sagen, daß durch die Bindung des auf der reellen Achse linear

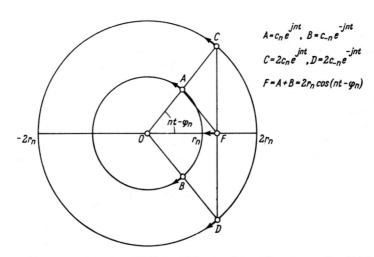

Bild 1.3 Vereinigung der spiegelbildlichen Vektoren OA u. OB zu dem reellen Vektor OF.

hin- und herschwingenden Punktes an die den Kreis durchlaufenden spiegelbildlichen Punkte eine noch bessere Veranschaulichung des Vorgangs erreicht wird. Während man nämlich auf der reellen Achse die Abhängigkeit der Bewegung von der Zeit nicht zum Ausdruck bringen kann, sieht man beim Kreis die Variable $nt - \varphi_n$ anschaulich als Winkel bzw. Kreisbogen vor sich. Die Punkte auf dem Kreis rotieren mit konstanter Geschwindigkeit, während der Punkt auf der Achse je nach der Neigung des durchlaufenen Kreisbogens gegen die Horizontale eine wechselnde Geschwindigkeit hat.

Unterläßt man diese spezielle Zusammenfassung der komplexen Terme, die auf die alte Vorstellung von Schwingungen zurückführt, so kann man trotzdem der Darstellung (1.5) eine *anschauliche Deutung* geben, die allerdings etwas mehr Vorstellungsvermögen erfordert. Dazu interpretieren wir (1.5) auf folgende Weise: Wir betten die eindimensionale Gerade, die die Funktionswerte $f(t)$ trägt, auf der sich also, physikalisch gesprochen, der materielle Punkt bewegt, als reelle Achse in die zweidimensionale komplexe Ebene ein und verwenden dementsprechend als Komponenten, aus denen man $f(t)$ zusammensetzt, nicht die linearen Schwingungen $\cos nt$, $\sin nt$, sondern die Funktionen e^{jnt} ($n = 0, \pm 1, \pm 2, \ldots$), die Bewegungen in der Ebene darstellen, nämlich *Rotationen auf der Peripherie des Einheitskreises* mit den Frequenzen $n = 0, \pm 1, \pm 2, \ldots$, d. h. in 2π Zeiteinheiten durchläuft der Punkt e^{jnt} den Einheitskreis n-mal. Dabei bedeutet eine positive Frequenz, daß der Umlauf im positiven Sinn, eine negative Frequenz, daß er im negativen Sinn erfolgt.

Man kann nun weiter, wie es die »komplexe Wechselstromrechnung« der Elektrotechnik schon seit langem tut, eine Rotation auf einem Kreis um den Nullpunkt als »*komplexe Schwingung*« mit positiver oder negativer Frequenz — je nach dem Umlaufsinn — bezeichnen. (Während es bei den linearen Schwingungen keine negativen Frequenzen gibt, hat bei den komplexen Schwingungen die negative Frequenz einen guten Sinn.) Unter der »Amplitude« einer solchen Schwingung ist der Radius des Kreises, unter der »Phase« der Winkel zu verstehen, unter dem der rotierende Punkt zur Zeit $t = 0$ erscheint. Der Term $c_n e^{jnt}$ mit $c_n = r_n e^{-j\varphi_n}$ bedeutet also *eine komplexe Schwingung von der Frequenz n mit der Amplitude r_n und der Phasenlage $-\varphi_n$*, kurz:

(1.9) \qquad Amplitude $= |c_n|$, \qquad Phase $= \arc c_n$.

Man kann daher die Folge c_n als das *Spektrum* der Funktion $f(t)$ bezeichnen: Die Größen c_n geben an, welche Frequenzen in $f(t)$ wirklich vorkommen ($c_n = 0$ bedeutet, daß die Schwingung der Frequenz n ausfällt) und welche Amplitude und Phasenlage die Schwingungen besitzen. — Hier braucht nun $f(t)$ nicht mehr reell zu sein, sondern kann auch komplexe Werte besitzen.

Im folgenden werden wir uns immer der Vorstellung der *komplexen Schwingungen* mit positiven und negativen Frequenzen bedienen, weil mit ihnen viel einfacher zu arbeiten ist als mit den reellen. Die obigen Erörterungen lassen sich jetzt so zusammenfassen:

Zu der im Intervall $(-\pi, +\pi)$ gegebenen und periodisch fortgesetzten Funktion $f(t)$ gewinnt man ihr Spektrum c_n hinsichtlich der Gesamtheit der Schwingungen e^{jnt} $(n = 0, \pm 1, \pm 2, \ldots)$ vermittels des Integrals (1.6). Die Kenntnis des Spektrums kann die Kenntnis der Funktion $f(t)$ vollständig ersetzen, denn $f(t)$ läßt sich aus dem Spektrum nach Formel (1.5) rekonstruieren. Die Zerlegung in Schwingungen vermittelt eine anschauliche Vorstellung von dem Charakter des durch $f(t)$ beschriebenen physikalischen Vorgangs.

Wenn der physikalische Vorgang nicht periodisch, die Funktion $f(t)$ also irgendwie für alle t $(-\infty < t < +\infty)$ gegeben ist, so kann man sie bekanntlich unter geeigneten Voraussetzungen statt durch eine Fourier-Reihe durch das *Fourier-Integral*

$$(1.10) \qquad f(t) = \int_{-\infty}^{+\infty} F(y)\, e^{jyt}\, dy$$

darstellen, wobei die unter dem Integral stehende Funktion $F(y)$ so durch $f(t)$ bestimmt wird:

$$(1.11) \qquad F(y) = \frac{1}{2\pi} \int_{-\infty}^{+\infty} f(t)\, e^{-jyt}\, dt.$$

Das gilt sicher dann, wenn $\int_{-\infty}^{+\infty} |f(t)|\, dt$ konvergiert und $f(t)$ in jedem endlichen Intervall in endlich viele stetige und monotone Stücke zerlegt werden kann. An Sprungstellen von $f(t)$ stellt (1.10) wie bei der Fourier-Reihe den Mittelwert $[f(t-0) + f(t+0)]/2$ dar.

Die Formeln (1.10), (1.11) sind ähnlich gebaut wie (1.5), (1.6). $F(y)$ entspricht dem Koeffizienten c_n, wobei jetzt an die Stelle des nur die ganzen Zahlen durchlaufenden Index n die kontinuierliche Variable y (und damit an die Stelle der Summe für $f(t)$ das Integral) tritt. Das bedeutet, daß sich $f(t)$ jetzt nicht mehr aus den Schwingungen mit ganzzahligen Frequenzen aufbauen läßt, sondern daß die Schwingungen *aller* Frequenzen benötigt werden.

Dabei kann $F(y)$ nun nicht so unmittelbar wie c_n als »Koeffizient« von e^{jyt} gedeutet werden, der die Amplitude und Phase der Schwingung e^{jyt}, also das Spektrum von $f(t)$, angibt. Die einzelne Schwingung hat hier keine endliche Amplitude, sondern sie ist mit der infinitesimalen Größe $F(y)\, dy$ multipliziert. Das ist vielleicht schwierig vorzustellen, kann aber dadurch dem Verständnis nähergebracht werden, daß man zum Vergleich analoge Begriffsbildungen aus der Mechanik heranzieht, die leichter vorzustellen sind. Wenn man sich die y-Achse mit einer Masse der *Dichte* $F(y)$ belegt denkt, so hat der einzelne Punkt auch keine endliche Masse. Auf das Längenelement dy entfällt die infinitesimale Masse $F(y)\, dy$; eine endliche Masse kommt immer nur einem ganzen Intervall zu. Eine von der Masse selbst abhängende Funktion läßt sich daher nur in bezug auf ein Intervall definieren. Man kann z. B. die Masse des Intervalls $(-\infty, y)$ als Funktion von y einführen:

(1.12) $$\int_{-\infty}^{y} F(\eta)\, d\eta = G(y),$$

die man in der Mathematik als »*Verteilungsfunktion*« der Massenbelegung zu bezeichnen pflegt[3]). Es ist dann

(1.13) $$\frac{dG(y)}{dy} = F(y) \quad \text{oder} \quad F(y)\, dy = dG(y).$$

Die Verteilungsfunktion als Masse eines Intervalls hat einen anschaulichen Sinn; die Dichte, die dem einzelnen Punkt zukommt, kann nur als Grenzbegriff aufgefaßt werden, nämlich als Limes des Quotienten von Massenzuwachs und Zuwachs von y.

Wenn wir uns auf diese Weise das Spektrum von $f(t)$ nach Art einer Massenverteilung vorstellen, so können wir die durch (1.12) definierte Funktion $G(y)$ als »Spektralverteilung« bezeichnen. Sie ist die »Summe« der infinitesimalen Spektralgrößen zwischen den Frequenzen $-\infty$ und y. Die Funktion $F(y)$ ist dann als Dichte der Spektralverteilung bei der Frequenz y, kurz als »Spektraldichte« zu bezeichnen. Die spektrale Darstellung von $f(t)$ kann mit Hilfe der Spektraldichte in der Gestalt (1.10) oder mit Hilfe der Spektralverteilung in der Form

(1.14) $$f(t) = \int_{-\infty}^{+\infty} e^{jyt}\, dG(y)$$

angeschrieben werden.

---

[3]) Man bezeichnet z. B. das Integral $\int_{-\infty}^{+\infty} y^n F(y)\, dy$ als »n-tes Moment« der Funktion F (in bezug auf den Nullpunkt). Hier liegt auch die Vorstellung zugrunde, daß die y-Achse mit einer Masse der Dichte $F(y)$ belegt ist. In der Theorie des Momentenproblems wird wie oben die Funktion $G(y)$ als Verteilungsfunktion bezeichnet. Ebenso stellt man in der Wahrscheinlichkeitstheorie die Wahrscheinlichkeit dafür, daß eine Größe y, die Werte zwischen $-\infty$ und $+\infty$ annehmen kann, in dem Intervall (y_1, y_2) angetroffen wird, durch ein Integral $\int_{y_1}^{y_2} F(y)\, dy$ dar und nennt $F(y)$ die Wahrscheinlichkeitsdichte und $G(y)$ die Wahrscheinlichkeitsverteilung.

Setzt man die komplexe Größe $F(y)$ in die Gestalt

$$F(y) = r(y)\, e^{-j\varphi(y)},$$

wo

$$r(y) = |F(y)|, \quad -\varphi(y) = \text{arc}\, F(y)$$

ist, so zeigt die Formel

(1.15) $$f(t) = \int_{-\infty}^{+\infty} r(y)\, dy \cdot e^{j(yt - \varphi(y))},$$

daß die Schwingung der Frequenz y die infinitesimale Amplitude $r(y)\,dy = |F(y)|\,dy$ und die Phasenlage $-\varphi(y) = \text{arc}\, F(y)$ hat. Die Größe $r(y) = |F(y)|$ ist demnach als »Amplitudendichte« zu bezeichnen:

(1.16) Amplitudendichte $= |F(y)|$, Phase $= \text{arc}\, F(y)$.

Beispiele

1. Wir betrachten die rechteckige Zeitfunktion

(1.17) $$f(t) = \begin{cases} A & \text{für } |t| \leq t_0 \\ 0 & \text{für } |t| > t_0. \end{cases}$$

Ihre Spektraldichte ist

(1.18) $$F(y) = \frac{1}{2\pi} \int_{-t_0}^{+t_0} A\, e^{-jyt}\, dt = \frac{A}{2\pi} \cdot \frac{e^{jyt_0} - e^{-jyt_0}}{jy} = \frac{A}{\pi} \cdot \frac{\sin t_0 y}{y}.$$

Sie ist reell, kann aber positiv oder negativ sein (siehe Bild 1.4). Die Amplitudendichte ist ihr Absolutbetrag, die Phase ist gleich 0 für $F(y) > 0$ und gleich π für $F(y) < 0$. Die Spektralverteilung wird gegeben durch

(1.19) $$G(y) = \frac{A}{\pi} \int_{-\infty}^{y} \frac{\sin t_0 \eta}{\eta}\, d\eta = \frac{A}{\pi} \int_{-\infty}^{t_0 y} \frac{\sin u}{u}\, du = \frac{A}{\pi}(\pi + \text{si}\, t_0 y)$$

$$= \frac{A}{\pi}\left(\frac{\pi}{2} + \text{Si}\, t_0 y\right),$$

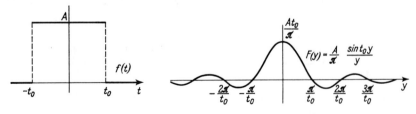

Bild 1.4 Rechteckige Zeitfunktion und zugehörige Spektraldichte.

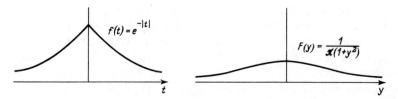

Bild 1.5 Exponentiell an- und abklingende Zeitfunktion und zugehörige Spektraldichte.

wenn man, wie in der Mathematik üblich, die Funktionen »Integralsinus« si und Si definiert durch

(1.20) $\quad \text{si } x = - \int_{x}^{\infty} \frac{\sin u}{u} \, du, \quad \text{Si } x = \int_{0}^{x} \frac{\sin u}{u} \, du = \text{si } x + \frac{\pi}{2}.$

2. Die Zeitfunktion sei

$$f(t) = e^{-|t|}.$$

Ihre Spektraldichte ist (vgl. Bild 1.5)

$$F(y) = \frac{1}{2\pi} \int_{-\infty}^{+\infty} e^{-jyt} e^{-|t|} dt = \frac{1}{\pi} \int_{0}^{\infty} e^{-t} \cos yt \, dt = \frac{1}{\pi(1+y^2)}.$$

Sie ist positiv, also gleich der Amplitudendichte, die Phase aller Teilschwingungen ist 0. Die Spektralverteilung ist

$$G(y) = \frac{1}{\pi} \int_{-\infty}^{y} \frac{d\eta}{1+\eta^2} = \frac{1}{\pi} \arctan y + \frac{1}{2} \quad \left(\arctan(-\infty) = -\frac{\pi}{2} \right).$$

In diesen Beispielen nimmt $f(t)$ für $t \to \pm \infty$ so stark ab, daß das Integral für $F(y)$ konvergiert und somit die Spektraldichte existiert. Hätten wir jedoch im zweiten Beispiel $f(t)$ nicht für $t < 0$ und $t > 0$ durch zwei verschiedene Funktionen, nämlich durch e^t für $t < 0$ und e^{-t} für $t > 0$ definiert, sondern durchweg durch e^{-t}, so würde das Integral wegen $e^{-t} \to \infty$ für $t \to -\infty$ nicht konvergieren. Dasselbe ergibt sich für den in der Praxis besonders häufigen Fall, daß $f(t)$ *eine Schwingung der Frequenz* ω, d. h. gleich $e^{j\omega t}$ ist, denn

(1.21) $\quad F(y) = \frac{1}{2\pi} \int_{-\infty}^{+\infty} e^{-jyt} e^{j\omega t} dt = \frac{1}{2\pi} \int_{-\infty}^{+\infty} e^{j(\omega - y)t} dt$

konvergiert für kein y. Da dieser Fall in der technischen Literatur durchweg in einer ziemlich unklaren und unmathematischen Weise behandelt wird, soll hier etwas ausführlicher dargelegt werden, wie auch eine solche Zeitfunktion spektral dargestellt werden kann.

Es ist doch klar, daß die spektrale Zerlegung der Funktion $e^{j\omega t}$ besonders einfach ist: Es liegt hier nur eine einzige »Spektrallinie« vor, d. h. eine einzige Schwingung mit der Frequenz ω und der Amplitude 1; alle Schwingungen mit anderen Frequenzen haben die Amplitude 0, d. h. sie kommen überhaupt nicht vor. Es leuchtet aber ein, daß eine solche »Spektralzerlegung« nicht durch das Fourier-Integral (1.10) wiedergegeben werden kann. Bei diesem entspricht jeder Frequenz nur eine infinitesimale »Masse« $F(y)\,dy$, während im vorliegenden Fall zu der Frequenz ω die endliche Masse 1 gehört. Damit versagt hier auch der Begriff der Spektraldichte $F(y)$, und das erklärt, warum das Integral für $F(y)$ divergiert. Dagegen zeigt sich, daß der Begriff der Spektralverteilung $G(y)$ auch in diesem Fall seinen Sinn behält. $G(y)$ ist die Gesamtmasse des Intervalls $(-\infty, y)$. Wenn y von $-\infty$ an wächst und sich dem Punkt ω von links nähert, so ist die Masse $G(y)$ dauernd 0, weil diesen Frequenzen keine Masse entspricht. In dem Augenblick aber, in dem y den Punkt ω erreicht, springt die Masse $G(y)$ von 0 auf den Wert 1, weil in dem Punkt ω die endliche Masse 1 konzentriert ist. Wächst y über ω hinaus, so bleibt $G(y)$ konstant gleich 1, weil keine Masse hinzukommt. Es ist also

(1.22) $$G(y)=\begin{cases} 0 & \text{für } y<\omega \\ 1 & \text{für } y\geq \omega. \end{cases}$$

$G(y)$ hat die in Bild 1.6 angegebene Gestalt.

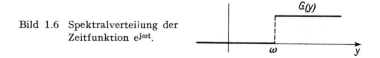

Bild 1.6 Spektralverteilung der Zeitfunktion $e^{j\omega t}$.

Die Dichte $F(y)$ als Ableitung von $G(y)$ (siehe (1.13)) verliert im Punkt $y=\omega$ offenkundig ihren Sinn, weil $G(y)$ dort nicht differenzierbar ist. Man kann höchstens sagen, daß die (linksseitige) Ableitung von $G(y)$ in ω:

$$\lim_{h\to 0}\frac{G(\omega)-G(\omega-h)}{h}=\lim_{h\to 0}\frac{1}{h},$$

gleich ∞ ist, was auch der physikalischen Vorstellung entspricht, daß eine in einem einzigen Punkt konzentrierte Masse 1 dort eine unendlich große Dichte erzeugt.

In der technischen Literatur pflegt man sich mit dieser Situation in der Weise abzufinden, daß man sagt: Nach (1.21) ist

$$F(\omega)=\frac{1}{2\pi}\int_{-\infty}^{+\infty} 1\,dt=+\infty,$$

während für $y \neq \omega$ die Funktion

$$e^{j(\omega-y)t} = \cos(\omega-y)t + j\sin(\omega-y)t,$$

über $(-\infty, +\infty)$ integriert, 0 ergibt, weil die von der cos- bzw. sin-Kurve begrenzten Flächen abwechselnd positiv und negativ sind, sich also gegenseitig aufheben. Aber selbst wenn man diese unexakte Vorstellung, die mit dem mathematischen Begriff von Konvergenz eines Integrals nicht vereinbar ist, zuläßt, kann man die so gewonnene Dichte

(1.23) $$F(y) = \begin{cases} \infty & \text{für } y = \omega \\ 0 & \text{für } y \neq \omega \end{cases}$$

nicht zur spektralen Darstellung (1.10) von $f(t)$ benutzen, denn dieses $F(y)$ ist keine Funktion im mathematischen Sinn, die man in das Integral für $f(t)$ einsetzen könnte.

Die Physik hat für Fälle dieser Art, die in den Anwendungen häufig auftreten, eine »Pseudofunktion«[4]) erfunden, die sogenannte *Impulsfunktion* oder *Diracsche δ-Funktion*. Diese Funktion $\delta(y)$ soll an allen Stellen $y \neq 0$ verschwinden, während sie in $y = 0$ unendlich groß sein soll[5]) derart, daß sie, unter einem Integral stehend, die Fähigkeit hat, den Wert des übrigen Integranden an der Stelle 0 aus dem Integral »herauszuheben« oder »herauszusieben«:

(1.24) $$\int_{-\infty}^{+\infty} h(y)\,\delta(y)\,dy = h(0).$$

Setzt man in unserem Fall $F(y) = \delta(y-\omega)$, so wird aus (1.10):

(1.25) $$f(t) = \int_{-\infty}^{+\infty} e^{jyt}\,\delta(y-\omega)\,dy = \int_{-\infty}^{+\infty} e^{j(y+\omega)t}\,\delta(y)\,dy = e^{j\omega t},$$

womit für $e^{j\omega t}$ die Darstellung durch ein Fourier-Integral gerettet ist.

Wenn diese Art, die Spektralzerlegung von $e^{j\omega t}$ sichtbar zu machen, auch physikalisch einleuchtend ist, so darf man doch nicht vergessen, daß man mit der Pseudofunktion δ den Boden der Mathematik verläßt und sich daher beim Weiterarbeiten mit dem Integral in (1.25) auf unsicherem Gelände bewegt, in dem die üblichen mathematischen Gesetze (z. B. partielle Integration, Substitution einer neuen Variablen usw.) nicht mehr gültig zu sein brauchen.

Diese Schwierigkeiten werden durch die moderne Distributionstheorie (siehe Anhang) überwunden. Die Distributionen umfassen nicht nur alle

---

[4]) Wir nennen sie Pseudofunktion, weil sie vom mathematischen Standpunkt aus keine wirkliche Funktion ist.

[5]) Auf diese Weise interpretiert man in der Mechanik einen »Stoß« oder in der Elektrotechnik einen »Stromimpuls« oder »Spannungsimpuls«, daher der Name »Impulsfunktion« (der übrigens von Heaviside stammt) oder auch »Stoßfunktion«.

(integrablen) Funktionen, sondern auch solche Gebilde wie den δ-Impuls und ähnliche, von der Physik eingeführte Begriffe, die durch die klassische Analysis nicht erfaßbar sind. Die Distributionstheorie lehrt, wie man mit diesen Begriffen genau so exakt operieren kann, wie es die klassische Analysis mit den Funktionen tut. In diesem Rahmen hat aber das Integral

$$F(y) = \frac{1}{2\pi} \int_{-\infty}^{+\infty} f(t)\, e^{-jyt}\, dt,$$

das als *Fourier-Transformation* bezeichnet wird, ebenso wie das Integral

$$f(t) = \int_{-\infty}^{+\infty} F(y)\, e^{jyt}\, dy,$$

das die *Umkehrung* dieser Transformation darstellt, keinen Sinn, weil Riemannsche oder auch Lebesguesche Integrale sich nur für Funktionen bilden lassen. Die Fourier-Transformation von Distributionen muß auf neue Art definiert werden (natürlich so, daß sie dasselbe liefert wie die klassische Fourier-Transformation, wenn die Distribution speziell eine Funktion ist). Die hierzu notwendigen, ziemlich weitläufigen Erörterungen führen wir hier nicht aus[6]), weil uns die Fourier-Transformation nur am Rande interessiert als Mittel zur Definition des Spektrums, während sie später für den eigentlichen Gegenstand dieses Buches nicht gebraucht wird. Wir begnügen uns mit der Feststellung, daß die Fourier-Transformierte der als Distribution aufgefaßten Funktion $e^{j\omega t}$ die Distribution $\delta(y - \omega)$ ist. Im Rahmen der Distributionstheorie besteht also der oben nur anschaulich abgeleitete Zusammenhang zu Recht.

Fassen wir die bisherigen Ergebnisse zusammen, so sind wir in der Lage, die im Intervall $(-\infty, +\infty)$ gegebenen Zeitfunktionen $f(t)$ mit konvergentem Integral $\int_{-\infty}^{+\infty} |f(t)|\, dt$ sowie die Schwingungen $e^{j\omega t}$ spektral darzustellen.

Aber z. B. die gedämpfte bzw. angefachte Schwingung $e^{(\alpha+j\omega)t}$ läßt sich durch das Fourier-Integral nicht darstellen, weil das Integral (1.11) für $F(y)$ mit positivem α bei $t = +\infty$ und mit negativem α bei $t = -\infty$ divergiert. Auch die Distributionstheorie läßt uns in diesem Fall im Stich[7]).

Der folgende Paragraph zeigt, wie man diese Schwierigkeit durch Einführung des Laplace-Integrals beheben kann.

---

[6]) Gut verständliche Darstellungen findet man in folgenden Werken: A. H. ZEMANIAN: *Distribution theory and transform analysis*. McGraw-Hill Book Company, New York 1965 [Chap. 7]; L. SCHWARTZ: *Méthodes mathématiques pour les sciences physiques*. Hermann Édit., Paris 1965 [Chap. V].

[7]) Innerhalb der Distributionstheorie von L. SCHWARTZ, die wir hier zugrunde legen, läßt sich die Fourier-Transformation nur für Distributionen „von langsamem Wachstum" definieren, wozu $e^{(\alpha+j\omega)t}$ nicht gehört. Über eine Erweiterung auf beliebige Distributionen siehe das unter [6]) zitierte Buch von ZEMANIAN, S. 202.

§ 2. Das Laplace-Integral und seine physikalische Deutung

Wir nahmen bisher stillschweigend an, daß die Zeit t im Intervall $(-\infty, +\infty)$ variiert. Vorgänge, die von $t = -\infty$ bis $t = +\infty$ beobachtet werden, kommen aber in der Praxis kaum vor. Im allgemeinen setzt ein Vorgang in einem endlichen Zeitpunkt, den wir als Nullpunkt nehmen können, ein und wird von da an lange Zeit, theoretisch bis $t = +\infty$ beobachtet, so daß das Zeitintervall durch $0 \leq t < \infty$ dargestellt wird, also nur einseitig unendlich ist. Diesen Fall können wir dem vorigen subsumieren, indem wir $f(t)$ für $t < 0$ willkürlich gleich 0 definieren. Dann ist das Integral (1.11) für die Spektraldichte in Wahrheit nur von 0 an zu erstrecken:

$$(2.1) \qquad F(y) = \frac{1}{2\pi} \int_0^\infty e^{-jyt} f(t)\, dt,$$

und die Spektraldarstellung (1.10) für $f(t)$ lautet jetzt folgendermaßen[8]):

$$(2.2) \qquad \int_{-\infty}^{+\infty} e^{jty} F(y)\, dy = \begin{cases} f(t) & \text{für } t > 0, \\ 0 & \text{für } t < 0. \end{cases}$$

Hier gibt es nun eine Möglichkeit, der Schwierigkeit auszuweichen, daß das Integral (2.1) eventuell nicht konvergiert. Betrachten wir nämlich neben der Zeitfunktion $f(t)$ die »gedämpfte« Funktion $e^{-xt} f(t)$ mit einem Parameterwert $x > 0$ und bilden für diese die Spektraldichte, die nun natürlich von dem Parameter x abhängt, weshalb wir sie mit $F_x(y)$ bezeichnen wollen:

$$(2.3) \qquad F_x(y) = \frac{1}{2\pi} \int_0^\infty e^{-jyt} [e^{-xt} f(t)]\, dt,$$

so konvergiert das Integral wegen des starken Verschwindens[9]) des Faktors e^{-xt} für $t \to +\infty$ für alle beschränkten $f(t)$ und sogar für solche, die wie eine Exponentialfunktion $e^{\alpha t}$ ($\alpha > 0$) ins Unendliche wachsen, wenn man nur $x > \alpha$ wählt. Damit dürften wohl alle in der Praxis vorkommenden Funktionen erfaßt sein. Die Spektraldarstellung lautet jetzt:

$$(2.4) \qquad \int_{-\infty}^{+\infty} e^{jty} F_x(y)\, dy = \begin{cases} e^{-xt} f(t) & \text{für } t > 0, \\ 0 & \text{für } t < 0. \end{cases}$$

---

[8]) Wie die Fourier-Reihe stellt das Fourier-Integral (1.10) an Sprungstellen den Mittelwert der Limites von links und rechts dar, im vorliegenden Fall also für $t = 0$ den Mittelwert des Limes 0 von links und des Limes $f(+0)$ von rechts, d. h. $f(+0)/2$.

[9]) Im Fall des ursprünglichen Intervalls $-\infty < t < +\infty$ würde die Multiplikation mit e^{-xt} ihren Zweck verfehlen, da diese Funktion für $t \to -\infty$ stark wächst und daher die Konvergenz bei $t = -\infty$ sogar verschlechtert.

Schreibt man nun die Formeln (2.3), (2.4) in der Gestalt

(2.5) $$\frac{1}{2\pi} \int_0^\infty e^{-(x+\mathrm{j}y)t} f(t)\, dt = F_x(y),$$

(2.6) $$\int_{-\infty}^{+\infty} e^{(x+\mathrm{j}y)t} F_x(y)\, dy = \begin{cases} f(t) & \text{für } t > 0, \\ 0 & \text{für } t < 0, \end{cases}$$

so sieht man, daß der Parameter x und die Frequenz y nur in der Kombination $x + \mathrm{j}y$ vorkommen. Es hat sich also ganz von selbst eine komplexe Variable eingestellt, für die wir *einen* Buchstaben einführen können. In der Mathematik ist es üblich, in diesem Zusammenhang den Buchstaben s zu benutzen[10]):

$$s = x + \mathrm{j}\, y.$$

Von dieser komplexen Variablen hängt $F_x(y)$ in Wahrheit ab, so daß es angebracht ist, zu schreiben

$$F_x(y) = F(x + \mathrm{j}\, y) = F(s).$$

Man wird dann natürlich in (2.6) an Stelle der Integrationsvariablen y auch die Variable s einführen. Weil y von $-\infty$ bis $+\infty$ variiert, während x fest ist, variiert $s = x + \mathrm{j}y$ von $x - \mathrm{j}\infty$ bis $x + \mathrm{j}\infty$, also auf der vertikalen Geraden in der komplexen Ebene mit der Abszisse x (Bild 2.1). Dabei ist $ds = \mathrm{j}\, dy$ zu setzen.

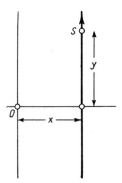

Bild 2.1 Die komplexe Variable $s = x + \mathrm{j}y$.

---

[10]) In der technischen Literatur wird vielfach statt s der Buchstabe p verwendet, der aus dem Heaviside-Kalkül stammt (dieser führt bei Differentialgleichungen zu einem ähnlichen Formalismus wie die Laplace-Transformation). Bei Heaviside bedeutet p ursprünglich keine Variable, sondern den Differentiationsoperator D. Heaviside schrieb p statt D, um Verwechslungen mit dem Buchstaben D für die dielektrische Verschiebung vorzubeugen. Da beim gleichzeitigen Auftreten von zwei Variablen es üblich ist, zwei nebeneinander stehende Buchstaben des Alphabets zu verwenden

§ 2. Das Laplace-Integral und seine physikalische Deutung

Um auf die in der Mathematik übliche Normierung zu kommen, ersetzen wir noch $f(t)$ durch $2\pi f(t)$, womit das Formelpaar (2.5, 6) endgültig die Gestalt annimmt:

(2.7) $$\int_0^\infty e^{-st} f(t)\, dt = F(s),$$

(2.8) $$\frac{1}{2\pi j} \int_{x-j\infty}^{x+j\infty} e^{ts} F(s)\, ds = \begin{cases} f(t) & \text{für } t > 0, \\ 0 & \text{für } t < 0. \end{cases}$$

(2.7) ist nichts anderes als das *Laplace-Integral*; die Formel (2.8) wird, wenn man von ihrer Bedeutung als Spektraldarstellung absieht, als die »*Umkehrung*« des Laplace-Integrals bezeichnet.

Gemäß der obigen Herleitung läßt sich das Formelpaar folgendermaßen physikalisch deuten:

Betrachtet man in der durch das Laplace-Integral (2.7) definierten Funktion $F(s)$ die Variable s als komplex, $s = x + jy$, so stellt $F(x + jy)$ bei festem x die Spektraldichte der gedämpften Zeitfunktion $e^{-xt} f(t)$ mit der Frequenzvariablen y dar[11]). *Die Zeitfunktion $f(t)$ läßt sich mit Hilfe der Spektraldichte $F(s)$ nach Formel (2.8) aufbauen, die aber, wenn sie als eine Spektraldarstellung gedeutet werden soll, in der Form*

(2.9) $$\int_{-\infty}^{+\infty} e^{jyt} F(x + jy)\, dy = \begin{cases} 2\pi e^{-xt} f(t) & \text{für } t > 0, \\ 0 & \text{für } t < 0 \end{cases}$$

geschrieben werden muß, d. h. als Spektraldarstellung der (für negative Zeiten durch 0 komplettierten) Funktion $2\pi e^{-xt} f(t)$.

Setzt man den Faktor e^{xt} auf die linke Seite:

(2.10) $$\int_{-\infty}^{+\infty} [e^{xt} e^{jyt}] F(x + jy)\, dy = 2\pi f(t),$$

so kann man die Formel auffassen als Darstellung von $2\pi f(t)$ als Superposition von *angefachten* Schwingungen $e^{xt} e^{jyt}$, was aber weniger anschaulich ist[12]).

(wie x, y oder u, v), liegt es nahe, neben dem Buchstaben t in f den Buchstaben s in F zu verwenden und nicht einer historischen Reminiszenz zuliebe den Buchstaben p, der sonst nie als Zeichen für eine Variable, sondern meist für eine positive Konstante benutzt wird.

[11]) In der technischen Literatur wird manchmal s als »komplexe Frequenz« bezeichnet, was physikalisch keinen Sinn hat und die wirkliche Bedeutung von s verschleiert. Es handelt sich wie immer um reelle Frequenzen, die durch die Werte $\Im s = y$ gegeben sind. $\Re s = x$ ist der Parameter, der für die Dämpfung e^{-xt} von $f(t)$ maßgebend ist.

[12]) In elektrotechnischen Büchern kann man die Aussage finden, durch (2.8) bzw. (2.10) sei $f(t)$ als Superposition von *gedämpften, abklingenden* Schwingungen dargestellt. Das wäre nur richtig, wenn x negativ wäre. Dann hätte man aber das Laplace-Integral gar nicht einzuführen brauchen, weil schon das ursprüngliche Integral (2.1) für $F(y)$ konvergieren würde.

§ 3. Einige Eigenschaften der durch das Laplace-Integral dargestellten Funktion und Berechnung von Beispielen

Wenn für einen Wert x_0 des Parameters x die Spektraldichte der gedämpften Funktion $e^{-x_0 t} f(t)$ existiert, so ist physikalisch plausibel, daß sie für eine noch stärkere Dämpfung $x > x_0$ erst recht existiert. Das bedeutet mathematisch: Wenn das Integral (2.7) für $s = x_0 + jy$ konvergiert, so konvergiert es auch für $s = x + jy$ mit $x > x_0$. Hieraus kann man schließen (EINF. S. 26), daß das genaue Gebiet der Konvergenz des Integrals (2.7) eine Halbebene $\Re s > \beta$ ist, die sogenannte *Konvergenzhalbebene*. $F(s) = F(x + jy)$ stellt somit unendlich viele Spektraldichten dar, nämlich der unendlich vielen Funktionen $e^{-xt} f(t)$ mit $x > \beta$.

In den physikalischen Anwendungen ist $f(t)$ oft reell (aber nicht immer, siehe den Fall $f(t) \equiv e^{j\omega t}$). Dann ist

$$F(\bar{s}) = \int_0^\infty e^{-\bar{s}t} f(t)\, dt = \overline{\int_0^\infty e^{-st} f(t)\, dt} = \overline{F(s)},$$

d. h. s-Werten, die spiegelbildlich zur reellen Achse liegen, entsprechen ebenfalls spiegelbildliche Funktionswerte.

Wenn wir $F(s)$ losgelöst von seiner physikalischen Bedeutung als Spektraldichte in seiner Eigenschaft als Funktion betrachten, so existiert diese Funktion, wenn überhaupt, stets in einer Halbebene der komplexen Ebene. Von größter Bedeutung ist es nun, daß sie dort eine *analytische Funktion* darstellt, d. h. daß sie im komplexen Sinn beliebig oft differenzierbar ist (EINF. S. 35). Die Ableitungen erhält man durch Differentiation unter dem Integral:

$$(3.1) \qquad F^{(n)}(s) = (-1)^n \int_0^\infty e^{-st} t^n f(t)\, dt.$$

Damit ist die Möglichkeit gegeben, auf $F(s)$ die weittragenden Methoden der komplexen Funktionentheorie anzuwenden. Aus den so erhaltenen Ergebnissen über $F(s)$ lassen sich interessante Rückschlüsse auf die Zeitfunktion $f(t)$ ziehen, die selbst eine nur für reelle t definierte, ziemlich willkürliche Funktion sein kann, für die keine allgemeinen Methoden existieren.

Ehe wir diesen Gedanken weiter ausführen, wollen wir für einige Funktionen die zugehörigen Funktionen $F(s)$ berechnen.

Vorab sei betont, daß $f(t)$ nur für $t > 0$ definiert zu sein braucht. Ob und wie $f(t)$ für $t < 0$ definiert ist, ist für die Berechnung des Laplace-Integrals gleichgültig. Zieht man aber gelegentlich auch das Intervall $t < 0$ in Betracht, wie z. B. bei dem Umkehrintegral (2.8), so ist zu beachten, daß dort $f(t)$ nach § 2 stets *null* bedeutet.

1. Die Zeitfunktion sei $f(t) \equiv 1$. Diese Funktion wird uns noch oft begegnen, und es wird sich als praktisch erweisen, sie prinzipiell durch den Wert 0 für $t < 0$ zu komplettieren. Wir nennen sie dann die »*Einheitssprungfunktion*« $u(t)$ (englisch »unit step function«):

$$(3.2) \qquad u(t) = \begin{cases} 1 & \text{für } t > 0, \\ 0 & \text{für } t < 0. \end{cases}$$

An der Sprungstelle $t \equiv 0$ lassen wir die Definition offen, weil es für die Berechnung des Laplace-Integrals gleichgültig ist, welchen Wert $u(t)$ in $t = 0$ hat. In manchen Fällen ist es vorteilhaft $u(0) = 0$, in anderen $u(0) = 1$ oder auch $= 1/2$ zu setzen. Es ist

$$(3.3) \qquad F(s) = \int_0^\infty e^{-st} u(t)\, dt = \frac{e^{-st}}{-s}\bigg|_0^\infty = \frac{1}{s}$$

dann und nur dann, wenn $e^{-st} \to 0$ für $t \to \infty$, d. h. $\Re s > 0$ ist. Damit finden wir (wie auch in den folgenden Beispielen) die Tatsache bestätigt, daß der Konvergenzbereich eine Halbebene ist. Die Zeitfunktion $2\pi\, e^{-xt}\, u(t)$ hat also die Spektraldichte $1/s = 1/(x + jy)$ und die Amplitudendichte $1/(x^2 + y^2)^{1/2}$. Es gilt die Umkehrformel

$$(3.4) \qquad \frac{1}{2\pi j} \int_{x-j\infty}^{x+j\infty} e^{ts}\, \frac{1}{s}\, ds = u(t) = \begin{cases} 1 & \text{für } t > 0, \\ 0 & \text{für } t < 0, \end{cases}$$

oder als Spektraldarstellung geschrieben:

$$(3.5) \qquad \int_{-\infty}^{+\infty} e^{jyt}\, \frac{1}{x+jy}\, dy = 2\pi\, e^{-xt}\, u(t) \qquad (x > 0).$$

$u(t)$ selbst besitzt keine Spektraldichte und infolgedessen keine Spektraldarstellung im Sinne von (1.10)[13]. Wollte man in (3.4) $x = 0$ setzen, so erhielte man das Integral

$$\int_{-\infty}^{+\infty} e^{jyt}\, \frac{1}{jy}\, dy,$$

das divergiert, weil $1/y$ bei $y = 0$ nicht integrabel ist.

Bei dieser Gelegenheit wollen wir eine oft benutzte Formel für $u(t)$ erwähnen. In (3.5) $x = 0$ setzen bedeutet, in (3.4) den Integrationsweg auf

---

[13]) Das ist besonders zu betonen, weil in der technischen Literatur manchmal das Gegenteil behauptet wird. Nur wenn man $u(t)$ als Distribution auffaßt, existiert ihre Fourier-Transformierte, die man dann als Spektraldichte deuten kann (vgl. S. 22). Diese ist aber keineswegs $1/jy$, sondern eine gewisse Distribution, deren Darstellung hier zu weit führen würde.

die imaginäre Achse legen. Um die dabei entstehende Divergenz des Integrals, die von der singulären Stelle $s = 0$ herrührt, zu vermeiden, kann man den Nullpunkt durch einen Halbkreis nach rechts umgehen, wodurch der in Bild 3.1 gezeichnete Integrationsweg $\mathfrak{C}$ entsteht. Mit diesem gilt die richtige Formel (in der Physik als »Hakenintegral« bezeichnet):

$$(3.6) \qquad \frac{1}{2\pi j} \int_{\mathfrak{C}} \frac{e^{ts}}{s}\, ds = u(t) = \begin{cases} 1 & \text{für } t > 0, \\ 0 & \text{für } t < 0. \end{cases}$$

Das ist aber keine Spektraldarstellung, weil e^{ts} auf dem Halbkreis nicht die Gestalt einer Schwingung e^{jyt} (auch nicht einer gedämpften $e^{xt}\, e^{jyt}$ mit konstantem x) hat.

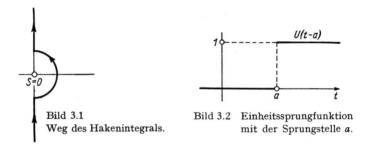

Bild 3.1
Weg des Hakenintegrals.

Bild 3.2 Einheitssprungfunktion mit der Sprungstelle a.

2. Der Einheitssprung erfolge jetzt nicht zur Zeit $t = 0$, sondern zur Zeit $t = a > 0$; er wird durch $u(t-a)$ beschrieben (Bild 3.2). Es ist

$$(3.7) \qquad F(s) = \int_0^\infty e^{-st} u(t-a)\, dt = \int_a^\infty e^{-st}\, dt = \frac{e^{-as}}{s} \quad \text{für } \Re s > 0.$$

Der »Verzögerung« der Zeitfunktion um die Spanne a entspricht also eine Multiplikation der Spektraldichte mit dem Faktor e^{-as}. Diese Beziehung werden wir später ganz allgemein wiederfinden.

3. Die Zeitfunktion sei gleich $e^{\alpha t}$ (α beliebig komplex) oder genauer gesagt die Funktion, die für $t > 0$ durch $e^{\alpha t}$, für $t < 0$ durch 0 definiert ist. Man könnte sie durch

$$u(t)\, e^{\alpha t}$$

bezeichnen. Wenn $\alpha = \sigma + j\omega$ ist, so bedeutet diese Funktion bei $\omega \neq 0$ für $\sigma = 0$ eine komplexe Schwingung, für $\sigma < 0$ eine gedämpfte, für $\sigma > 0$ eine angefachte Schwingung; für $\omega = 0$ eine aperiodische, steigende oder fallende Funktion. Es ist

$$(3.8) \qquad \int_0^\infty e^{-st} e^{\alpha t}\, dt = \int_0^\infty e^{-(s-\alpha)t}\, dt = \frac{1}{s-\alpha} \quad \text{für } \Re s > \Re \alpha.$$

4. Die Zeitfunktion sei die reelle Schwingung $\cos \omega t$ oder genauer $u(t) \cos \omega t$. Wir können sie im Sinne von § 1 als Summe zweier komplexer Schwingungen auffassen und die vorige Formel anwenden:

$$(3.9) \quad \int_0^\infty e^{-st} \cos \omega t \, dt = \frac{1}{2} \int_0^\infty e^{-st} (e^{j\omega t} + e^{-j\omega t}) \, dt$$

$$= \frac{1}{2} \left(\frac{1}{s-j\omega} + \frac{1}{s+j\omega} \right) = \frac{s}{s^2 + \omega^2}.$$

Das Integral konvergiert, wenn sowohl $\Re s > \Re(j\omega)$ als $\Re s > \Re(-j\omega)$ ist, d. h. für $\Re s > 0$.

5. Für die Zeitfunktion $\sin \omega t$ ergibt sich analog:

$$(3.10) \quad \int_0^\infty e^{-st} \sin \omega t \, dt = \frac{1}{2j} \int_0^\infty e^{-st} (e^{j\omega t} - e^{-j\omega t}) \, dt$$

$$= \frac{1}{2j} \left(\frac{1}{s-j\omega} - \frac{1}{s+j\omega} \right) = \frac{\omega}{s^2 + \omega^2} \quad \text{für } \Re s > 0.$$

6. Die Zeitfunktion sei die Potenz t^a (a reell). Damit das Laplace-Integral bei $t = 0$ existiert, muß $a > -1$ sein. Es ist

$$\int_0^\infty e^{-st} t^a \, dt = \frac{1}{s^{a+1}} \int_0^\infty e^{-\tau} \tau^a \, d\tau.$$

Wir hatten hier $st = \tau$ gesetzt. Damit τ reell ist und das entstandene Integral die Eulersche Gammafunktion darstellt, muß s reell und $s > 0$ sein. Dann ergibt sich

$$(3.11) \quad \int_0^\infty e^{-st} t^a \, dt = \frac{\Gamma(a+1)}{s^{a+1}}.$$

Da das Laplace-Integral aber eine analytische Funktion ist, gilt dieser Ausdruck auch für komplexe s mit $\Re s > 0$.

Speziell für t^n ($n = 0, 1, 2, \ldots$) ist

$$(3.12) \quad \int_0^\infty e^{-st} t^n \, dt = \frac{n!}{s^{n+1}} \quad \text{für } \Re s > 0.$$

7. Die Zeitfunktion sei gleich $t^n e^{\alpha t}$ ($n = 0, 1, \ldots$; α beliebig komplex). Es ist

$$(3.13) \quad \int_0^\infty e^{-st} t^n e^{\alpha t} \, dt = \int_0^\infty e^{-(s-\alpha)t} t^n \, dt = \frac{n!}{(s-\alpha)^{n+1}} \quad \text{für } \Re s > \Re \alpha,$$

wie sich aus (3.12) ergibt, wenn man s durch $s - \alpha$ ersetzt.

§ 4. Das Laplace-Integral als Transformation

Wir sahen, daß zu jeder in $t > 0$ definierten Zeitfunktion, für die das Integral $\int_0^\infty e^{-x_0 t} f(t)\, dt$ bei hinreichend großem x_0 konvergiert, eine Spektraldichte $F(s) = F(x + jy)$ gehört, die für $x > x_0$ definiert ist. Jedem solchen $f(t)$ ist also durch die Relation

$$(4.1) \qquad F(s) = \int_0^\infty e^{-st} f(t)\, dt$$

ein $F(s)$ zugeordnet. Diese Zuordnung kann man auch als Transformation, genannt *Laplace-Transformation*, deuten, indem man sich vorstellt, daß durch das Integral (4.1) die Funktion $f(t)$ in die Funktion $F(s)$ übergeführt oder transformiert wird. Das ist eine typisch mathematische Vorstellung, die zu der bisherigen physikalischen Deutung des Laplace-Integrals eine neue Deutung hinzufügt, die sich als sehr fruchtbar erweisen wird. Eine weitere, damit eng verwandte Vorstellung denkt sich die Zuordnung oder Transformation als eine *Abbildung*: So wie eine photographische Kamera von einem Original ein Bild herstellt, stellt die Laplace-Transformation zu der »*Originalfunktion*« $f(t)$ eine »*Bildfunktion*« $F(s)$ her. Dies ist eine besonders anschauliche Terminologie, die sich heute allgemein durchgesetzt hat und die wir von jetzt an verwenden werden. Die Gesamtheit aller $f(t)$ heißt der »*Originalraum*«, die Gesamtheit aller $F(s)$ der »*Bildraum*« (in Anlehnung an die heute in der Mathematik übliche topologische Auffassung von Funktionsmengen als abstrakten Räumen).

Wir werden in der Folge nach Möglichkeit Originalfunktionen immer mit kleinen, die zugehörigen Bildfunktionen mit den entsprechenden großen Buchstaben bezeichnen, also z. B. $f(t)$ und $F(s)$, $y(t)$ und $Y(s)$. Manche Autoren verwenden statt dessen gerade die umgekehrte Bezeichnung [also $F(t)$ und $f(s)$] oder nennen zusammengehörige Funktionen $f(t)$ und $\bar{f}(s)$ (was Verwechslungen mit dem konjugiert komplexen Wert nach sich ziehen kann) oder $f(t)$ und $\tilde{f}(s)$. Zu verwerfen ist der manchmal in der technischen Literatur anzutreffende Brauch, Original- und Bildfunktion mit demselben Buchstaben zu bezeichnen und sie nur durch das Argument t und s zu unterscheiden; denn häufig muß man diese Variablen durch andere ersetzen, wodurch Unklarheiten entstehen.

Der Begriff der Transformation oder Abbildung hat große Ähnlichkeit mit dem Funktionsbegriff, dem ja auch eine Zuordnung zugrunde liegt, nämlich zwischen zwei Variablen, z. B. z und w. So wie man bei gewöhnlichen Funktionen nicht in Worten hinschreibt: »w ist eine Funktion von z«, sondern ein Funktionssymbol verwendet, z. B. $w = \varphi(z)$, so führt man auch

§ 4. Das Laplace-Integral als Transformation

für den durch die Laplace-Transformation gestifteten Zusammenhang ein Symbol ein, nämlich $\mathfrak{L}$, und schreibt:

$$F(s) = \mathfrak{L}\{f(t)\},$$

gesprochen: $F(s)$ ist die *Laplace-Transformierte* von $f(t)$. Zur Abkürzung schreiben wir in Zukunft: $\mathfrak{L}$-Transformation, $\mathfrak{L}$-Transformierte, $\mathfrak{L}$-Integral.

Die Formel (2.8), die $f(t)$ spektral vermittels der Spektraldichte $F(s)$ darstellt und die wir schon oben als »Umkehrung« von (4.1) bezeichnet hatten, kann man ebenfalls als eine Transformation ansehen, die $F(s)$ in $f(t)$ überführt:

(4.2) $$f(t) = \frac{1}{2\pi j} \int_{x-j\infty}^{x+j\infty} e^{ts} F(s)\, ds \quad \text{für } t > 0.$$

Wir nennen sie die *inverse Transformation* oder *Rücktransformation* zur $\mathfrak{L}$-Transformation und bezeichnen sie durch das Symbol $\mathfrak{L}^{-1}$:

$$f(t) = \mathfrak{L}^{-1}\{F(s)\}.$$

Die Beziehung zwischen f und F wird auch Korrespondenz genannt und durch das *Korrespondenzzeichen* ○—● zum Ausdruck gebracht:

$$f(t) \circ\!\!-\!\!\bullet F(s) \quad \text{oder} \quad F(s) \bullet\!\!-\!\!\circ f(t).$$

Die Transformationen $\mathfrak{L}$ und $\mathfrak{L}^{-1}$ unterscheiden sich hinsichtlich der *Eindeutigkeit*: Daß zu jedem f vermöge (4.1) nur ein F gehört, ist klar. Wenn man aber alle durch (4.1) erzeugten $F(s)$ betrachtet, so zeigt sich, daß jedes $F(s)$ durch unendlich viele $f(t)$ erzeugt worden ist. Denn wenn man z. B. die Definition von $f(t)$ an endlich vielen Stellen abändert, so ändert sich $F(s)$ nicht, weil das Integral (4.1) gegen eine solche Änderung unempfindlich ist. Jedoch ist die Gesamtheit aller zu einem $F(s)$ gehörigen $f(t)$ leicht zu überblicken: Sie unterscheiden sich nur um sogenannte Nullfunktionen (EINF. S. 30), d. h. Funktionen $n(t)$ mit der Eigenschaft

$$\int_0^t n(\tau)\, d\tau = 0 \quad \text{für alle } t \geqq 0.$$

Kommt unter den Originalfunktionen $f(t)$ eine stetige vor, so gibt es keine weitere solche (EINF. S. 34). Das genügt in den meisten Fällen, um zu einer Bildfunktion die zugehörige Originalfunktion eindeutig zu bestimmen, da letztere oft von vornherein als differenzierbar, also erst recht als stetig vorausgesetzt wird. Wenn man Originalfunktionen, die sich nur um eine Nullfunktion unterscheiden, nicht als verschieden ansieht (wie in der Mathematik allgemein üblich), so ist auch die Umkehrung der $\mathfrak{L}$-Transformation eindeutig.

Durch die Deutung des $\mathfrak{L}$-Integrals als Transformation sind wir gegenüber der früheren Deutung von $F(s) = F(x+jy)$ als Spektraldichte von $e^{-xt} f(t)$ in eine ganz andere Ideenrichtung gekommen, die sich in den

Anwendungen als viel wichtiger erweisen wird. Die Spektraldarstellung haben wir hier ausführlich behandelt, um zu zeigen, daß das $\mathfrak{L}$-Integral nicht bloß ein abstrakter mathematischer Begriff ist, sondern daß sich mit ihm auch eine anschauliche Vorstellung verbinden läßt. Damit nimmt die $\mathfrak{L}$-Transformation die dem Ingenieur so vertraute spektrale Denkweise in sich auf (insbesondere ist die Spektraldarstellung einer Zeitfunktion vermittels der Spektraldichte, falls vorhanden, in dem Umkehrintegral (4.2) für $x = 0$ enthalten) und verwendet sie auch oft mit Nutzen, z. B. bei ihrer Anwendung in der Filtertheorie. Aber sie bezieht sich auch auf Funktionen, bei denen die spektrale Auffassung nicht mehr am Platze ist, und geht überhaupt über diese enge Fragestellung nach der bloßen Darstellbarkeit einer Funktion in einer bestimmten Gestalt weit hinaus. Hierüber können wir vorläufig nur folgende Andeutungen machen:

Die Funktionen, mit denen es der Ingenieur zu tun hat, treten ihm doch immer als Lösungen von Funktionalgleichungen wie Differential-, Differenzen- und Integralgleichungen entgegen, so daß also mit ihnen gewisse Operationen wie Differenzieren, Differenzenbildung und Integrieren vorgenommen werden müssen. *Die wahre Bedeutung der $\mathfrak{L}$-Transformation liegt nun in ihrem Abbildungscharakter,* nämlich darin, daß sie die Funktionen des Originalraums und die an ihnen auszuführenden Operationen durch ihre Abbilder im Bildraum ersetzt, die ein viel übersichtlicheres Aussehen haben. Infolgedessen werden die Abbilder jener Funktionalgleichungen im Bildraum eine einfachere Gestalt haben und leichter zu lösen sein als die ursprünglichen Gleichungen im Originalraum. Mit der Abbildung der fraglichen Operationen wird sich das nächste Kapitel beschäftigen.

Die $\mathfrak{L}$-Transformation hat aber noch eine weitere wichtige Eigenschaft, auf die bereits in § 3 hingewiesen wurde: Die durch sie erzeugten Bildfunktionen sind *analytische Funktionen,* auf die man die weittragenden Methoden der komplexen Funktionentheorie anwenden kann. So läßt sich z. B. die Formel (4.2), die $f(t)$ durch $F(s)$ ausdrückt, als ein Integral über die analytische Funktion $e^{ts} F(s)$ längs einer Geraden der komplexen Ebene auffassen. Ersetzt man diesen Integrationsweg auf Grund des Cauchyschen Satzes durch andere Kurven, so kann man dadurch interessante Eigenschaften der Funktion $f(t)$, z. B. ihr asymptotisches Verhalten, aufdecken.

Überhaupt wird es sich immer wieder als vorteilhaft erweisen, daß die Variable s in der *komplexen Ebene* variiert. Um nur ein einfaches Beispiel zu nennen, sei daran erinnert, daß die Lösungen von linearen homogenen Differentialgleichungen mit konstanten Koeffizienten Linearkombinationen von Funktionen der Gestalt $t^n e^{\alpha t}$ sind, wobei α im allgemeinen komplex ist. Die Bildfunktionen hierzu sind nach Beispiel 7 in § 3 die rationalen Funktionen $1/(s-\alpha)^{n+1}$. Den wahren Gehalt einer solchen Funktion kann man aber nur ausschöpfen, wenn man sie in der komplexen Ebene als analytische Funktion mit dem Pol α der Multiplizität $n+1$ betrachtet.

KAPITEL 2

Die Regeln für das Rechnen mit der Laplace-Transformation

§ 5. Die Abbildung von Operationen

Die praktische Anwendung der $\mathfrak{L}$-Transformation vollzieht sich in der Weise, daß man statt mit den Funktionen, die eigentlich der Rechnung zugrunde liegen, mit ihren Bildfunktionen arbeitet, ähnlich wie man beim Multiplizieren statt mit den Zahlen selber mit ihren Logarithmen rechnet, weil dies auf eine einfachere Operation, die Addition, führt. Den Vorgang der Abbildung kann man sich wie die *Übersetzung* von einer Sprache in eine andere vorstellen: Gleich wie hier jedem Wort ein anderes Wort, so entspricht bei der $\mathfrak{L}$-Transformation jeder Funktion eine andere Funktion. Die Rolle des bei einer Übersetzung benutzten *Wörterbuchs* spielt bei der Transformation eine *Tabelle von korrespondierenden Original- und Bildfunktionen*, wie wir sie in bescheidenster Form in § 3 angelegt haben und wie sie in größerem Umfang am Ende dieses Buches zu finden ist. Um nun aber einen ganzen Satz, also einen größeren Wortzusammenhang, übersetzen zu können, genügt es nicht, die Übersetzung der einzelnen Worte zu kennen, sondern man muß auch wissen, wie die *grammatikalischen Bildungen* der einen Sprache, also etwa die Flexionen der Wörter oder die Verknüpfungen mehrerer Wörter zu einem komplexeren Gebilde, in der anderen Sprache wiederzugeben sind. Auf den Fall der $\mathfrak{L}$-Transformation übertragen bedeutet das: Wenn man an einer Funktion eine *Operation* vornimmt, also sie etwa differenziert oder integriert, so muß dem eine gewisse Operation an der korrespondierenden Funktion entsprechen; oder, wenn man mehrere Funktionen miteinander *kombiniert*, etwa durch Multiplikation, so muß dem eine gewisse Kombination der korrespondierenden Funktionen entsprechen.

Man braucht also nicht nur eine Abbildung oder Übersetzung der einzelnen Funktionen, sondern auch der an ihnen ausgeübten Operationen. In diesem Sinn sind die nun folgenden »grammatikalischen Regeln« zu verstehen, von denen hier nur die wichtigsten aufgeführt sind, die man fortgesetzt braucht. Weitere findet man in dem ersten Abschnitt der Tabelle[14]).

---

[14]) Es sei dem Leser empfohlen, einige dieser Regeln nachzurechnen, um sich mit dem Mechanismus besser vertraut zu machen, z. B.

$$\mathfrak{L}\{f(a\,t)\} = \int_0^\infty e^{-st} f(at)\,dt = \int_0^\infty e^{-s\frac{\tau}{a}} f(\tau) \frac{d\tau}{a} = \frac{1}{a}\int_0^\infty e^{-\frac{s}{a}\tau} f(\tau)\,d\tau = \frac{1}{a} F\left(\frac{s}{a}\right).$$

Ferner ist einem Leser, der lediglich die »Technik« der $\mathfrak{L}$-Transformation erlernen will, anzuraten, beim ersten Lesen nur die eingerahmten Formeln, in denen sich die Regeln aussprechen, zur Kenntnis zu nehmen und die beigefügten Erläuterungen erst dann zu lesen, wenn die Regeln in den Beispielen von Kapitel 3—5 angewendet werden.

Wie man diese Regeln dazu benutzen kann, um gewisse mathematische Probleme zu lösen, wird in den Kapiteln 3 bis 5 gezeigt werden.

§ 6. Lineare Substitutionen

In diesem Paragraphen werden die an den Funktionen ausgeübten Operationen aus linearen Substitutionen der Variablen entweder bei der Original- oder bei der Bildfunktion bestehen.

Regel I *(Ähnlichkeitssatz)*

oder
$$f(at) \circ\!\!-\!\!\bullet \frac{1}{a} F\left(\frac{s}{a}\right)$$
$$F(as) \bullet\!\!-\!\!\circ \frac{1}{a} f\left(\frac{t}{a}\right)$$
$(a > 0)$

Die Kurvenbilder der Funktionen werden in einem gewissen Ähnlichkeitsverhältnis kontrahiert oder dilatiert (EINF. S. 40).

Regel II *(erster Verschiebungssatz)*

$$u(t-a)\,f(t-a) \circ\!\!-\!\!\bullet e^{-as} F(s) \qquad (a>0)$$

Die in (3.2) eingeführte Sprungfunktion ist bei $f(t-a)$ hinzugefügt, um darauf hinzuweisen, daß $f(t)$ für negative t gleich 0 zu setzen ist (siehe S. 26). Für $t < a$ ist $t-a$ negativ, also $f(t-a) = 0$. Das Bild von $f(t-a)$ entsteht somit dadurch, daß das Bild von $f(t)$ um a nach rechts verschoben und in dem Intervall zwischen 0 und a durch die t-Achse komplettiert wird (Bild 6.1a).

Diese Regel ist besonders dann von Bedeutung, wenn ein Vorgang verzögert einsetzt (Beispiel: Regelung mit Totzeit).

 Wenn man die Regel II von rechts nach links liest (d. h. wenn man von der Bildfunktion auf die Originalfunktion schließt), darf man nicht vergessen ausdrücklich festzulegen, daß $f(t-a)$ für $t < a$ den Wert 0 haben soll. Hat sich z. B. bei einer Rechnung die Bildfunktion $e^{-s} \dfrac{1}{s^2+1}$ ergeben, so wird die Originalfunktion für $t \geq 1$ durch $\sin(t-1)$, für $0 \leq t < 1$ durch 0 dargestellt.

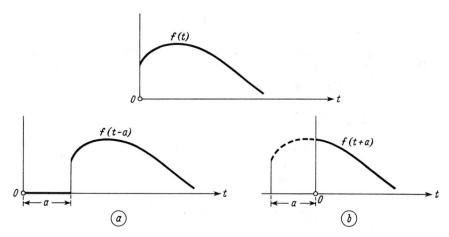

Bild 6.1 Verschiebung einer Funktion nach rechts und nach links.

Regel III *(zweiter Verschiebungssatz)*

$$f(t+a) \circ\!\!-\!\!\bullet\; e^{as}\left(F(s) - \int_0^a e^{-st} f(t)\, dt\right) \qquad (a > 0)$$

Hier liegt das umgekehrte Verhältnis wie bei Regel II vor. Das Bild von $f(t)$ wird um a nach links verschoben, wodurch das Anfangsstück von 0 bis a verlorengeht, da bei der neuen Funktion die Variable t wieder nur für $t \geqq 0$ betrachtet wird (Bild 6.1b). Es ist klar, daß $F(s)$ nicht unmittelbar mit dieser verstümmelten Funktion zusammenhängen kann, daher das Auftreten des »endlichen« Laplace-Integrals auf der rechten Seite, in dem die Werte von $f(t)$ für $0 \leqq t < a$ vorkommen (EINF. S. 44).

Diese Regel ist wichtig für die Behandlung von Differenzengleichungen, in denen neben $f(t)$ noch die Werte $f(t+a)$, $f(t+2a)$, ... vorkommen.

Regel IV *(Dämpfungssatz)*

$$e^{-\alpha t} f(t) \circ\!\!-\!\!\bullet\; F(s+\alpha) \qquad (\alpha \text{ beliebig komplex})$$

Eine wirkliche Dämpfung liegt bei der Originalfunktion natürlich nur dann vor, wenn α positiv reell ist (EINF. S. 45).

§ 7. Differentiation

Im vorigen Paragraphen handelte es sich um die einfachsten elementaren Operationen. Im folgenden gehen wir zu höheren Operationen wie Differentiation und Integration über.

Regel V *(Differentiationssatz für die Originalfunktion)*

Wenn f' eine Bildfunktion besitzt, so auch f. Das Umgekehrte ist nicht immer der Fall: So existiert z. B. $\mathfrak{L}\{\log t\}$, aber $\mathfrak{L}\{1/t\}$ nicht, weil $1/t$ bei $t=0$ nicht integrabel ist. Bei der folgenden Regel ist immer vorauszusetzen, daß die höchste vorkommende Ableitung für $t > 0$ existiert und eine Bildfunktion besitzt; daraus folgt dann automatisch, daß die niedrigeren Ableitungen einschließlich der Funktion selbst ebenfalls Bildfunktionen haben und daß die Grenzwerte von rechts $f(+0)$, $f'(+0)$, ... existieren (EINF. S. 48—51).

$$f'(t) \circ\!\!-\!\!\bullet\, s\, F(s) - f(+0)$$

$$f''(t) \circ\!\!-\!\!\bullet\, s^2\, F(s) - f(+0)\, s - f'(+0)$$

$$\cdots\cdots\cdots\cdots\cdots\cdots\cdots\cdots\cdots\cdots\cdots\cdots\cdots$$

$$f^{(n)}(t) \circ\!\!-\!\!\bullet\, s^n\, F(s) - f(+0)\, s^{n-1} - f'(+0)\, s^{n-2} - \cdots - f^{(n-2)}(+0)\, s - f^{(n-1)}(+0)$$

Diese Regel ist für die praktischen Anwendungen die wichtigste. Sie drückt die höchst bemerkenswerte Tatsache aus, daß die Differentiation, die im Originalraum ein transzendenter Prozeß ist, sich in der Sprache der Bildfunktionen als etwas völlig Elementares darstellt, nämlich Multiplikation mit einer Potenz der Variablen, abgesehen von der Hinzufügung eines Polynoms, dessen Koeffizienten die »Anfangswerte« der Originalfunktion sind. Das Auftreten dieser Anfangswerte erweist sich bei der Anwendung der Regel V auf Differentialgleichungen als besonders wertvoll.

Bemerkungen

1. Die »Anfangswerte« sind nicht mit $f(0)$, $f'(0)$, ..., sondern mit $f(+0)$, $f'(+0)$, ... bezeichnet, womit zum Ausdruck gebracht werden soll, daß es sich nicht um die *Werte an der Stelle* 0, sondern um die *Grenzwerte* handelt, denen die Funktionen zustreben, wenn t von rechts gegen 0 strebt. Man kann auch umgekehrt sagen, daß dies die Werte sind, von denen die Funktionen unter stetigem Anschluß nach rechts ausgehen. So kann z. B. bei der Einheitssprungfunktion $u(t)$ von § 3, Nr. 1 der Wert $u(0)$ je nach Lage der Dinge irgendein Wert sein. Der Grenzwert $u(+0)$ aber ist völlig eindeutig

gleich 1. Wegen $u'(t) = 0$ für $t > 0$ ist $\mathfrak{L}\{u'\} = 0$, und da $\mathfrak{L}\{u\} = 1/s$ ist, ergibt Regel V:

$$0 = s\frac{1}{s} - u(+0).$$

Diese Gleichung ist in der Tat für $u(+0) = 1$ richtig. Mit einem anderen Wert $u(0)$ an Stelle von $u(+0)$ wäre sie falsch.

Die Unterscheidung zwischen »Wert an einer Stelle« und »Grenzwert bei Annäherung an diese Stelle« ist besonders bei den Lösungen von partiellen Differentialgleichungen wichtig.

2. Bei Regel V wird vorausgesetzt, daß die höchste vorkommende Ableitung $f^{(n)}$ an jeder Stelle $t > 0$ existiert[15]). Wir wollen durch ein Beispiel zeigen, daß bei Nichtbeachtung dieser Voraussetzung die Regel V nicht zuzutreffen braucht. Bei dem zur Zeit $t = a > 0$ erfolgenden Einheitssprung $u(t-a)$, der in § 3, Nr. 2 betrachtet wurde, ist $\mathfrak{L}\{u(t-a)\} = \dfrac{e^{-as}}{s}$ und der Grenzwert der Funktion, wenn t von rechts gegen 0 strebt, gleich 0. Daher scheint sich nach Regel V zu ergeben:

(7.1) $\qquad \mathfrak{L}\{u'(t-a)\} = e^{-as}.$

Berechnet man aber diese Transformierte direkt, indem man zunächst bildet

(7.2) $\qquad u'(t-a) = \begin{cases} 0 \text{ für } t \neq a, \\ \text{nicht definiert für } t = a, \end{cases}$

so erhält man etwas ganz anderes, nämlich

(7.3) $\qquad \mathfrak{L}\{u'(t-a)\} = 0,$

weil eine Funktion, die überall gleich 0 mit Ausnahme einer einzigen Stelle ist, dasselbe Integral liefert wie eine Funktion, die wirklich überall gleich 0 ist.

Die Diskrepanz zwischen (7.1) und (7.3) erklärt sich daraus, daß $u(t-a)$ nicht für alle t differenzierbar ist; denn diese Funktion ist ja in $t = a$ nicht einmal stetig, geschweige denn differenzierbar. Regel V durfte also nicht angewendet werden.

Über eine andere Interpretation von (7.2) und eine Deutung der Formel (7.1) siehe Anhang S. 220, Beispiel 2.

---

[15]) Für $t = 0$ braucht die n-te Ableitung nicht zu existieren, und dieser Fall kommt sogar ziemlich häufig vor. Ein Beispiel mit $n = 1$ ist $f(t) = t^{1/2}$, $f'(t) = \dfrac{1}{2}t^{-1/2}$. Hier ist

$$\mathfrak{L}\{f\} = \frac{\Gamma(3/2)}{s^{3/2}}, \qquad \mathfrak{L}\{f'\} = \frac{1}{2}\frac{\Gamma(1/2)}{s^{1/2}}, \qquad f(+0) = 0.$$

Regel V liefert die richtige Gleichung

$$\frac{1}{2}\frac{\Gamma(1/2)}{s^{1/2}} = s\frac{\Gamma(3/2)}{s^{3/2}} \qquad \text{wegen } \Gamma(3/2) = \frac{1}{2}\Gamma(1/2).$$

Regel VI *(Differentiationssatz für die Bildfunktion)*

Wie in § 3 erwähnt, ist die Bildfunktion stets analytisch, besitzt also sämtliche Ableitungen. Diese lassen sich durch Differentiation unter dem Integralzeichen gewinnen (EINF. S. 35). Das führt auf folgende Abbildungsregeln:

$$-t\,f(t) \mathbin{\circ\!\!-\!\!\bullet} F'(s)$$
$$t^2\,f(t) \mathbin{\circ\!\!-\!\!\bullet} F''(s)$$
$$\cdots\cdots\cdots\cdots\cdots$$
$$(-1)^n\,t^n\,f(t) \mathbin{\circ\!\!-\!\!\bullet} F^{(n)}(s)$$

Sie besagen, daß ähnlich wie bei den Originalfunktionen auch bei den Bildfunktionen die komplizierte Operation der Differentiation sich im anderen Raum als eine ganz trivale Operation, nämlich Multiplikation mit der negativen Variablen, widerspiegelt.

§ 8. Integration

Regel VII *(Integrationssatz für die Originalfunktion)*

Der *Differentiation* der Originalfunktion entspricht (abgesehen von der Addition einer Konstanten) die *Multiplikation* der Bildfunktion mit s. Der *Integration* der Originalfunktion von 0 bis zu einer variablen Stelle t entspricht die *Division* der Bildfunktion durch s.

$$\int_0^t f(\tau)\,d\tau \mathbin{\circ\!\!-\!\!\bullet} \frac{1}{s} F(s)$$

Dabei ist vorauszusetzen, daß $f(t)$ eine Bildfunktion besitzt. Das Integral hat dann automatisch eine solche (EINF. S. 46).

Regel VIII *(Integrationssatz für die Bildfunktion)*

Die *Differentiation* der Bildfunktion spiegelt sich in der *Multiplikation* der Originalfunktion mit $-t$ wider, die *Integration* in einer *Division* durch $-t$, wenn als fester Anfangspunkt der Integration der Punkt $s = \infty$ gewählt wird. Wir ersetzen aber $\int_\infty^s$ durch $-\int_s^\infty$.

$$\boxed{\;\dfrac{f(t)}{t}\;\circ\!\!-\!\!\bullet\;\int_{s}^{\infty} F(\sigma)\,d\sigma\;}$$

Hierbei ist vorauszusetzen, daß $\dfrac{f(t)}{t}$ eine Bildfunktion besitzt, worauf $f(t)$ sicher eine solche hat. Als Integrationsweg in $\int_{s}^{\infty}$ kann ein beliebiger von s ausgehender Strahl genommen werden, der mit der reellen Achse einen spitzen Winkel bildet.

Diese Regel wird im Gegensatz zu den übrigen äußerst selten angewendet und wird hier nur der Vollständigkeit halber erwähnt.

§ 9. Multiplikation und Faltung

Bisher haben wir festgestellt, wie sich gewisse auf *eine* Funktion ausgeübte Operationen an der zugeordneten Funktion ausprägen. Wir betrachten nun Kombinationen von *mehreren* Funktionen und suchen die entsprechende Kombination in dem anderen Raum.

Daß der *Summe* von endlich vielen Originalfunktionen die Summe der zugeordneten Bildfunktionen entspricht, ist so selbstverständlich, daß wir das nicht als besondere Regel zu formulieren brauchen[16]). Die nächsteinfache Kombination ist das *Produkt*, und zwar wollen wir mit der Produktbildung bei Bildfunktionen beginnen.

Regel IX *(Faltungssatz)*

Dem Produkt $F_1(s) \cdot F_2(s)$ entspricht eine eigentümliche Integralkombination der Funktionen $f_1(t)$ und $f_2(t)$, die in der Physik sehr häufig auftritt[17]), nämlich

(9.1) $$\int_0^t f_1(\tau)\, f_2(t-\tau)\, d\tau.$$

---

[16]) Für unendlich viele Summanden gilt das natürlich im allgemeinen nicht. Siehe hierzu § 29.

[17]) Wenn z. B. während der Zeiten τ von $\tau = 0$ bis $\tau = t$ gewisse Ursachen $f_1(\tau)$ wirken, so wird der Effekt im einfachsten Fall gleich ihrer Summe $\int_0^t f_1(\tau)\, d\tau$ sein. Wenn aber jede Ursache mit einem Gewichtsfaktor f_2 zu versehen ist, der von der Zeitspanne zwischen dem Zeitpunkt τ ihres Auftretens und dem Zeitpunkt t der Beobachtung, also von $t - \tau$ abhängt, so wird der Effekt durch das Integral (9.1) gegeben.

Sie heißt die *Faltung* (amerikanisch: convolution) von f_1 und f_2 und wird symbolisch durch $f_1 * f_2$ bezeichnet (gelesen: f_1 gefaltet mit f_2):

$$f_1 * f_2 = \int_0^t f_1(\tau) f_2(t - \tau) \, d\tau.$$

Dieses Symbol, das wie ein Produkt aussieht, ist deshalb praktisch, weil die Faltung sich ganz wie ein Produkt verhält: Sie ist *kommutativ*, d. h.

(9.2) $\qquad f_1 * f_2 = f_2 * f_1 \quad$ oder $\quad \int_0^t f_1(\tau) f_2(t - \tau) \, d\tau = \int_0^t f_2(\tau) f_1(t - \tau) \, d\tau,$

und *assoziativ*, d. h.

(9.3) $\qquad\qquad\qquad (f_1 * f_2) * f_3 = f_1 * (f_2 * f_3),$

so daß die Faltung von mehreren Funktionen $f_1 * f_2 * \cdots * f_n$ immer zu demselben Resultat führt, gleichgültig in welcher Reihenfolge die Faltungen ausgerechnet werden (EINF. S. 56).

Die oben genannte Tatsache der Korrespondenz zwischen Faltung und Produkt läßt sich als Regel so formulieren:

(9.4) $\qquad\qquad\qquad \boxed{f_1 * f_2 \circ\!\!-\!\!\bullet F_1 \cdot F_2}$

Voraussetzung ist dabei, daß die $\mathfrak{L}$-Integrale von f_1 und f_2 existieren und daß mindestens eines absolut konvergiert[18]); das $\mathfrak{L}$-Integral von $f_1 * f_2$ konvergiert dann automatisch (EINF. S. 59).

Diese Regel ist nächst Regel V die wichtigste in den Anwendungen.

Regel X *(komplexer Faltungssatz)*

Dem Produkt zweier Originalfunktionen entspricht die »komplexe Faltung« der Bildfunktionen. Unter der Voraussetzung, daß für zwei feste reelle Werte x_1, x_2 die Integrale

(9.5) $\qquad \int_0^\infty e^{-x_\nu t} |f_\nu(t)| \, dt, \qquad \int_0^\infty e^{-2x_\nu t} |f_\nu(t)|^2 \, dt \qquad (\nu = 1,2)$

---

[18]) Absolute Konvergenz von $\int_0^\infty e^{-st} f(t) \, dt$ bedeutet, daß

$$\int_0^\infty |e^{-st} f(t)| \, dt = \int_0^\infty e^{-\mathfrak{R}s \cdot t} |f(t)| \, dt$$

konvergiert. Dies ist für alle Funktionen erfüllt, die sich durch eine Exponentialfunktion majorisieren lassen: $|f(t)| < A e^{at}$, wenn $\mathfrak{R}s > a$ ist.

§ 9. *Multiplikation und Faltung*

konvergieren, gilt für alle s mit $\Re s \geq x_1 + x_2$ (EINF. S. 210):

$$(9.6) \quad f_1(t) \cdot f_2(t) \multimap \begin{cases} \dfrac{1}{2\pi j} \displaystyle\int_{x-j\infty}^{x+j\infty} F_1(\sigma) F_2(s-\sigma) \, d\sigma \text{ mit } x_1 \leq x \leq \Re s - x_2 \\ \text{oder} \\ \dfrac{1}{2\pi j} \displaystyle\int_{x-j\infty}^{x+j\infty} F_1(s-\sigma) F_2(\sigma) \, d\sigma \text{ mit } x_2 \leq x \leq \Re s - x_1 \end{cases}$$

Wenn die Abszissen x der Integrationsgeraden so wie angegeben gewählt werden, bewegen sich die Variablen in F_1 und F_2 in den Halbebenen absoluter Konvergenz der $\mathfrak{L}$-Integrale $\mathfrak{L}\{f_1\}$ und $\mathfrak{L}\{f_2\}$.

Die Voraussetzung (9.5) bleibt erhalten, wenn f_2 durch $\overline{f_2}$ ersetzt wird. Hierzu gehört die Bildfunktion

$$\mathfrak{L}\{\overline{f_2}\} = \int_0^\infty e^{-st} \overline{f_2(t)} \, dt = \overline{\int_0^\infty e^{-\bar{s}t} f_2(t) \, dt} = \overline{F_2(\bar{s})}.$$

Führt man in die obere Zeile von (9.6) $\overline{f_2}$ statt f_2 und $\overline{F_2(\bar{s})}$ statt $F_2(s)$ ein und wählt speziell $s = x_1 + x_2$, $x = x_1$, so erhält man bei Ersatz des Korrespondenzzeichens durch das explizite $\mathfrak{L}$-Integral:

$$\int_0^\infty e^{-(x_1+x_2)t} f_1(t) \overline{f_2(t)} \, dt = \frac{1}{2\pi j} \int_{x_1-j\infty}^{x_1+j\infty} F_1(\sigma) \overline{F_2(x_1 + x_2 - \bar{\sigma})} \, d\sigma$$

oder mit $\sigma = x_1 + jy$, $\bar{\sigma} = x_1 - jy$:

$$(9.7) \quad \int_0^\infty e^{-(x_1+x_2)t} f_1(t) \overline{f_2(t)} \, dt = \frac{1}{2\pi} \int_{-\infty}^{+\infty} F_1(x_1 + jy) \overline{F_2(x_2 + jy)} \, dy$$

Diese Relation heißt die *verallgemeinerte Parsevalsche Gleichung* für die $\mathfrak{L}$-Transformation. Sie gilt unter der Voraussetzung (9.5).

Für $f_1 = f_2 = f$, $x_1 = x_2 = x$ geht sie über in die *Parsevalsche Gleichung*

$$(9.8) \quad \int_0^\infty e^{-2xt} |f(t)|^2 \, dt = \frac{1}{2\pi} \int_{-\infty}^{+\infty} |F(x+jy)|^2 \, dy$$

Sie gilt unter der Voraussetzung, daß die Integrale

$$(9.9) \qquad \int_0^\infty e^{-xt}|f(t)|\,dt, \qquad \int_0^\infty e^{-2xt}|f(t)|^2\,dt$$

konvergieren.
Wenn man $x = 0$ setzen darf, d. h. wenn die Integrale

$$(9.10) \qquad \int_0^\infty |f(t)|\,dt, \qquad \int_0^\infty |f(t)|^2\,dt$$

konvergieren, nimmt die Parsevalsche Gleichung die Gestalt an:

$$(9.11) \qquad \boxed{\int_0^\infty |f(t)|^2\,dt = \frac{1}{2\pi}\int_{-\infty}^{+\infty}|F(jy)|^2\,dy}$$

Diese Gleichung ist für die Technik von vielfältiger Bedeutung. Wenn $f(t)$ der Ausgangsstrom eines elektrischen Netzwerks ist, so stellt (9.11) die an einem Widerstand von einem Ohm geleistete *Gesamtenergie* dar, ausgedrückt durch die Amplitudendichte $|F(jy)|$. Ist $f(t)$ die Regelgröße eines Regelungssystems, so bedeutet $\int_0^\infty |f(t)|^2\,dt$ die sogenannte *quadratische Regelfläche*. Eine der Optimierungsmethoden der Regelungstechnik besteht darin, diese Fläche zu einem Minimum zu machen. Da in diesem Fall $f(t)$ reell, also $\overline{F(jy)} = F(-jy)$ ist, nimmt (9.11) die Form an:

$$(9.12) \qquad \int_0^\infty f(t)^2\,dt = \frac{1}{2\pi}\int_{-\infty}^{+\infty} F(jy)F(-jy)\,dy = \frac{1}{2\pi j}\int_{-j\infty}^{+j\infty} F(\sigma)F(-\sigma)\,d\sigma.$$

Wenn $F(s)$ eine gebrochen rationale Funktion ist, kann man dieses komplexe Integral durch Residuenrechnung ausrechnen. Das Ergebnis hängt von den endlich vielen Konstanten der rationalen Funktion ab und läßt sich nach den Methoden der Differentialrechnung durch passende Wahl der Konstanten zu einem Minimum machen.

* * *

In den folgenden Kapiteln wird gezeigt, wie man gewisse Typen von Funktionalgleichungen mit der $\mathfrak{L}$-Transformation unter Verwendung der obigen Regeln auf übersichtliche Weise lösen kann.

KAPITEL 3

Gewöhnliche Differentialgleichungen

§ 10. Die Differentialgleichung erster Ordnung

Wir betrachten die Differentialgleichung erster Ordnung mit konstanten Koeffizienten, aber beliebiger »Störungs- oder Erregungsfunktion«:

(10.1) $$y' + c_0 y = f(t).$$

Durch Verwendung von kleinen Buchstaben haben wir bereits angedeutet, daß wir uns die Gleichung im Originalraum gegeben denken. Die grundlegende Idee besteht nun darin, daß wir die $\mathfrak{L}$-Transformation, die wir bisher immer nur auf Funktionen angewendet haben, jetzt unmittelbar auf die Gleichung (10.1) anwenden, was wir so ausdrücken können, daß wir zu einer *Originalgleichung* die *Bildgleichung* suchen. Dies geschieht natürlich in der Weise, daß man beide Seiten mit e^{-st} multipliziert und von 0 bis ∞ integriert. Man eignet sich aber die Routine des Kalküls am schnellsten an, wenn man gar nicht das explizite $\mathfrak{L}$-Integral, sondern gleich das Symbol $\mathfrak{L}$ verwendet:

(10.2) $$\mathfrak{L}\{y'\} + c_0\, \mathfrak{L}\{y\} = \mathfrak{L}\{f\}.$$

Nunmehr kommt der zweite entscheidende Schritt, der darin besteht, daß Regel V angewendet und $\mathfrak{L}\{y'\}$ durch $\mathfrak{L}\{y\}$ ausgedrückt wird. Dabei führen wir gleichzeitig die großen Buchstaben ein und erhalten:

(10.3) $$s\, Y(s) - y(+0) + c_0\, Y(s) = F(s).$$

Nach einiger Übung spart man sich natürlich die Gleichung (10.2) und schreibt unter (10.1) sofort die Gleichung (10.3), indem man sagt: »Ich schreibe zu der Originalgleichung die Bildgleichung hin« oder »Ich transformiere die Gleichung in den Bildraum«.

An der Bildgleichung springen zwei Dinge ins Auge: 1. Sie ist eine lineare *algebraische Gleichung* für $Y(s)$, also etwas unvergleichlich Einfacheres als die ursprüngliche Differentialgleichung. 2. Sie enthält den Wert $y(+0)$. Das kommt uns sehr zustatten; denn zur Festlegung einer bestimmten Lösung unter den unendlich vielen Lösungen der Differentialgleichung muß der Wert von $y(t)$ in einem Punkt gegeben sein, und dieser ist in den Anwendungen meist der »Anfangspunkt« $t = 0$, daher der Name »*Anfangswert*« für $y(+0)$.

Das Wort Anfangswert ist so zu verstehen, daß $y(t)$ an diesen Wert stetig anschließen soll, oder umgekehrt, daß dieser Wert sich als Grenzwert ergeben soll, wenn man in der Lösung t von rechts gegen 0 streben läßt. Es handelt sich also genau um den Wert $y(+0)$, der auch bei der Regel V ins Spiel tritt, vgl. hierzu die Bemerkung 1 S. 36. Dieser vorzuschreibende Anfangswert ist in die Bildgleichung eingetreten und wird daher automatisch berücksichtigt. Das bedeutet einen wesentlichen Vorteil gegenüber der klassischen Methode, die erst die sogenannte »allgemeine Lösung« berechnet, die von einer willkürlichen Konstanten abhängt, und dann nachträglich diese Konstante so bestimmt, daß $y(t)$ für $t \to 0$ den vorgeschriebenen Wert annimmt. (Man kann natürlich sagen: Bei der Methode der $\mathfrak{L}$-Transformation tritt auch eine Konstante auf; aber diese hat eine von vornherein bekannte Beziehung zu der Lösung, sie ist gleich $y(+0)$.)

Die *Lösung der Bildgleichung* (10.3) läßt sich sofort anschreiben:

$$(10.4) \qquad Y(s) = F(s) \frac{1}{s+c_0} + y(+0) \frac{1}{s+c_0}.$$

Damit ist die Bildfunktion $Y(s)$ zu der gesuchten Funktion $y(t)$ bereits gefunden, und wir brauchen nur noch *ihre zugehörige Originalfunktion* zu bestimmen. Zu diesem Zweck könnte man das komplexe Umkehrintegral (2.8) benutzen. Das sucht man aber möglichst zu vermeiden; man verhält sich vielmehr ganz ähnlich, als wenn man im Verlauf einer Rechnung auf ein Integral stößt. Ein solches wertet man im allgemeinen nicht definitionsgemäß als Grenzwert einer Summe aus, sondern man schlägt in einer Integraltafel nach; und wenn das nicht unmittelbar zum Ziel führt, versucht man den Integranden so zu zerlegen und umzuformen, daß man auf bekannte Integrale kommt. Ganz analog schlägt man in unserem Fall in der anhängenden *Tabelle von Korrespondenzen* nach, ob die Originalfunktion zu der vorliegenden Bildfunktion dort verzeichnet ist oder ob man vielleicht unter Benutzung unserer »grammatikalischen Regeln« von Kap. 2 die Originalfunktion aus den in der Tabelle verzeichneten Funktionen zusammenbauen kann.

Im Falle der Bildfunktion (10.4) geht das sehr einfach. Nach TAB. 35 gehört zu $1/(s+c_0)$ die Originalfunktion $e^{-c_0 t}$, womit für den zweiten Summanden von $Y(s)$ die Originalfunktion bereits feststeht. Der erste Summand ist das Produkt zweier Bildfunktionen, ihm entspricht also nach Regel IX die Faltung der Originalfunktionen. Insgesamt ergibt sich somit:

$$(10.5) \qquad \begin{cases} y(t) = f(t) * e^{-c_0 t} + y(+0) e^{-c_0 t} \\ \quad = e^{-c_0 t} \int_0^t f(\tau) e^{c_0 \tau} d\tau + y(+0) e^{-c_0 t}, \end{cases}$$

womit die Lösung der Differentialgleichung (10.1) bei gegebenem Anfangswert gefunden ist.

§ 10. Die Differentialgleichung erster Ordnung

Es sei noch hervorgehoben, daß wir hier gleich die Lösung der inhomogenen Gleichung (mit dem Störungsglied f) erhalten haben, während die klassische Methode erst die Lösung der homogenen Gleichung (mit $f \equiv 0$) und dann durch Variation der Konstanten die der inhomogenen Gleichung aufstellt.

Die hier benutzte Lösungsmethode läßt sich auf ein übersichtliches Schema bringen, das bei allen Anwendungen der $\mathfrak{L}$-Transformation auf Funktionalgleichungen wiederkehrt.

Schema

Originalraum: Differentialgleichung + Anfangsbedingung   Lösung

$\qquad\qquad\qquad\qquad\;\;|\qquad\qquad\qquad\qquad\qquad\qquad\uparrow$

$\qquad\qquad\qquad\;\;\mathfrak{L}$-Transformation$\qquad\;\;\mathfrak{L}^{-1}$-Transformation

$\qquad\qquad\qquad\qquad\;\;\downarrow\qquad\qquad\qquad\qquad\qquad\qquad|$

Bildraum: $\qquad\qquad$ algebraische Gleichung $\;\;\text{---}\!\!\text{---}\!\!\rightarrow$ Lösung

Erklärung: Anstatt die im Originalraum gegebene Differentialgleichung mit Anfangsbedingung direkt zu lösen, machen wir den Umweg über den Bildraum: Wir gehen von der Originalgleichung durch die $\mathfrak{L}$-Transformation zu der Bildgleichung (einer algebraischen Gleichung) über, lösen diese und übersetzen dann vermittels der Umkehrung der $\mathfrak{L}$-Transformation die Lösung in den Originalraum.

Wie man sieht, wird die Bildfunktion $F(s)$ der Störungsfunktion $f(t)$ nur für die Ableitung des Resultats, aber nicht für den expliziten Ausdruck der Lösung $y(t)$ gebraucht. Trotzdem ist es in vielen Fällen praktisch, anstatt das Faltungsintegral in (10.5) zu berechnen, doch $F(s)$ zu bestimmen und den Ausdruck $\dfrac{F(s)}{s+c_0}$ *als einheitliche Funktion in den Originalraum zu übersetzen*. Ist z. B. $f(t) \equiv u(t)$, also $F(s) = \dfrac{1}{s}$, so ist

(10.6) $$\frac{F(s)}{s+c_0} = \frac{1}{s(s+c_0)},$$

und zu dieser Funktion findet man in TAB. 40 sofort die Originalfunktion

$$\frac{1}{c_0}(1 - e^{-c_0 t}).$$

Analog wenn $f(t)$ eine Potenz oder eine Exponentialfunktion ist. Wir wollen hier den Fall durchführen, daß $f(t)$ eine *sinusartige Schwingung* $e^{j\omega t}$ ist. Dann ist

$$F(s)\frac{1}{s+c_0} = \frac{1}{(s-j\omega)(s+c_0)}.$$

Nach TAB. 44 ist die zugehörige Originalfunktion

$$\frac{1}{c_0 + \mathrm{j}\omega} (\mathrm{e}^{\mathrm{j}\omega t} - \mathrm{e}^{-c_0 t}).$$

Um die Lösung für $f(t) \equiv \cos \omega t$ bzw. $\sin \omega t$ zu erhalten, brauchen wir diesen Ausdruck nur in der Gestalt

$$\frac{c_0 - \mathrm{j}\omega}{c_0^2 + \omega^2} (\cos \omega t + \mathrm{j} \sin \omega t - \mathrm{e}^{-c_0 t})$$

zu schreiben und ihn in

$$\text{Realteil} = \frac{1}{c_0^2 + \omega^2} \left(\omega \sin \omega t + c_0 (\cos \omega t - \mathrm{e}^{-c_0 t}) \right),$$

$$\text{Imaginärteil} = \frac{1}{c_0^2 + \omega^2} \left(c_0 \sin \omega t - \omega (\cos \omega t - \mathrm{e}^{-c_0 t}) \right)$$

zu zerlegen. In der vollständigen Lösung tritt jeweils noch das Glied $y(+0)\,\mathrm{e}^{-c_0 t}$ hinzu. Bei positivem c_0 klingen die mit $\mathrm{e}^{-c_0 t}$ behafteten Teile für wachsendes t gegen 0 ab, und es bleiben nur reine Schwingungen von derselben Frequenz ω wie die Störungsfunktion, aber mit anderer Amplitude und Phase übrig.

§ 11. Die Differentialgleichung zweiter Ordnung

Bei der Differentialgleichung zweiter Ordnung

(11.1) $\qquad y'' + c_1 y' + c_0 y = f(t),$

deren Koeffizienten wir als reell voraussetzen[19]), können wir uns schon kürzer fassen. Ihre Bildgleichung lautet nach Regel V:

$$[s^2 Y - y(+0)s - y'(+0)] + c_1 [sY - y(+0)] + c_0 Y = F(s).$$

In ihr kommen zwei Anfangswerte vor, nämlich die der Funktion y und ihrer ersten Ableitung, und so viele Werte müssen auch gerade gegeben sein, damit die Lösung einer Differentialgleichung zweiter Ordnung eindeutig bestimmt ist. Die Bildgleichung ist eine lineare algebraische Gleichung, deren Lösung lautet:

(11.2) $Y(s) = F(s) \dfrac{1}{s^2 + c_1 s + c_0} + y(+0) \dfrac{s + c_1}{s^2 + c_1 s + c_0} + y'(+0) \dfrac{1}{s^2 + c_1 s + c_0}.$

Die korrespondierenden Originalfunktionen der einzelnen Summanden kann man aus der Tabelle entnehmen. Wir wollen aber zeigen, wie sie gefunden worden sind, weil dies eine gute Vorübung für die Lösung der Differen-

---

[19]) Wir haben durch den Koeffizienten von y'' dividiert, so daß der höchste Koeffizient gleich 1 ist. Dies erleichtert die folgenden Rechnungen.

§ 11. Die Differentialgleichung zweiter Ordnung

tialgleichung beliebigen Grades ist. Die in (11.2) auftretenden Brüche sind rationale Funktionen, bei denen der Grad des Zählers niedriger als der des Nenners ist. Solche Funktionen lassen sich bekanntlich in folgender Weise in sogenannte Partialbrüche zerlegen (was auch in der Integralrechnung bei der Integration der rationalen Funktionen benutzt wird): Man sucht zunächst die Nullstellen α_1, α_2 des Nennerpolynoms und kann dann dieses in Linearfaktoren zerlegen:

$$p(s) = s^2 + c_1 s + c_0 = (s - \alpha_1)(s - \alpha_2).$$

Die weitere Behandlung ist verschieden, je nachdem $\alpha_1 \neq \alpha_2$ oder $\alpha_1 = \alpha_2$ ist.

1. Fall: $\alpha_1 \neq \alpha_2$

Die rationale Funktion läßt sich in Brüche zerlegen, von denen jeder im Nenner nur einen Linearfaktor enthält:

$$\frac{d_1}{s - \alpha_1} + \frac{d_2}{s - \alpha_2}.$$

Wir wenden das der Reihe nach auf die zwei verschiedenen in (11.2) vorkommenden Brüche an. Die Koeffizienten d_1, d_2 in der Gleichung

(11.3) $$\frac{1}{p(s)} = \frac{d_1}{s - \alpha_1} + \frac{d_2}{s - \alpha_2}$$

kann man auf ganz primitive Weise dadurch bestimmen[20]), daß man die rechte Seite wieder auf einen Bruchstrich bringt und die Zähler vergleicht. Dann erhält man aus

$$\frac{1}{p(s)} = \frac{(d_1 + d_2)s - (d_1 \alpha_2 + d_2 \alpha_1)}{(s - \alpha_1)(s - \alpha_2)}$$

die Bestimmungsgleichungen

$$d_1 + d_2 = 0, \qquad \alpha_2 d_1 + \alpha_1 d_2 = -1$$

und damit für die Koeffizienten die Werte

$$d_1 = \frac{1}{\alpha_1 - \alpha_2}, \qquad d_2 = -\frac{1}{\alpha_1 - \alpha_2}.$$

Da man die Originalfunktionen zu den einzelnen Partialbrüchen kennt, kann man die Originalfunktion zu (11.3) angeben:

(11.4) $$G(s) = \frac{1}{p(s)} \;\circ\!\!\!-\!\!\!\bullet\; \frac{1}{\alpha_1 - \alpha_2}(e^{\alpha_1 t} - e^{\alpha_2 t}) = g(t).$$

Explizit ist $\qquad \alpha_1 = -\dfrac{c_1}{2} + \sqrt{-D}, \qquad \alpha_2 = -\dfrac{c_1}{2} - \sqrt{-D}$

---

[20]) In § 12 werden wir eine elegantere Methode kennenlernen.

mit $$D = c_0 - \frac{c_1^2}{4} \quad \text{(Diskriminante)}.$$

Für $$D < 0, \quad \text{d. h.} \quad \frac{c_1^2}{4} > c_0,$$

ist $k = \sqrt{-D}$ reell und

(11.5) $$g(t) = \frac{1}{2k} e^{-c_1 t/2} (e^{kt} - e^{-kt}) = \frac{1}{k} e^{-c_1 t/2} \sinh kt \quad \text{(aperiodisch)}.$$

Für $$D > 0, \quad \text{d. h.} \quad \frac{c_1^2}{4} < c_0,$$

sind α_1, α_2 komplex konjugiert, und $g(t)$ erscheint in komplexer Gestalt, ist aber in Wahrheit reell. Denn setzt man $\sqrt{-D} = \omega j$, so ist

(11.6) $$g(t) = \frac{1}{2\omega j} e^{-c_1 t/2} (e^{j\omega t} - e^{-j\omega t}) = \frac{1}{\omega} e^{-c_1 t/2} \sin \omega t.$$

Diese reelle Gestalt kann man auch unmittelbar herstellen, indem man $G(s) = 1/p(s)$ so umformt:

$$G(s) = \frac{1}{(s + c_1/2)^2 + (c_0 - c_1^2/4)} = \frac{1}{(s + c_1/2)^2 + D} = \frac{1}{(s + c_1/2)^2 + \omega^2}.$$

Aus der Korrespondenz TAB. 38

$$\frac{1}{s^2 + \omega^2} \; \bullet\!-\!\circ \; \frac{1}{\omega} \sin \omega t$$

folgt nach Regel IV (Dämpfungssatz):

$$G(s) \; \bullet\!-\!\circ \; \frac{1}{\omega} e^{-c_1 t/2} \sin \omega t = g(t).$$

$g(t)$ ist also eine periodische Schwingung, die durch den Faktor $e^{-c_1 t/2}$ gedämpft oder angefacht ist, je nach dem Vorzeichen von c_1.

Wenn $c_1^2/4 < c_0$ ist, ist es praktisch, die Koeffizienten von vornherein auf die Form zu bringen:

(11.7) $$c_1 = 2\delta, \quad c_0 = \delta^2 + \omega^2,$$

also die Differentialgleichung in der Form zu schreiben:

(11.8) $$y'' + 2\delta y' + (\delta^2 + \omega^2) y = f(t).$$

Dann ist $D = \omega^2$ und

(11.9) $$G(s) = \frac{1}{p(s)} \; \bullet\!-\!\circ \; \frac{1}{\omega} e^{-\delta t} \sin \omega t.$$

Man kann also aus der Differentialgleichung (11.8) unmittelbar die Frequenz ω und das Dämpfungsmaß δ der Funktion $g(t)$ entnehmen. Außer-

§ 11. Die Differentialgleichung zweiter Ordnung

dem ergibt sich für das Verhältnis zweier aufeinanderfolgender Extremwerte der gedämpften Schwingung der konstante Wert $e^{-\pi\delta/\omega}$. Das sogenannte Dämpfungsverhältnis δ/ω gestattet, das Abklingen der Schwingung gut zu beurteilen.

Für den anderen in (11.2) auftretenden Bruch erhält man bei der Zerlegung

$$\frac{s+c_1}{p(s)} = \frac{d_1}{s-\alpha_1} + \frac{d_2}{s-\alpha_2} = \frac{(d_1+d_2)s - (d_1\alpha_2 + d_2\alpha_1)}{p(s)}$$

für die Koeffizienten die Bestimmungsgleichungen

$$d_1 + d_2 = 1, \quad \alpha_2 d_1 + \alpha_1 d_2 = -c_1$$

und damit die Werte (wegen $-c_1 = \alpha_1 + \alpha_2$)

$$d_1 = \frac{-\alpha_1 - c_1}{\alpha_2 - \alpha_1} = \frac{\alpha_2}{\alpha_2 - \alpha_1}, \quad d_2 = \frac{\alpha_2 + c_1}{\alpha_2 - \alpha_1} = -\frac{\alpha_1}{\alpha_2 - \alpha_1}.$$

Also gilt:

(11.10) $$\frac{s+c_1}{p(s)} \;\bullet\!\!-\!\!\circ\; \frac{1}{\alpha_2 - \alpha_1}(\alpha_2 e^{\alpha_1 t} - \alpha_1 e^{\alpha_2 t}) = g_1(t).$$

Benutzt man im Fall $D > 0$ die Schreibweise (11.7), so läßt sich die Übersetzung in den Originalraum besonders einfach bewerkstelligen (siehe TAB. 38, 48 und Regel IV):

(11.11) $$\frac{s+2\delta}{s^2 + 2\delta s + \delta^2 + \omega^2} = \frac{s+\delta}{(s+\delta)^2 + \omega^2} + \frac{\delta}{\omega}\frac{\omega}{(s+\delta)^2 + \omega^2}$$

$$\bullet\!\!-\!\!\circ\; e^{-\delta t}\cos\omega t + \frac{\delta}{\omega}e^{-\delta t}\sin\omega t = g_1(t).$$

2. Fall: $\alpha_1 = \alpha_2 \quad (D = 0)$

In diesem Fall ist $\alpha_1 = \alpha_2 = -\dfrac{c_1}{2}$ und nach TAB. 42

(11.12) $$\frac{1}{p(s)} = \frac{1}{(s-\alpha_1)^2} \;\bullet\!\!-\!\!\circ\; t\,e^{\alpha_1 t} = t\,e^{-c_1 t/2} = g(t),$$

(11.13) $$\frac{s+c_1}{p(s)} = \frac{s+c_1}{(s+c_1/2)^2} = \frac{1}{s+c_1/2} + \frac{c_1/2}{(s+c_1/2)^2} \;\bullet\!\!-\!\!\circ\; e^{-c_1 t/2} + \frac{c_1}{2}t\,e^{-c_1 t/2} = g_1(t).$$

Nachdem die Originalfunktionen zu den gebrochen rationalen Funktionen in (11.2) bestimmt sind, ergibt sich als Lösung der Differentialgleichung unter Benutzung von Regel IX (Faltungssatz):

(11.14) $$y(t) = f(t) * g(t) + y(+0)\,g_1(t) + y'(+0)\,g(t).$$

In der Praxis wendet man nicht die hier abgeleiteten allgemeinen Lösungsformeln an, sondern führt die oben angegebenen Schritte jedesmal von neuem durch.

Dabei ist es oft möglich, die unbequeme Ausrechnung des Faltungsintegrals $f * g$ dadurch zu umgehen, daß man $F(s)$ explizit bestimmt und die Bildfunktion $F(s)/p(s)$ komplett in den Originalraum übersetzt. Liegt nämlich der in der Praxis besonders häufige Fall vor, daß $f(t)$ gleich einer der Funktionen $u(t)$, $e^{\alpha t}$, $t^n e^{\alpha t}$, $\cos \omega t$, $\sin \omega t$ ist, so ist $F(s)$ eine gebrochen rationale Funktion, also $F(s)/p(s)$ ebenfalls. Man kann daher die zugehörige Originalfunktion unmittelbar durch Partialbruchzerlegung finden. Das folgende Beispiel illustriert dieses Verfahren.

Numerisches Beispiel

Gegeben sei die Differentialgleichung

$$y'' + 10 y' + 74 y = 28 \sin 4t$$

unter den Anfangsbedingungen

$$y(+0) = 0, \qquad y'(+0) = 2.$$

Die Bildgleichung lautet:

$$s^2 Y - 2 + 10 s Y + 74 Y = \frac{112}{s^2 + 16}.$$

Ihre Lösung ist

$$Y = \frac{112}{(s^2 + 16)(s^2 + 10 s + 74)} + \frac{2}{s^2 + 10 s + 74}.$$

Wir betrachten zunächst den zweiten Summanden und bestimmen die Wurzeln α_1, α_2 von

$$s^2 + 10 s + 74 = 0.$$

Es ergibt sich:

$$\alpha_1 = -5 + 7j, \qquad \alpha_2 = -5 - 7j.$$

Folglich haben wir anzusetzen:

$$\frac{1}{s^2 + 10 s + 74} = \frac{d_1}{s + 5 - 7j} + \frac{d_2}{s + 5 + 7j}.$$

Koeffizientenvergleich liefert:

$$d_1 + d_2 = 0$$
$$(5 + 7j) d_1 + (5 - 7j) d_2 = 1.$$

Aus diesen Gleichungen folgt:

$$d_1 = \frac{1}{14 j}, \qquad d_2 = -\frac{1}{14 j}.$$

Zu
$$\frac{1}{s^2 + 10s + 74} = \frac{1/14\,\mathrm{j}}{s+5-7\,\mathrm{j}} - \frac{1/14\,\mathrm{j}}{s+5+7\,\mathrm{j}}$$
gehört die Originalfunktion
$$g(t) = \frac{1}{14\,\mathrm{j}}\left(\mathrm{e}^{(-5+7\mathrm{j})t} - \mathrm{e}^{(-5-7\mathrm{j})t}\right) = \frac{1}{7}\,\mathrm{e}^{-5t}\sin 7t.$$

Dieses Resultat hätte man unter Vermeidung der komplexen Größen durch die Umformung
$$\frac{1}{s^2 + 10s + 74} = \frac{1}{7}\,\frac{7}{(s+5)^2 + 49}$$
auf geschicktere Weise erhalten können, denn aus
$$\frac{7}{s^2 + 49} \;\;\circ\!\!-\!\!\bullet\;\; \sin 7t$$
und dem Dämpfungssatz ergibt sich die Funktion $g(t)$ unmittelbar.

Die Originalfunktion des ersten Summanden von Y könnte man nun nach dem Faltungssatz berechnen. Da aber dieser Summand mit explizit eingesetzter Funktion $F(s)$ eine gebrochen rationale Funktion wird, ist es einfacher, diese Funktion in Verallgemeinerung des oben angegebenen Verfahrens in Partialbrüche zu zerlegen. Der Nenner hat die vier verschiedenen Nullstellen:
$$4\,\mathrm{j},\,-4\,\mathrm{j},\,-5+7\,\mathrm{j},\,-5-7\,\mathrm{j},$$
so daß wir hier vier Partialbrüche anzuschreiben haben:
$$\frac{112}{(s^2+16)(s^2+10s+74)} = \frac{d_1}{s-4\,\mathrm{j}} + \frac{d_2}{s+4\,\mathrm{j}} + \frac{d_3}{s+5-7\,\mathrm{j}} + \frac{d_4}{s+5+7\,\mathrm{j}}.$$

Bringt man die rechte Seite auf einen Nenner, so lautet der Zähler:
$$d_1(s+4\,\mathrm{j})(s_2+10s+74) + d_2(s-4\,\mathrm{j})(s^2+10s+74)$$
$$+ d_3(s^2+16)(s+5+7\,\mathrm{j}) + d_4(s^2+16)(s+5-7\,\mathrm{j})$$
$$= s^3(d_1+d_2+d_3+d_4) + s^2[(10+4\,\mathrm{j})d_1 + (10-4\,\mathrm{j})d_2 + (5+7\,\mathrm{j})d_3 + (5-7\,\mathrm{j})d_4]$$
$$+ s[(74+40\,\mathrm{j})d_1 + (74-40\,\mathrm{j})d_2 + 16\,d_3 + 16\,d_4]$$
$$+ [296\,\mathrm{j}\,d_1 - 296\,\mathrm{j}\,d_2 + (80+112\,\mathrm{j})d_3 + (80-112\,\mathrm{j})d_4].$$

d_1 bis d_4 müssen also die linearen Gleichungen erfüllen:
$$d_1 + d_2 + d_3 + d_4 = 0$$
$$(10+4\,\mathrm{j})d_1 + (10-4\,\mathrm{j})d_2 + (5+7\,\mathrm{j})d_3 + (5-7\,\mathrm{j})d_4 = 0$$
$$(74+40\,\mathrm{j})d_1 + (74-40\,\mathrm{j})d_2 + 16\,d_3 + 16\,d_4 = 0$$
$$296\,\mathrm{j}\,d_1 - 296\,\mathrm{j}\,d_2 + (80+112\,\mathrm{j})d_3 + (80-112\,\mathrm{j})d_4 = 112,$$

deren Lösungen lauten:

$$d_1 = -\frac{7}{1241}(20+29j), \qquad d_2 = -\frac{7}{1241}(20-29j),$$
$$d_3 = \frac{4}{1241}(35+4j), \qquad d_4 = \frac{4}{1241}(35-4j).$$

Zu dem ersten Summanden in y gehört daher die Originalfunktion

$$-\frac{7}{1241}(20+29j)e^{4jt} - \frac{7}{1241}(20-29j)e^{-4jt}$$
$$+\frac{4}{1241}(35+4j)e^{(-5+7j)t} + \frac{4}{1241}(35-4j)e^{(-5-7j)t}$$
$$= -\frac{7}{1241}[20(e^{4jt}+e^{-4jt}) + 29j(e^{4jt}-e^{-4jt})]$$
$$+\frac{4}{1241}e^{-5t}[35(e^{7jt}+e^{-7jt}) + 4j(e^{7jt}-e^{-7jt})]$$
$$= -\frac{14}{1241}(20\cos 4t - 29\sin 4t) + \frac{8}{1241}e^{-5t}(35\cos 7t - 4\sin 7t).$$

Damit ist die Aufgabe vollständig gelöst.

Wir haben hier die Partialbruchzerlegung auf die primitivste Weise vorgenommen, indem wir die Brüche wieder zu einem einzigen vereinigten und durch Koeffizientenvergleich ein System von linearen Gleichungen für die $d_1, d_2, \ldots$ herstellten. Die Auflösung eines solchen Systems ist bei größerer Anzahl der Unbekannten sehr mühsam, deshalb wollen wir zeigen, wie man die Partialbruchzerlegung auf viel einfacherem Weg bewerkstelligen kann. Dazu betrachten wir sogleich die Differentialgleichung beliebiger Ordnung.

§ 12. Die inhomogene Differentialgleichung n-ter Ordnung mit verschwindenden Anfangswerten

Wie schon in den vorhergehenden Beispielen machen wir den Koeffizienten der höchsten Ableitung durch Division zu 1, weil das die Rechnungen vereinfacht und erfahrungsgemäß vor Fehlern bewahrt. Die Differentialgleichung n-ter Ordnung hat dann die Gestalt:

(12.1) $$y^{(n)} + c_{n-1} y^{(n-1)} + \cdots + c_1 y' + c_0 y = f(t).$$

Damit die Lösung eindeutig bestimmt ist, müssen n Anfangswerte vorgegeben sein, das sind die Werte

$$y(+0), \quad y'(+0), \quad y''(+0), \quad \ldots, \quad y^{(n-1)}(+0).$$

Zur Vereinfachung der Schreibweise bezeichnen wir sie in der Folge mit $y(0)$, $y'(0)$, usw. Es handelt sich also um das sogenannte »Anfangswertproblem« der Differentialgleichung (12.1). Um die Rechnungen übersicht-

§ 12. Die inhomogene Differentialgleichung n-ter Ordnung

licher zu gestalten, zerlegen wir die Aufgabe in zwei Teile: Zunächst sei die Gleichung inhomogen, d. h. die Erregungsfunktion $f(t)$ verschwinde nicht identisch, während die Anfangswerte sämtlich verschwinden mögen. (Das ist übrigens der in der Praxis häufigste Fall.) In § 14 behandeln wir dann die homogene Gleichung, d. h. $f(t) \equiv 0$, mit beliebigen Anfangswerten. Beide Lösungen superponiert ergeben offenbar die Lösung des allgemeinen Problems.

Es liegt also jetzt die Differentialgleichung (12.1) unter den Anfangsbedingungen

(12.2) $$y(0) = y'(0) = \ldots = y^{(n-1)}(0) = 0$$

vor. Nach Regel V hat sie die Bildgleichung

(12.3) $$s^n Y + c_{n-1} s^{n-1} Y + \cdots + c_1 s Y + c_0 Y = F(s).$$

Mit der Abkürzung

(12.4) $$s^n + c_{n-1} s^{n-1} + \cdots + c_1 s + c_0 = p(s)$$

ergibt sich als Lösung im Bildraum

(12.5) $$Y(s) = \frac{1}{p(s)} F(s).$$

Die Lösung $y(t)$ der Differentialgleichung können wir nach Regel IX (Faltungssatz) sofort anschreiben, wenn wir die Originalfunktion zu

$$G(s) = \frac{1}{p(s)}$$

bestimmt haben, was wir wie in den früheren Spezialfällen durch Partialbruchzerlegung bewerkstelligen. Dazu müssen zunächst die Nullstellen $\alpha_1, \ldots, \alpha_n$ von $p(s)$ bestimmt werden[21]), wonach sich $p(s)$ als Produkt von Linearfaktoren darstellen läßt:

(12.6) $$p(s) = (s - \alpha_1)(s - \alpha_2) \ldots (s - \alpha_n).$$

Die Bestimmung der Nullstellen ist bei größeren Werten von n nach den klassischen Methoden äußerst zeitraubend. Wenn aber digitale Rechenmaschinen zur Verfügung stehen, lassen sich die Nullstellen selbst für $n = 20$ oder 30 in wenigen Minuten mit hoher Genauigkeit berechnen[22]).

Schon im Fall $n = 2$ hat sich herausgestellt, daß das Auftreten gleicher Nullstellen eine Sonderbehandlung erfordert. Wir machen daher auch hier eine entsprechende Unterscheidung.

---

[21]) Das ist auch bei der klassischen Methode zur Lösung der Differentialgleichung der erste Schritt. Dort heißt $p(s) = 0$ die charakteristische Gleichung.

[22]) D. E. MULLER: *A method of solving algebraic equations using an automatic computer.* Math. Tables Aids Comp. *10* (1956) S. 208—215; W. L. FRANK: *Finding zeros of arbitrary functions.* Journal of the Association for Computing Machinery *5* (1958) S. 154—160. Diese Verfahren werden z. B. in den »Space Technology Laboratories«, Redondo Beach, California, nach einer brieflichen Mitteilung mit Erfolg verwendet.

1. Fall: Die Nullstellen α_ν sind sämtlich verschieden

Dann hat die Partialbruchzerlegung von $G(s)$ die Form

$$(12.7) \qquad G(s) = \frac{1}{p(s)} = \frac{d_1}{s-\alpha_1} + \frac{d_2}{s-\alpha_2} + \ldots + \frac{d_n}{s-\alpha_n}.$$

Sie entspricht der Tatsache, daß $G(s)$ die einfachen Pole $\alpha_1, \ldots, \alpha_n$ besitzt, die durch die Partialbrüche einzeln in Evidenz gesetzt werden. Die Koeffizienten $d_1, \ldots, d_n$ (die Residuen der Pole) lassen sich auf folgende Weise viel einfacher bestimmen, als dies früher in den Spezialfällen geschah. Multiplizieren wir die Gleichung (12.7) mit $s-\alpha_1$, so besteht der erste Summand rechts nur aus d_1, während alle anderen den Faktor $(s-\alpha_1)$ enthalten. Lassen wir s gegen α_1 streben, so verschwinden alle Summanden rechts bis auf den ersten, womit d_1 isoliert ist. Auf der linken Seite aber ergibt sich bei diesem Grenzübergang, wenn man berücksichtigt, daß $p(\alpha_1) = 0$ ist:

$$\lim_{s\to\alpha_1} \frac{s-\alpha_1}{p(s)} = \lim_{s\to\alpha_1} \frac{1}{\frac{p(s)-p(\alpha_1)}{s-\alpha_1}} = \frac{1}{p'(\alpha_1)}.$$

Damit erhält man

$$d_1 = \frac{1}{p'(\alpha_1)}$$

und analog

$$d_2 = \frac{1}{p'(\alpha_2)}, \quad \ldots, \quad d_n = \frac{1}{p'(\alpha_n)}.$$

Die Partialbruchzerlegung von $G(s)$ lautet also:

$$(12.8) \qquad G(s) = \frac{1}{p(s)} = \sum_{\nu=1}^{n} \frac{1}{p'(\alpha_\nu)} \frac{1}{s-\alpha_\nu}.$$

Dazu braucht man nur die Ableitung des Polynoms $p(s)$ zu bilden und die Werte $p'(\alpha_\nu)$ auszurechnen, was viel einfacher ist als die frühere Lösung eines Systems von n linearen Gleichungen mit n Unbekannten.

Dabei kann man sich noch folgende Bemerkung zunutze machen: Nach der Regel für die Differentiation eines Produkts ist

$$p'(s) = (s-\alpha_2)(s-\alpha_3)\ldots(s-\alpha_n) + (s-\alpha_1)(s-\alpha_3)\ldots(s-\alpha_n) + \ldots,$$

also

$$p'(\alpha_1) = (\alpha_1-\alpha_2)(\alpha_1-\alpha_3)\ldots(\alpha_1-\alpha_n),$$
$$p'(\alpha_2) = (\alpha_2-\alpha_1)(\alpha_2-\alpha_3)\ldots(\alpha_2-\alpha_n), \quad \text{usw.}$$

Man hat dann nur Produkte zu bilden, was für die praktische Rechnung besonders bequem ist.

§ 12. Die inhomogene Differentialgleichung n-ter Ordnung

Wenn wir dies auf das numerische Beispiel von S. 51 mit

$$p(s) = (s^2 + 16)(s^2 + 10s + 74)$$

anwenden, so ergibt sich:

$$p'(\alpha_1) = 8j(5-3j)(5+11j) = -320 + 464j,$$

$$\frac{1}{p'(\alpha_1)} = \frac{1}{-320 + 464j} = \frac{-320 - 464j}{320^2 + 464^2} = \frac{-20 - 29j}{19856}.$$

Da in dem Beispiel $1/p(s)$ mit 112 multipliziert war, ist der Koeffizient noch mit 112 zu multiplizieren, was denselben Wert von d_1 wie S. 52 ergibt, aber mit viel weniger Rechenaufwand.

Wir kehren nun zu (12.8) zurück. Zu $G(s)$ gehört die Originalfunktion

(12.9)
$$g(t) = \sum_{\nu=1}^{n} \frac{1}{p'(\alpha_\nu)} e^{\alpha_\nu t}$$

Damit können wir die Originalfunktion zu (12.5), d. h. die Lösung der Differentialgleichung (12.1) unter den Anfangsbedingungen (12.2) in der einfachen Gestalt anschreiben:

(12.10)
$$y(t) = g(t) * f(t)$$

Bei der praktischen Anwendung sind also folgende Schritte auszuführen: 1. Berechnung der Nullstellen von $p(s)$. 2. Bestimmung von $g(t)$ nach Formel (12.9). 3. Berechnung des Faltungsintegrals (12.10). Diese kann man, wie schon an dem Beispiel S. 51 gezeigt wurde, manchmal umgehen, indem man die Bildfunktion $F(s)$ aufstellt und die Lösung $F(s)/p(s)$ im Bildraum geschlossen in den Originalraum übersetzt. Wir geben dafür S. 61—63 noch ein weiteres Beispiel.

In der Elektrotechnik sind für die hier vorkommenden Funktionen gewisse Bezeichnungen üblich, die sehr suggestiv sind. Wenn die Differentialgleichung ein elektrisches Netzwerk beschreibt, so kann z. B. die Funktion $f(t)$ die an den Eingangsklemmen anliegende Spannung und $y(t)$ die an den Ausgangsklemmen vorhandene Stromstärke bedeuten. Daher wird ganz allgemein $f(t)$ als »*Eingangsfunktion*« und $y(t)$ als »*Ausgangsfunktion*« bezeichnet (englisch »*input*« und »*output*«). Manchmal nennt man auch $f(t)$ die »*Erregung*« und $y(t)$ die »*Antwort*«. Diese Ausdrücke überträgt man auch in den Bildraum und nennt $F(s)$ Eingangsfunktion oder Erregung und $Y(s)$ Ausgangsfunktion oder Antwort. Im Bildraum ist der Zusammenhang zwischen Eingangs- und Ausgangsfunktion besonders einfach:

(12.11) $$Y(s) = G(s)F(s)$$

Deshalb verbleibt man bei allen Aussagen über das durch die Differentialgleichung beschriebene physikalische System so lange wie möglich im Bildraum, wofür wir noch öfter Beispiele kennenlernen werden, und geht erst dann zum Originalraum über, wenn man numerische Aussagen über die Funktion $y(t)$ braucht.

Die Funktion $G(s)$, die von den Konstanten $c_{n-1}, \ldots, c_0$ und damit von dem inneren Aufbau des physikalischen Systems abhängt, und die den Zusammenhang zwischen $F(s)$ und $Y(s)$ nach (12.11) herstellt, heißt »*Übertragungsfaktor*« oder »*Übertragungsfunktion*« (englisch »transfer function«) oder »*Systemfunktion*«. Die zugehörige Originalfunktion $g(t)$ wird in der Mathematik die »*Greensche Funktion*« des Problems, in der Elektrotechnik »*Gewichtsfunktion*« (englisch »weighting function«, vgl. hierzu Fußnote 17) genannt.

Der Zusammenhang zwischen F, Y und G wird am anschaulichsten durch folgendes Bild zum Ausdruck gebracht:

Das physikalische System wird dargestellt durch einen »Block«, der die Beschriftung G trägt. Diese Größe ist das einzige, was man von dem System zu wissen braucht; durch G ist es vollkommen charakterisiert. F tritt in den Block ein, Y kommt aus ihm heraus.

Das Blocksymbol ist besonders praktisch, wenn mehrere physikalische Systeme zusammengeschaltet sind. So diene z. B. die Ausgangsfunktion eines ersten Systems mit der Übertragungsfunktion G als Eingangsfunktion eines zweiten Systems mit der Übertragungsfunktion G_1:

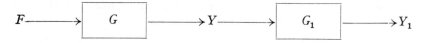

Dann ist
$$Y = GF, \qquad Y_1 = G_1 Y,$$
also
$$Y_1 = G G_1 F.$$

Daher können die zwei Systeme durch ein einziges mit der Übertragungsfunktion $G G_1$ ersetzt werden:

$$F \longrightarrow \boxed{G G_1} \longrightarrow Y_1$$

§ 12. Die inhomogene Differentialgleichung n-ter Ordnung

Insbesondere bei Rückkopplungen, wie sie in Regelkreisen vorliegen, führt die Betrachtung im Bildraum an Hand der Blocksymbole zu sehr übersichtlichen Relationen.

Die Ausgangsfunktion Y_1 des Blocks G speist den im Rückkopplungsteil liegenden Block H, aus dem die Ausgangsfunktion Y_2 heraustritt. Diese wird einem Element D zugeführt, in das auch die Funktion F eintritt, und das die Differenz $F - Y_2$ (manchmal auch die Summe $F + Y_2$) bildet. Diese speist als Eingang den Block G (Bild 12.1). Es ist also

$$Y_1 = G(F - Y_2),$$
$$Y_2 = H Y_1,$$

woraus durch Elimination von Y_2 folgt:

$$Y_1 = \frac{G}{GH + 1} F.$$

Das ganze System kann daher durch einen einzigen Block mit der Beschriftung $G/(GH + 1)$ repräsentiert werden (Bild 12.2). Die Rückkopplung bewirkt gegenüber der Direktübertragung eine Division der Übertragungsfunktion G durch $GH + 1$.

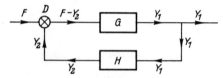

Bild 12.1 Rückkopplungssystem.

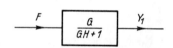

Bild 12.2 Ersatzblock für das Rückkopplungssystem.

2. Fall: Unter den Nullstellen α_ν kommen gleiche vor

Dann sind gewisse Nullstellen als »mehrfach« zu betrachten. Wenn man die numerisch verschiedenen Nullstellen mit $\alpha_1, \alpha_2, \ldots, \alpha_m$ bezeichnet, so muß man jeder Nullstelle α_ν eine Multiplizität k_ν zuschreiben, und die Zerlegung von $p(s)$ in Linearfaktoren hat die Gestalt:

(12.12) $$p(s) = (s - \alpha_1)^{k_1} (s - \alpha_2)^{k_2} \ldots (s - \alpha_m)^{k_m}.$$

In diesem Fall entspricht einer Nullstelle α_ν in der Partialbruchzerlegung von $1/p(s)$ nicht bloß ein Bruch mit $s - \alpha_\nu$ im Nenner, sondern es treten k_ν Brüche auf mit $s - \alpha_\nu, (s - \alpha_\nu)^2, \ldots, (s - \alpha_\nu)^{k_\nu}$ im Nenner:

(12.13) $$G(s) = \frac{1}{p(s)} = \frac{d_1^{(1)}}{s - \alpha_1} + \frac{d_1^{(2)}}{(s - \alpha_1)^2} + \cdots + \frac{d_1^{(k_1)}}{(s - \alpha_1)^{k_1}}$$
$$+ \cdots \cdots \cdots \cdots \cdots \cdots \cdots$$
$$+ \frac{d_m^{(1)}}{s - \alpha_m} + \frac{d_m^{(2)}}{(s - \alpha_m)^2} + \cdots + \frac{d_m^{(k_m)}}{(s - \alpha_m)^{k_m}}.$$

Hierzu gehört die Originalfunktion (vgl. § 3, Nr. 7)

(12.14) $\quad g(t) = e^{\alpha_1 t}\left(d_1^{(1)} + d_1^{(2)}\dfrac{t}{1!} + \cdots + d_1^{(k_1)}\dfrac{t^{k_1-1}}{(k_1-1)!}\right)$

$\qquad + \ldots\ldots\ldots\ldots\ldots\ldots\ldots\ldots\ldots\ldots\ldots$

$\qquad + e^{\alpha_m t}\left(d_m^{(1)} + d_m^{(2)}\dfrac{t}{1!} + \cdots + d_m^{(k_m)}\dfrac{t^{k_m-1}}{(k_m-1)!}\right).$

Mit diesem $g(t)$ hat die Differentialgleichung wieder die Lösung (12.10).

Es gibt auch hier eine allgemeine Formel zur Bestimmung der Koeffizienten $d_\nu^{(\lambda)}$ (EINF. S. 76): Man streiche in der Darstellung (12.12) von $p(s)$ den Faktor $(s-\alpha_\nu)^{k_\nu}$, wodurch man eine Funktion erhält, die wir mit

$$r_\nu(s) = \frac{p(s)}{(s-\alpha_\nu)^{k_\nu}}$$

bezeichnen können. Dann ist

(12.15) $\qquad d_\nu^{(\lambda)} = \dfrac{1}{(k_\nu-\lambda)!}\left\{\dfrac{d^{k_\nu-\lambda}}{ds^{k_\nu-\lambda}}\left[\dfrac{1}{r_\nu(s)}\right]\right\}_{s=\alpha_\nu}.$

In der Praxis ist es aber oft einfacher, nach dem Schema des folgenden Beispiels zu rechnen.

Numerisches Beispiel

Nach Berechnen der Nullstellen möge es sich herausgestellt haben, daß $p(s)$ die Gestalt hat:

$$p(s) = (s-2)^3(s+5)(s+7).$$

Nebenbei bemerkt kündigt sich die Tatsache, daß die Multiplizität der Nullstelle 2 gleich 3, die der Nullstellen -5 und -7 gleich 1 ist, dadurch an, daß

$$p(2) = p'(2) = p''(2) = 0, \quad p'''(2) \neq 0;$$
$$p(-5) = 0, \quad p'(-5) \neq 0;$$
$$p(-7) = 0, \quad p'(-7) \neq 0$$

ist. Wir setzen an:

$$\frac{1}{(s-2)^3(s+5)(s+7)} = \frac{g_3}{(s-2)^3} + \frac{g_2}{(s-2)^2} + \frac{g_1}{s-2} + \frac{h}{s+5} + \frac{k}{s+7}.$$

Nun multiplizieren wir mit $(s-2)^3$, um g_3 zu isolieren:

$$\frac{1}{(s+5)(s+7)} = g_3 + g_2(s-2) + g_1(s-2)^2 + \frac{h(s-2)^3}{s+5} + \frac{k(s-2)^3}{s+7},$$

und setzen dann $s=2$. Das ergibt

$$\frac{1}{7\cdot 9} = g_3.$$

§ 12. Die inhomogene Differentialgleichung n-ter Ordnung

Den gewonnenen Term $\frac{g_3}{(s-2)^3}$ bringen wir auf die linke Seite, die dadurch die Gestalt bekommt:

$$\frac{1}{(s-2)^3(s+5)(s+7)} - \frac{1}{63(s-2)^3} = \frac{63-(s+5)(s+7)}{63(s-2)^3(s+5)(s+7)}.$$

Der Zähler ist gleich

$$-s^2 - 12s + 28 = -(s-2)(s+14),$$

enthält also den Faktor $s-2$, der sich nun aus Zähler und Nenner fortheben läßt, so daß auf der linken Seite steht:

$$\frac{-(s+14)}{63(s-2)^2(s+5)(s+7)}.$$

Setzen wir dies gleich dem übriggebliebenen Teil der rechten Seite, so ergibt sich:

$$\frac{-(s+14)}{63(s-2)^2(s+5)(s+7)} = \frac{g_2}{(s-2)^2} + \frac{g_1}{(s-2)} + \frac{h}{s+5} + \frac{k}{s+7}.$$

(Hier wird klar, warum der Zähler auf der linken Seite den Faktor $s-2$ enthalten mußte: Auf der rechten Seite kommt $s-2$ im Nenner höchstens in zweiter Potenz vor, also muß dasselbe auf der linken Seite gelten. Daher muß sich ein Faktor aus $(s-2)^3$ gegen ein $s-2$ im Zähler wegheben lassen.) Nun können wir g_2 isolieren, indem wir mit $(s-2)^2$ multiplizieren:

$$\frac{-(s+14)}{63(s+5)(s+7)} = g_2 + g_1(s-2) + \frac{h(s-2)^2}{s+5} + \frac{k(s-2)^2}{s+7}$$

und dann $s=2$ setzen:

$$-\frac{16}{63 \cdot 7 \cdot 9} = g_2.$$

Bringen wir den Term $\frac{g_2}{(s-2)^2}$ auf die linke Seite, so gewinnt diese die Gestalt

$$\frac{-(s+14)}{63(s-2)^2(s+5)(s+7)} + \frac{16}{63^2(s-2)^2} = \frac{-63(s+14) + 16(s+5)(s+7)}{63^2(s-2)^2(s+5)(s+7)}.$$

Der Zähler ist gleich

$$16s^2 + 129s - 322 = (s-2)(16s+161),$$

so daß man durch $s-2$ kürzen kann. Setzt man diese linke Seite gleich dem übrig gebliebenen Teil der rechten, so ergibt sich:

$$\frac{16s+161}{63^2(s-2)(s+5)(s+7)} = \frac{g_1}{s-2} + \frac{h}{s+5} + \frac{k}{s+7}.$$

Nach Multiplikation mit $s-2$ liefert die Gleichung für $s = 2$:

$$\frac{193}{63^2 \cdot 7 \cdot 9} = g_1.$$

Wird $\frac{g_1}{s-2}$ auf die linke Seite gebracht, so ist diese gleich

$$\frac{16s + 161}{63^2(s-2)(s+5)(s+7)} - \frac{193}{63^3(s-2)} = \frac{63(16s+161) - 193(s+5)(s+7)}{63^3(s-2)(s+5)(s+7)}.$$

Der Zähler ist gleich

$$-193s^2 - 1308s + 3388 = -(s-2)(193s + 1694),$$

so daß man nach Kürzen durch $s-2$ erhält:

$$-\frac{193s + 1694}{63^3(s+5)(s+7)} = \frac{h}{s+5} + \frac{k}{s+7}.$$

Multipliziert man mit $s+5$ und setzt $s=-5$, so ergibt sich

$$-\frac{1}{7^3 \cdot 2} = h$$

und somit

$$-\frac{193s + 1694}{63^3(s+5)(s+7)} = -\frac{1}{7^3 \cdot 2(s+5)} + \frac{k}{s+7}.$$

Hier genügt es nun, $s = 0$ zu setzen, um zu erhalten:

$$\frac{1}{9^3 \cdot 2} = k.$$

Die Partialbruchzerlegung lautet also:

$$\frac{1}{(s-2)^3(s+5)(s+7)} = \frac{1}{7 \cdot 9(s-2)^3} - \frac{16}{7^2 \cdot 9^2(s-2)^2} - \frac{193}{7^3 \cdot 9^3(s-2)}$$

$$- \frac{1}{7^3 \cdot 2(s+5)} + \frac{1}{9^3 \cdot 2(s+7)}.$$

§ 13. Die Antworten auf spezielle Erregungen

Das Verhalten eines physikalischen Systems läßt sich gut beurteilen, wenn man seine Antworten auf gewisse spezielle Erregungen (Testfunktionen) kennt, die sich auch technisch leicht realisieren lassen. Man wählt dazu die Sprungfunktion $u(t)$, den Impuls $\delta(t)$ und die sinusartige Schwingung $e^{j\omega t}$.

Wie im vorigen Paragraphen setzen wir voraus, daß die Anfangswerte verschwinden.

1. Die Sprungantwort (Übergangsfunktion)

Die Lösung der Differentialgleichung (12.1), die der Erregung $f(t) \equiv u(t)$ entspricht, heißt die »*Sprungantwort*« $y_u(t)$ (englisch »step response«) oder mit einem älteren Ausdruck die »*Übergangsfunktion*« des Systems, weil sie angibt, wie das System unter dem Einfluß einer sprunghaften Erregung aus dem Ruhezustand in einen neuen Zustand »übergeht«. Nach (12.10) ist

$$(13.1) \qquad y_u(t) = g(t) * 1 = \int_0^t g(\tau)\, d\tau \qquad \text{oder} \qquad g(t) = \frac{dy_u(t)}{dt}.$$

Sprungantwort und Gewichtsfunktion hängen also in dieser einfachen Weise zusammen.

Noch einfacher ist der Zusammenhang im Bildraum, denn wegen $\mathfrak{L}\{u\} = 1/s$ ist nach (12.11)

$$(13.2) \qquad Y_u(s) = \frac{1}{s} G(s) = \frac{1}{s\, p(s)}.$$

Da $1/p(s)$ eine gebrochen rationale Funktion ist, gilt für $1/sp(s)$ dasselbe. Man wird daher $y_u(t)$ nicht nach Formel (13.1) dadurch ausrechnen, daß man erst $g(t)$ bestimmt und dann integriert, sondern man wird $1/sp(s)$ in Partialbrüche zerlegen und diese in den Originalraum übersetzen. Eine besonders übersichtliche Formel ergibt sich, wenn $p(s)$ lauter verschiedene Nullstellen hat und diese $\neq 0$ sind (letzteres bedeutet $c_0 \neq 0$). Denn dann sind die Nullstellen $0, \alpha_1, \ldots, \alpha_n$ von $sp(s)$ auch alle verschieden, und die Partialbruchzerlegung lautet:

$$\frac{1}{s\, p(s)} = \frac{d_0}{s} + \frac{d_1}{s-\alpha_1} + \cdots + \frac{d_n}{s-\alpha_n}.$$

Aus

$$\frac{1}{p(s)} = d_0 + \sum_{\nu=1}^{n} \frac{d_\nu}{s - \alpha_\nu} s$$

folgt

$$d_0 = \frac{1}{p(0)}.$$

Ferner liefert

$$\frac{s-\alpha_\nu}{s\, p(s)} = \frac{1}{s\, \dfrac{p(s)-p(\alpha_\nu)}{s-\alpha_\nu}}$$

$$= \frac{d_0}{s}(s-\alpha_\nu) + \frac{d_1}{s-\alpha_1}(s-\alpha_\nu) + \cdots + d_\nu + \cdots + \frac{d_n}{s-\alpha_n}(s-\alpha_\nu)$$

für $s \to \alpha_\nu$:

$$\frac{1}{\alpha_\nu\, p'(\alpha_\nu)} = d_\nu.$$

Damit erhalten wir:

$$Y_u(s) = \frac{1}{p(0)}\frac{1}{s} + \sum_{\nu=1}^{n}\frac{1}{\alpha_\nu\, p'(\alpha_\nu)}\frac{1}{s-\alpha_\nu}$$

und

(13.3)
$$y_u(t) = \frac{1}{p(0)} + \sum_{\nu=1}^{n}\frac{e^{\alpha_\nu t}}{\alpha_\nu\, p'(\alpha_\nu)}$$

Diese Formel ist in der Elektrotechnik als »*Heavisidescher Entwicklungssatz*« bekannt. Wenn die Nullstellen α_ν sämtlich *negative Realteile* haben, so strebt $y_u(t)$ für wachsendes t gegen die Konstante $1/p(0)$, d. h. das System, das durch die sprunghafte Erregung zunächst in einen ziemlich unregelmäßigen Zustand (die Summe in (13.3) ist ein Aggregat von »Eigenschwingungen«, siehe S. 71) versetzt wird, nähert sich einem neuen Gleichgewichtszustand $1/p(0) = 1/c_0$. Dies erkennt man auch aus der Differentialgleichung: Wenn y sich glättet, so streben die Ableitungen $y', \ldots, y^{(n)}$ gegen 0, und es bleibt übrig: $c_0\, y \approx 1$.

 Da die Formel (13.3) in der Technik häufig angewandt wird, sei ausdrücklich darauf hingewiesen, daß sie nur richtig ist, wenn die Anfangswerte verschwinden und die Nullstellen untereinander und von 0 verschieden sind. Bei numerischen Rechnungen wird man darauf ganz von selber aufmerksam. Denn wenn eine Nullstelle α_ν mehrfach auftritt, so ist $p'(\alpha_\nu) = 0$, und wenn ein α_ν gleich 0 ist, so ist $p(0) = 0$. In beiden Fällen wird die Formel (13.3) sinnlos.

Wenn die Sprungantwort rechnerisch oder experimentell (z. B. durch einen Oszillographen) ermittelt ist, kann man auch die Antwort $y(t)$ für eine beliebige Erregung $f(t)$ angeben. Denn nach (12.10) ist $y(t) = g * f$ und nach (13.1) $g = y'_u$, also

(13.4)
$$y(t) = y'_u * f$$

(Duhamelsche Formel), wofür man auch schreiben kann (siehe Satz 26.1):

(13.5)
$$y(t) = \frac{d}{dt}[y_u * f]$$

Numerisches Beispiel

Wir betrachten wieder die Differentialgleichung von S. 50, aber mit der rechten Seite $u(t)$ und verschwindenden Anfangswerten, d. h. wir suchen die

Sprungantwort oder Übergangsfunktion des durch die Differentialgleichung beschriebenen Systems:

$$y'' + 10\,y' + 74\,y = u(t), \qquad y(0) = y'(0) = 0.$$

Hier ist

$$p(s) = s^2 + 10\,s + 74, \qquad p'(s) = 2s + 10;$$
$$\alpha_1 = -5 + 7\,\mathrm{j}, \qquad \alpha_2 = -5 - 7\,\mathrm{j},$$

also

$$p(0) = 74, \qquad p'(\alpha_1) = 14\,\mathrm{j}, \qquad p'(\alpha_2) = -14\,\mathrm{j}.$$

Nach Formel (13.3) wird die Übergangsfunktion gegeben durch

$$y_u(t) = \frac{1}{74} + \frac{1}{(-5 + 7\,\mathrm{j})\,14\,\mathrm{j}}\,\mathrm{e}^{(-5+7\mathrm{j})t} - \frac{1}{(-5-7\,\mathrm{j})(-14\,\mathrm{j})}\,\mathrm{e}^{(-5-7\mathrm{j})t}.$$

Der zweite und dritte Summand sind zueinander komplex konjugiert, ihre Summe ist also gleich dem doppelten Realteil:

$$2\,\Re\frac{1}{(-5+7\,\mathrm{j})\,14\,\mathrm{j}}\,\mathrm{e}^{(-5+7\mathrm{j})t} = \frac{2}{14}\,\mathrm{e}^{-5t}\,\Re\frac{(-5-7\,\mathrm{j})(-\mathrm{j})}{(25+49)}\,\mathrm{e}^{7\mathrm{j}t}$$

$$= \frac{1}{7\cdot 74}\,\mathrm{e}^{-5t}\,\Re(-7+5\,\mathrm{j})(\cos 7t + \mathrm{j}\sin 7t)$$

$$= -\frac{1}{74\cdot 7}\,\mathrm{e}^{-5t}(7\cos 7t + 5\sin 7t).$$

Damit erhalten wir endgültig:

$$y_u(t) = \frac{1}{74}\left\{1 - \frac{1}{7}\,\mathrm{e}^{-5t}(7\cos 7t + 5\sin 7t)\right\}.$$

Übrigens ist

$$y'_u(t) = \frac{1}{7}\,\mathrm{e}^{-5t}\sin 7t, \qquad y''_u(t) = \frac{1}{7}\,\mathrm{e}^{-5t}(7\cos 7t - 5\sin 7t),$$

woraus sich ergibt, daß $y_u(t)$ tatsächlich die Differentialgleichung befriedigt und verschwindende Anfangswerte hat.

Für $t \to \infty$ streben y'_u und y''_u gegen 0 und y_u selbst gegen $\frac{1}{74}$, wie es nach der Differentialgleichung sein muß.

2. Die Impulsantwort

Wird als Erregung der Impuls δ verwendet, so heißt die Lösung der Differentialgleichung die *Impulsantwort* y_δ (englisch »impulse response«). Der Impuls δ wurde in § 1 auf anschauliche Weise eingeführt. Er beschreibt eine Erregung, die zu allen Zeiten $t \neq 0$ verschwindet, während sie für $t = 0$ schlagartig einen unendlich großen Wert annimmt. Man kann sich den Impuls δ (genauer: den Impuls der Stärke 1) als Idealisierung einer Erregung s_ε vorstellen, die in einer kleinen ε-Umgebung von $t = 0$ von der Größenordnung $1/\varepsilon$ und sonst gleich 0 ist:

$$s_\varepsilon(t) = \begin{cases} 1/\varepsilon & \text{für } 0 \leq t \leq \varepsilon \\ 0 & \text{für } t < 0 \text{ und } t > \varepsilon, \end{cases}$$

deren Integral also gleich 1 ist. Um von der willkürlich zu wählenden Größe von ε unabhängig zu sein, macht man den Grenzübergang $\varepsilon \to 0$[22]); der limes ist das, was man sich physikalisch unter dem Einheitsimpuls vorstellt. Dieser limes ist aber keine Funktion im üblichen Sinn, so daß δ sich nicht in die klassische Analysis einfügt. Wie schon in § 1 erwähnt, läßt sich mit δ ein exakter mathematischer Begriff nur im Rahmen der Distributionstheorie verbinden, die im Anhang dargestellt ist, auf den wir uns hier beziehen, insbesondere auf die dortigen Ausführungen zwischen den Gleichungen (5) und (8), bzw. (17) und (19).

Wenn die Erregung, also die rechte Seite der Differentialgleichung, die Distribution δ ist, so muß die linke Seite auch eine Distribution sein, d. h. die Lösung y_δ ist ebenfalls als Distribution anzusehen. Um das deutlich zum Ausdruck zu bringen, schreiben wir Derivierte an Stelle der Ableitungen:

(13.6) $\qquad D^n y_\delta + c_{n-1} D^{n-1} y_\delta + \ldots + c_1 D y_\delta + c_0 y_\delta = \delta.$

Der früheren Voraussetzung, daß die Differentialgleichung nur im Intervall $t \geq 0$ betrachtet wird, entspricht jetzt die Bedingung, daß die Distribution y_δ zu dem Raum $\mathscr{D}'_+$ gehören soll, d. h. daß ihr Träger in der Halbachse $t \geq 0$ liegt. Wendet man auf (13.6) die $\mathfrak{L}$-Transformation an, so ergibt sich für $\mathfrak{L}\{y_\delta\} = Y_\delta$ nach dem Differentiationssatz (Anh. Regel V') und wegen $\mathfrak{L}\{\delta\} = 1$ die Gleichung

$$p(s)\, Y_\delta = 1,$$

woraus folgt:

(13.7) $\qquad Y_\delta = \dfrac{1}{p(s)} = G(s).$

y_δ hat also dieselbe $\mathfrak{L}$-Transformierte wie die Gewichtsfunktion $g(t)$. Während aber früher $g(t)$ eine gewöhnliche Funktion war, muß jetzt $y_\delta = g(t)$ als Distribution betrachtet werden, bei der die Ableitungen durch Derivierte zu ersetzen sind. Bei einer Funktion wie $g(t)$, die überall Ableitungen besitzt mit Ausnahme einer Stelle, wo die Ableitungen aber limites von links und rechts haben, hängen Derivierte und Ableitungen nach der Formel Anh. (12) zusammen. Wie aus (14.4) ersichtlich ist, haben $g(t)$, $g'(t), \ldots, g^{(n-2)}(t)$ für $t \to +0$ den limes 0, dagegen $g^{(n-1)}(t)$ den limes 1. Da $g(t)$ als Distribution aus $\mathscr{D}'_+$ für $t < 0$ durch 0 zu definieren ist, sind die limites aller Ableitungen für $t \to -0$ gleich 0. Also gilt

---

[22]) In ähnlicher Weise geht man von der *durchschnittlichen* Geschwindigkeit während einer Zeitspanne durch einen Grenzübergang zu der *momentanen* Geschwindigkeit über, um von der Zeitspanne unabhängig zu sein.

(13.8) $\qquad Dg = g'(t), D^2 g = g''(t), \ldots, D^{n-1} g = g^{(n-1)}(t),$

dagegen

(13.9) $\qquad\qquad\qquad D^n g = g^{(n)}(t) + \delta.$

Nach (14.3) erfüllt die *Funktion* $g(t)$ die Differentialgleichung mit der rechten Seite 0:

(13.10) $\qquad g^{(n)}(t) + c_{n-1} g^{(n-1)}(t) + \ldots + c_1 g'(t) + c_0 g(t) = 0.$

Aus (13.8, 9, 10) folgt:

$$D^n g + c_{n-1} D^{n-1} g + \ldots + c_1 Dg + c_0 g = \delta.$$

$g(t)$ erfüllt somit, als *Distribution* betrachtet, tatsächlich die Gleichung (13.6).

Damit hat sich ergeben: Die Impulsantwort y_δ ist gleich der als Distribution betrachteten Gewichtsfunktion $g(t)$. Ihre n-te Derivierte unterscheidet sich von der n-ten Ableitung durch den Impuls δ, der dadurch zustande kommt, daß die $n-1$-te Ableitung der für $t < 0$ durch 0 definierten Funktion $g(t)$ in $t = 0$ einen Sprung von der Höhe 1 hat. Bild 13.1 bringt das für den Fall $n = 4$ zum Ausdruck.

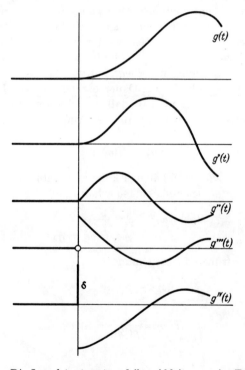

Bild 13.1 Die Impulsantwort und ihre Ableitungen im Fall $n = 4$.

Beispiel: Ein mechanischer Oszillator (etwa ein Pendel an einem langen Faden) genügt der bekannten Schwingungsgleichung, die von der Ordnung $n = 2$ ist. Wenn der Oszillator sich zunächst in Ruhe befindet, so gilt für die Elongation $y(t)$: $y(0) = y'(0) = 0$. Erhält er einen nur kurz wirkenden, aber sehr starken Stoß, so springt die Geschwindigkeit $y'(t)$ schlagartig von 0 auf einen positiven Wert, die Beschleunigung $y''(0)$ ist also theoretisch unendlich. Die Elongation $y(t)$ dagegen ändert sich von 0 aus stetig.

In der technischen Literatur ist es üblich, die Begriffe »Impulsantwort« und »Gewichtsfunktion« völlig gleichbedeutend zu gebrauchen. Das ist nicht ganz korrekt, aber ungefährlich, solange es sich nur um den Zeitbereich $t > 0$ handelt. Der Unterschied ist nur an der Stelle $t = 0$ wichtig.

Durch die Gleichheit von y_δ und $g(t)$ für $t > 0$ eröffnet sich die Möglichkeit, *die Gewichtsfunktion $g(t)$ experimentell zu bestimmen*: Man erteilt dem Eingang des Systems den Impuls δ, realisiert durch einen starken Stoß, und mißt die Ausgangsfunktion, z. B. durch einen Oszillographen.

3. Der Frequenzgang

Von besonderem Interesse für die Praxis ist die spezielle Erregung $f(t) \equiv e^{j\omega t}$. Von ihr geht man aus, wenn man wissen will, wie das physikalische System auf erregende Schwingungen verschiedener Frequenz reagiert.

In der Wechselstromrechnung behandelt man diesen Fall folgendermaßen: Während in Wahrheit ein von $t=0$ an laufender »Einschaltvorgang« mit bestimmten Anfangsbedingungen vorliegt, tut man so, als ob es sich um einen von $t = -\infty$ bis $+\infty$ laufenden Dauerzustand handele. Da die Erregung eine Schwingung ist, nimmt man an, daß auch die Antwort eine Schwingung mit derselben Frequenz, aber mit anderer Amplitude und Phase ist, also die Gestalt

$$y(t) = H(\omega)\, e^{j\omega t}$$

hat, wo $H(\omega)$ eine von ω abhängige komplexe Zahl ist. Setzt man dieses $y(t)$ in die Differentialgleichung ein, so erhält man:

$$H(\omega)(j\omega)^n e^{j\omega t} + c_{n-1} H(\omega)(j\omega)^{n-1} e^{j\omega t} + \cdots \\ + c_1 H(\omega)(j\omega) e^{j\omega t} + c_0 H(\omega) e^{j\omega t} = e^{j\omega t}$$

oder mit unseren früheren Bezeichnungen

$$H(\omega)\, e^{j\omega t}\, p(j\omega) = e^{j\omega t},$$

woraus folgt:

$$H(\omega) = \frac{1}{p(j\omega)} = G(j\omega).$$

Also ist

(13.11) $$y(t) = G(j\omega)\, e^{j\omega t}.$$

§ 13. Die Antworten auf spezielle Erregungen

Die Funktion $G(j\omega)$, die für die Erregung $e^{j\omega t}$ den Quotienten

$$\frac{\text{Antwort}}{\text{Erregung}} = \frac{y(t)}{e^{j\omega t}}$$

darstellt, heißt der »*Frequenzgang*« des physikalischen Systems[23]). Setzt man

$$G(j\omega) = |G(j\omega)|\, e^{j\psi(\omega)},$$

so heißt $|G(j\omega)|$ der »*Amplitudengang*« und $\psi(\omega)$ der »*Phasengang*«.

Wie man sieht, ist der Frequenzgang nichts anderes als *der Wert der Übertragungsfunktion $G(s)$* (siehe S. 56) *auf der imaginären Achse*[24]).

Der obigen, mathematisch unzulänglichen Ableitung, die mehr dem Gefühl und der Erfahrung entspringt, können wir nun vermittels der $\mathfrak{L}$-Transformation einen exakten Sinn verleihen. Da wir, wie immer in diesem Paragraphen, verschwindende Anfangswerte zugrunde legen, wird die Ausgangsfunktion $y_\omega(t)$ für die Eingangsfunktion $e^{j\omega t}$ nach (12.10) gegeben durch

$$(13.12) \qquad y_\omega(t) = g(t) * e^{j\omega t} = e^{j\omega t} \int_0^t e^{-j\omega \tau} g(\tau)\, d\tau.$$

Wir machen nun die wesentliche Voraussetzung, daß $G(s) = \mathfrak{L}\{g\}$ auch noch auf der imaginären Achse konvergiert, was damit gleichbedeutend ist, daß die Pole α_ν der gebrochen rationalen Funktion $G(s)$ *links* von der imaginären Achse liegen. Dann existiert

$$G(j\omega) = \int_0^\infty e^{-j\omega \tau} g(\tau)\, d\tau,$$

und man kann den Ausdruck (13.12) auf die Gestalt bringen

$$(13.13) \qquad y_\omega(t) = e^{j\omega t} \left\{ \int_0^\infty e^{-j\omega \tau} g(\tau)\, d\tau - \int_t^\infty e^{-j\omega \tau} g(\tau)\, d\tau \right\}$$

$$= G(j\omega)\, e^{j\omega t} - e^{j\omega t} \int_t^\infty e^{-j\omega \tau} g(\tau)\, d\tau.$$

Da der zweite Summand offenkundig für $t \to \infty$ gegen 0 strebt, erkennt man, daß der mit (13.11) identische erste Summand den »*eingeschwungenen oder stationären Zustand*« des Systems wiedergibt, der sich nach hinreichend langer Zeit einstellt und den wir mit $\tilde{y}_\omega(t)$ bezeichnen wollen:

---

[23]) Im Englischen wird $y(t) = G(j\omega)\, e^{j\omega t}$ »frequency response« genannt. Der entsprechende Ausdruck »Frequenzantwort« ist im Deutschen nicht üblich, seine Verwendung ist aber zu empfehlen.

[24]) In der elektrotechnischen Literatur wird manchmal auch $G(s)$ als Frequenzgang bezeichnet, was aber als unsachgemäß abzulehnen ist. Die Bedeutung von $G(s)$ als Übertragungsfunktion geht über die Bedeutung von $G(j\omega)$ als Frequenzgang weit hinaus.

(13.14)
$$\tilde{y}_\omega(t) = G(j\omega)\, e^{j\omega t}$$

Wenn man sich nicht für die Werte von $y_\omega(t)$ für kleine t, d. h. für den »Einschwingvorgang«, interessiert, so ist die Lösung (13.14) für die Praxis ausreichend, wenn sie auch nicht die vollständige Lösung, sondern nur das »asymptotische Verhalten« darstellt.

Dieses Resultat ist besonders deshalb von Wert, weil man es rein aus dem Bildraum, *ohne Übersetzung in den Originalraum* erhalten kann.

Es ist aber zu beachten, daß man von (13.14) nur dann Gebrauch machen darf, wenn die Pole von $G(s)$ negativen Realteil haben. Dies bedeutet, daß die »Eigenschwingungen« (siehe S. 71) mit wachsendem t abklingen, d. h. daß das physikalische System »passiv« ist (keine inneren Energiequellen besitzt) und sich nicht von selbst aufschaukeln kann. Wir wollen hier noch die Bemerkung einschalten, daß (13.14) auch im Fall nichtverschwindender Anfangswerte den eingeschwungenen Zustand darstellt. Denn die Anfangswerte fügen der Lösung nur ein Aggregat von Eigenschwingungen hinzu, das mit wachsendem t gegen 0 abklingt (siehe § 14).

Zusammenhang zwischen Frequenzgang und Sprungantwort

Technisch läßt sich der Frequenzgang meist leichter und genauer messen als die Sprungantwort. Deshalb ist es günstig, daß sich letztere aus dem Frequenzgang berechnen läßt, wenn dieser existiert, d. h. wenn die Pole der gebrochen rationalen Funktion $G(s)$ negative Realteile haben. Drückt man $G(j\omega)$ durch Modul und Phase aus:

$$G(j\omega) = |G(j\omega)|\, e^{j\psi(\omega)},$$

so gilt die Formel (EINF. S. 96):

(13.15)
$$y_u(t) = \frac{G(0)}{2} + \frac{1}{\pi}\int_0^\infty \frac{|G(j\omega)|}{\omega} \sin[t\omega + \psi(\omega)]\, d\omega \quad (t > 0).$$

Zerlegt man dagegen $G(j\omega)$ in Real- und Imaginärteil:

$$G(j\omega) = U(\omega) + jV(\omega),$$

so gelten die beiden Formeln (EINF. S. 97):

(13.16)
$$y_u(t) = \frac{2}{\pi}\int_0^\infty \frac{U(\omega)}{\omega}\sin t\omega\, d\omega$$

$$(t > 0).$$

(13.17)
$$y_u(t) = \frac{2}{\pi}\int_0^\infty \frac{V(\omega)}{\omega}\cos t\omega\, d\omega$$

Sie sind besonders bemerkenswert, weil sich $y_u(t)$ aus jeder der beiden Komponenten U, V allein berechnen läßt.

Da $y'_u(t) = g(t)$ ist, kann man mit diesen Formeln auch die Gewichtsfunktion $g(t)$ aus dem Frequenzgang berechnen.

§ 14. Die homogene Differentialgleichung n-ter Ordnung mit beliebigen Anfangswerten. Die Eigenschwingungen

Wenn keine Erregung vorhanden, das physikalische System also sich selbst überlassen ist, wird die Differentialgleichung homogen:

(14.1) $$y^{(n)} + c_{n-1} y^{(n-1)} + \cdots + c_1 y' + c_0 y = 0.$$

Wenn die Anfangswerte sämtlich verschwinden, gibt es nur die triviale Lösung $y(t) \equiv 0$. Die Anfangswerte

$$y(+0), \quad y'(+0), \quad \ldots, \quad y^{(n-1)}(+0)$$

seien nun beliebig vorgegeben. Wir bezeichnen sie zur Erleichterung der Schreibweise mit $y(0), \ldots, y^{(n-1)}(0)$. Nach Regel V lautet die Bildgleichung zu (14.1):

$$\left.\begin{array}{l} s^n \quad Y - y(0) s^{n-1} - y'(0) s^{n-2} - \cdots - y^{(n-2)}(0) s - y^{(n-1)}(0) \\ + c_{n-1} [s^{n-1} Y - y(0) s^{n-2} - y'(0) s^{n-3} - \cdots - y^{(n-2)}(0)] \\ \cdots \cdots \cdots \cdots \cdots \cdots \cdots \cdots \cdots \cdots \cdots \cdots \cdots \cdots \\ + c_1 \quad [s \quad Y - y(0)] \\ + c_0 \quad Y \end{array}\right\} = 0.$$

Wenn wir wie früher

$$s^n + c_{n-1} s^{n-1} + \cdots + c_1 s + c_0 = p(s)$$

setzen, ergibt sich die Lösung:

(14.2) $$Y(s) = \left\{\begin{array}{l} y(0) \dfrac{s^{n-1} + c_{n-1} s^{n-2} + \cdots + c_2 s + c_1}{p(s)} \\ + y'(0) \dfrac{s^{n-2} + c_{n-1} s^{n-3} + \cdots + c_2}{p(s)} \\ \cdots \cdots \cdots \cdots \cdots \\ + y^{(n-2)}(0) \dfrac{s + c_{n-1}}{p(s)} \\ + y^{(n-1)}(0) \dfrac{1}{p(s)}. \end{array}\right.$$

In den hier auftretenden gebrochen rationalen Funktionen ist der Grad des Zählers kleiner als der des Nenners, man kann sie daher in Partialbrüche zerlegen und in den Originalraum übersetzen. Bei höheren Ordnungen benutzt man aber besser das im folgenden beschriebene Verfahren.

Wenn speziell die Anfangswerte
$$y(0) = y'(0) = \cdots = y^{(n-2)}(0) = 0, \qquad y^{(n-1)}(0) = 1$$
vorgeschrieben werden, lautet die Lösung der Bildgleichung einfach
$$Y(s) = \frac{1}{p(s)} = G(s),$$
die der Originalgleichung also
$$y(t) = g(t).$$

Das kann man so ausdrücken:

Die *Gewichtsfunktion* $g(t)$ hat die folgenden wichtigen und oft benutzten Eigenschaften: $g(t)$ genügt der *homogenen Differentialgleichung*

(14.3) $\qquad g^{(n)}(t) + c_{n-1} g^{(n-1)}(t) + \cdots + c_1 g'(t) + c_0 g(t) = 0$

und hat die *Anfangswerte*

(14.4) $\quad g(+0) = g'(+0) = \cdots = g^{(n-2)}(+0) = 0, \qquad g^{(n-1)}(+0) = 1.$

Hieraus folgt nach Regel V:

(14.5)
$$\begin{cases} \dfrac{1}{p(s)} = G(s) & \bullet\!\!-\!\!\circ\; g(t) \\[2pt] \dfrac{s}{p(s)} = s G(s) & \bullet\!\!-\!\!\circ\; g'(t) \\ \cdots\cdots\cdots\cdots\cdots\cdots\cdots\cdots \\ \dfrac{s^{n-1}}{p(s)} = s^{n-1} G(s) & \bullet\!\!-\!\!\circ\; g^{(n-1)}(t) \\[2pt] \dfrac{s^n}{p(s)} - 1 = s^n G(s) - 1 & \bullet\!\!-\!\!\circ\; g^{(n)}(t). \end{cases}$$

Man kann daher die Originalfunktionen zu den Faktoren von $y(0)$, $y'(0), \ldots$ in (14.2) aus den Ableitungen von $g(t)$, die sehr einfach zu berechnen sind, zusammensetzen und erhält:

(14.6) $y(t) = \begin{cases} y(0) \, [g^{(n-1)}(t) + c_{n-1} g^{(n-2)}(t) + \cdots + c_2 g'(t) + c_1 g(t)] \\ + y'(0) \, [g^{(n-2)}(t) + c_{n-1} g^{(n-3)}(t) + \cdots + c_2 g(t)] \\ \cdots\cdots\cdots\cdots\cdots\cdots\cdots\cdots\cdots\cdots\cdots\cdots \\ + y^{(n-2)}(0) \, [g'(t) + c_{n-1} g(t)] \\ + y^{(n-1)}(0) \, g(t). \end{cases}$

$g(t)$ selbst wird nach § 12 aus der Partialbruchzerlegung von $G(s)$ gewonnen und ist ein Aggregat der Funktionen $e^{\alpha_\nu t}$, die, wenn α_ν die Multiplizität k_ν hat, noch mit $t, t^2, \ldots, t^{k_\nu - 1}$ multipliziert sind. Die Ableitungen von

§ 14. Die homogene Differentialgleichung n-ter Ordnung

$g(t)$ haben dieselbe Gestalt. Also ist $y(t)$ eine lineare Kombination dieser Funktionen mit Koeffizienten, die aus den Anfangswerten und den c_ν gebildet sind. Wenn keine äußere Erregung vorliegt, treten daher keine anderen Funktionen als

$$e^{\alpha_1 t},\ t e^{\alpha_1 t},\ \ldots,\ t^{k_1-1} e^{\alpha_1 t};\quad e^{\alpha_2 t},\ t e^{\alpha_2 t},\ \ldots$$

auf, die deshalb die *Eigenschwingungen* des Systems heißen. Von beliebigen Anfangswerten aus vollführt das sich selbst überlassene System eine Bewegung, die sich linear aus diesen Eigenschwingungen zusammensetzt.

Numerisches Beispiel

Wir haben S. 51 und 55 den Fall

$$p(s) = (s^2 + 16)(s^2 + 10s + 74)$$
$$= s^4 + 10s^3 + 90s^2 + 160s + 1184$$

behandelt. Er entspricht der Differentialgleichung vierter Ordnung

$$y^{IV} + 10 y''' + 90 y'' + 160 y' + 1184 y = 0.$$

Wir fanden $\left(\text{man beachte, daß dort } \dfrac{1}{p(s)} \text{ mit 112 multipliziert war}\right)$:

$$g(t) = -\frac{1}{9928}(20 \cos 4t - 29 \sin 4t) + \frac{1}{17374} e^{-5t}(35 \cos 7t - 4 \sin 7t).$$

Also ist

$$g'(t) = \frac{1}{2482}(20 \sin 4t + 29 \cos 4t) - \frac{1}{17374} e^{-5t}(203 \cos 7t + 225 \sin 7t),$$

$$g''(t) = \frac{1}{1241}(40 \cos 4t - 58 \sin 4t) - \frac{1}{8687} e^{-5t}(280 \cos 7t - 1273 \sin 7t),$$

$$g'''(t) = -\frac{1}{1241}(160 \sin 4t + 232 \cos 4t)$$
$$+ \frac{1}{8687} e^{-5t}(10311 \cos 7t - 4405 \sin 7t).$$

Aus diesen Funktionen kann man die an den Anfangswerten hängenden Faktoren zusammensetzen: Es hängt an

$y(+0)$: $g'''(t) + c_3 g''(t) + c_2 g'(t) + c_1 g(t) = g'''(t) + 10 g''(t)$
$\qquad\qquad\qquad\qquad\qquad\qquad\qquad\qquad\quad + 90 g'(t) + 160 g(t),$
$y'(+0)$: $g'''(t) + c_3 g'(t) + c_2 g(t) \qquad = g''(t) + 10 g'(t) + 90 g(t),$
$y''(+0)$: $g'(t) + c_3 g(t) \qquad\qquad\qquad = g'(t) + 10 g(t),$
$y'''(+0)$: $g(t) \qquad\qquad\qquad\qquad\qquad = g(t).$

Man überzeuge sich an diesem Beispiel, daß tatsächlich $g(0) = g'(0) = g''(0) = 0$ und $g'''(0) = 1$ ist.

Im Hinblick auf gewisse Unklarheiten in der einschlägigen Literatur sei nochmals darauf hingewiesen, daß die in die Bildgleichung eintretenden *Anfangswerte* die Zahlen $y(+0)$, $y'(+0)$, ... sind, da die Bildgleichung durch Anwendung von Regel V entsteht und in dieser die Grenzwerte von rechts auftreten. Eine andere Frage ist es, *wo die Anfangswerte in der Praxis herkommen*. Bei einem physikalischen System stammen sie natürlich aus dessen *Vergangenheit*. (So ist z. B. die Lage und Geschwindigkeit eines linearen Oszillators zur Zeit $t = 0$ eine zwangsläufige Folge seiner Bewegung in der Zeit davor.) Das physikalische System läuft mit gewissen Werten $y(-0)$, $y'(-0)$, ... von links her in den Nullpunkt ein, und es wird nun verlangt, daß das System den Zeitabschnitt $t \geq 0$ mit diesen selben Werten antritt. Da man verifizieren kann, daß die Lösung $y(t)$, die wir oben hergestellt haben, stets die vorgeschriebenen Anfangswerte hat (EINF. S. 78, 80), ganz gleichgültig wie auch immer sie gegeben werden und wie die Erregungsfunktion aussieht (die mit der vor $t = 0$ wirkenden Erregungsfunktion gar nichts zu tun haben braucht), so kann diesem Verlangen immer entsprochen werden. Man lernt erst dann sich darüber zu wundern, wenn man einmal bei *Systemen* von Differentialgleichungen erlebt hat, daß es ganz anders sein kann. Siehe § 16, 17.

Wir formulieren noch einmal

die Vorzüge der Methode der $\mathfrak{L}$-Transformation.

1. Während bei der klassischen Methode zunächst eine »allgemeine« Lösung aufgestellt wird, deren Konstanten dann den Anfangsbedingungen angepaßt werden müssen, was die zusätzliche Auflösung eines linearen Gleichungssystems mit n Unbekannten erfordert (eine für $n \geq 3$ ziemlich beschwerliche Aufgabe), werden bei der $\mathfrak{L}$-Transformation die Anfangswerte von vornherein automatisch berücksichtigt und in die Lösung eingeführt. Dadurch ist auch ihr Einfluß von Anfang an klar überschaubar. Die Methode ist also dem »Anfangswertproblem« eigens angepaßt. Der besonders häufige Fall verschwindender Anfangswerte, der bei der klassischen Methode keine Erleichterung bedeutet und nicht von der Auflösung des erwähnten linearen Gleichungssystems entbindet, ergibt bei der $\mathfrak{L}$-Transformation einen ausnehmend einfachen Lösungsgang.

2. Während bei der klassischen Methode erst die homogene Gleichung und dann durch Variation der Konstanten die inhomogene Gleichung gelöst wird, läßt sich mit der $\mathfrak{L}$-Transformation sogleich die inhomogene Gleichung lösen, die in der Praxis die wichtigere ist.

Bemerkung zu der Entstehung einer Differentialgleichung

In §§ 10—14 handelt es sich vom praktischen Standpunkt aus um ein physikalisches System, das durch eine einzige Zeitfunktion $y(t)$ charakterisiert wird, die einer einzigen Differentialgleichung genügt. Wenn in einem physikalischen System mehrere Zeitfunktionen vorkommen, die mehrere Differentialgleichungen erfüllen, in denen jeweils alle oder einige dieser Funktionen auftreten (simultane Differentialgleichungen), so wird in der Technik häufig für eine bestimmte, besonders interessierende von diesen Funktionen durch Elimination eine einzige Differentialgleichung abgeleitet, die im allgemeinen von höherer Ordnung als die ursprünglichen Gleichungen ist und für die sich dann die heikle Frage nach den Anfangswerten der höheren Ableitungen stellt. Dieser Fall, auf den wir in § 18 eingehen, liegt in §§ 10—14 *nicht* vor. Dies sei deshalb ausdrücklich betont, weil manche Ingenieure sich eine Differentialgleichung von höherer Ordnung als zwei nicht anders als durch Elimination aus einem System von Differentialgleichungen höchstens zweiter Ordnung entstanden vorstellen können. Es gibt aber durchaus Probleme, wie z. B. in der Elastizitätstheorie, wo das physikalische System von einer einzigen Funktion bestimmt wird, die einer Differentialgleichung höherer Ordnung genügt.

In der Praxis ist der Fall mehrerer simultaner Differentialgleichungen der häufigere. Aber auch derjenige Leser, der sich nur hierfür interessiert, tut gut daran, die Erörterungen über eine einzelne Gleichung als Vorübung, die das Verständnis des folgenden erleichtert, zur Kenntnis zu nehmen.

§ 15. Normales System von simultanen Differentialgleichungen; beliebige Anfangsbedingungen erfüllbar

Die Methode der $\mathfrak{L}$-Transformation bringt schon bei einer einzelnen Differentialgleichung mit einer Ordnung höher als zwei einen wesentlichen rechnerischen Gewinn gegenüber der klassischen Methode. Ihre volle Kraft zeigt die Methode jedoch erst bei Systemen von mehreren simultanen Differentialgleichungen, wo sie zu viel größerer Übersicht und bedeutend weniger Rechenarbeit führt als die klassische Methode, die praktisch überhaupt nicht durchführbar ist.

Damit die Gleichungen noch leicht zu übersehen sind, legen wir zunächst ein System von drei Differentialgleichungen erster Ordnung zugrunde. Dabei schreiben wir alle Terme, die theoretisch auftreten können, hin, während in der Praxis meist eine Anzahl dieser Terme fehlt, so daß ihre Koeffizienten gleich 0 zu setzen sind. Es handelt sich also um das System:

$$(a_{11} y_1' + b_{11} y_1) + (a_{12} y_2' + b_{12} y_2) + (a_{13} y_3' + b_{13} y_3) = f_1(t)$$
$$(a_{21} y_1' + b_{21} y_1) + (a_{22} y_2' + b_{22} y_2) + (a_{23} y_3' + b_{23} y_3) = f_2(t)$$
$$(a_{31} y_1' + b_{31} y_1) + (a_{32} y_2' + b_{32} y_2) + (a_{33} y_3' + b_{33} y_3) = f_3(t).$$

Die Übersetzung in den Bildraum ergibt[25]):

---

[25]) Aus drucktechnischen Gründen schreiben wir $y(0)$ statt $y(+0)$.

$a_{11}[sY_1-y_1(0)]+b_{11}Y_1+a_{12}[sY_2-y_2(0)]+b_{12}Y_2+a_{13}[sY_3-y_3(0)]+b_{13}Y_3=F_1(s)$

$a_{21}[sY_1-y_1(0)]+b_{21}Y_1+a_{22}[sY_2-y_2(0)]+b_{22}Y_2+a_{23}[sY_3-y_3(0)]+b_{23}Y_3=F_2(s)$

$a_{31}[sY_1-y_1(0)]+b_{31}Y_1+a_{32}[sY_2-y_2(0)]+b_{32}Y_2+a_{33}[sY_3-y_3(0)]+b_{33}Y_3=F_3(s).$

Mit der Abkürzung

$$a_{ik}s+b_{ik}=p_{ik}(s)$$

lassen sich diese Gleichungen in der übersichtlichen Form schreiben:

(15.1)
$$\begin{aligned}p_{11}Y_1+p_{12}Y_2+p_{13}Y_3&=F_1+a_{11}y_1(0)+a_{12}y_2(0)+a_{13}y_3(0)\\p_{21}Y_1+p_{22}Y_2+p_{23}Y_3&=F_2+a_{21}y_1(0)+a_{22}y_2(0)+a_{23}y_3(0)\\p_{31}Y_1+p_{32}Y_2+p_{33}Y_3&=F_3+a_{31}y_1(0)+a_{32}y_2(0)+a_{33}y_3(0).\end{aligned}$$

Wenn die Differentialgleichungen nicht von erster, sondern von zweiter Ordnung gewesen wären, so würden die $p_{ik}(s)$ nicht Polynome ersten, sondern zweiten Grades sein, und auf der rechten Seite würden außer den Anfangswerten $y_1(0)$, ... noch die Werte $y_1'(0)$, ... auftreten. Im Prinzip aber hätten die Gleichungen dieselbe Form: sie bilden *ein System von linearen algebraischen Gleichungen* für die Unbekannten Y_1, Y_2, Y_3. Ein solches System löst man theoretisch am elegantesten nach der Cramerschen Regel vermittels Determinanten, während man in der Praxis die sukzessive Elimination der Unbekannten oder (bei größerer Anzahl der Gleichungen) eines der vielen anderen für die Lösung eines linearen Systems entwickelten Verfahren vorziehen wird.

Da es uns hier darauf ankommt, den Formalismus der Methode schematisch aufzuzeigen, bedienen wir uns der Determinanten. Auf der rechten Seite der Gleichungen stehen die Bildfunktionen $F_i(s)$ der Eingangsfunktionen und von den Anfangswerten herrührende numerische Konstante, die wir so zusammenfassen:

$$a_{i1}y_1(0)+a_{i2}y_2(0)+a_{i3}y_3(0)=r_i.$$

Führen wir für die Determinante des Systems, die von den $p_{ik}(s)$ gebildet wird und daher i. allg. ein Polynom dritten Grades in s ist (über Ausnahmen siehe § 16), den Buchstaben $D(s)$ ein, so ergibt sich nach der Cramerschen Regel:

(15.2) $\quad Y_1=\dfrac{1}{D}\begin{vmatrix}F_1+r_1 & p_{12} & p_{13}\\F_2+r_2 & p_{22} & p_{23}\\F_3+r_3 & p_{32} & p_{33}\end{vmatrix},\quad Y_2=\dfrac{1}{D}\begin{vmatrix}p_{11} & F_1+r_1 & p_{13}\\p_{21} & F_2+r_2 & p_{23}\\p_{31} & F_3+r_3 & p_{33}\end{vmatrix},\quad Y_3=\cdots$

Man kann nun noch deutlicher zeigen, wie die Lösungen von den Erregungsfunktionen und den Anfangswerten beeinflußt werden, indem man die expliziten Ausdrücke für die r_i einsetzt und die Determinanten aufspaltet:

§ 15. Normales System von simultanen Differentialgleichungen

(15.3) $\quad DY_1 = \begin{vmatrix} F_1 + a_{11}y_1(0) + a_{12}y_2(0) + a_{13}y_3(0) & p_{12} & p_{13} \\ F_2 + a_{21}y_1(0) + a_{22}y_2(0) + a_{23}y_3(0) & p_{22} & p_{23} \\ F_3 + a_{31}y_1(0) + a_{32}y_2(0) + a_{33}y_3(0) & p_{32} & p_{33} \end{vmatrix}$

$= \begin{vmatrix} F_1 & p_{12} & p_{13} \\ F_2 & p_{22} & p_{23} \\ F_3 & p_{32} & p_{33} \end{vmatrix} + y_1(0) \begin{vmatrix} a_{11} & p_{12} & p_{13} \\ a_{21} & p_{22} & p_{23} \\ a_{31} & p_{32} & p_{33} \end{vmatrix} + y_2(0) \begin{vmatrix} a_{12} & p_{12} & p_{13} \\ a_{22} & p_{22} & p_{23} \\ a_{32} & p_{32} & p_{33} \end{vmatrix} + y_3(0) \begin{vmatrix} a_{13} & p_{12} & p_{13} \\ a_{23} & p_{22} & p_{23} \\ a_{33} & p_{32} & p_{33} \end{vmatrix}.$

Da in den mit $y_1(0), \ldots$ behafteten Gliedern die ersten Kolonnen Konstante, die zweiten und dritten Kolonnen Polynome ersten Grades sind, sind die Determinanten Polynome zweiten Grades. Durch $D(s)$ dividiert ergeben sich gebrochen rationale Funktionen, deren Zähler von geringerem Grad als der Nenner ist und die man nach den früheren Methoden durch Partialbruchzerlegung in den Originalraum übersetzen kann. Die von den F_i abhängige Determinante läßt sich in der Form darstellen:

(15.4) $\quad \begin{vmatrix} F_1 & p_{12} & p_{13} \\ F_2 & p_{22} & p_{23} \\ F_3 & p_{32} & p_{33} \end{vmatrix} = F_1 \begin{vmatrix} p_{22} & p_{23} \\ p_{32} & p_{33} \end{vmatrix} - F_2 \begin{vmatrix} p_{12} & p_{13} \\ p_{32} & p_{33} \end{vmatrix} + F_3 \begin{vmatrix} p_{12} & p_{13} \\ p_{22} & p_{23} \end{vmatrix}.$

Die zweireihigen Determinanten ergeben nach Division durch $D(s)$ wieder gebrochen rationale Funktionen, die man in den Originalraum übersetzen kann, worauf man auf die Produkte mit den F_i den Faltungssatz anzuwenden hat.

Aus dieser Darstellung ersieht man folgende

Vorzüge der Methode der $\mathfrak{L}$-Transformation:

1. Es braucht hier nur ein *einziges* lineares algebraisches Gleichungssystem, nämlich das System für die Y_i gelöst zu werden.

2. Die *Anfangswerte* treten in dieses System ein und werden daher automatisch berücksichtigt, während die klassische Methode zunächst allgemeine Lösungen herstellt (was bei Systemen sehr kompliziert ist), die dann den Anfangsbedingungen angepaßt werden müssen, was auf die abermalige Lösung von linearen Gleichungssystemen hinausläuft. Der in der Praxis häufige Fall verschwindender Anfangswerte bewirkt bei der $\mathfrak{L}$-Transformation besonders einfache Verhältnisse, während er bei der klassischen Methode keine Erleichterung bedeutet.

3. Ein wesentlicher Vorteil besteht darin, daß man *jede Unbekannte für sich berechnen* kann, ohne die anderen zu kennen, was nach der klassischen Methode bei gegebenen Anfangswerten im allgemeinen nicht möglich ist. Dies ist dann wichtig, wenn man in Wahrheit nur an einer einzigen Unbe-

kannten interessiert ist, während die anderen lediglich im Ansatz mitlaufen, aber selbst nicht gebraucht werden.

Es ist jetzt leicht zu übersehen, wie der allgemeine Fall zu behandeln ist. *Ein System von m linearen Differentialgleichungen n-ter Ordnung für m unbekannte Funktionen* $y_1(t), \ldots, y_m(t)$ kann unter Einführung der Polynome

$$a_{ik} z^n + b_{ik} z^{n-1} + \ldots + c_{ik} = p_{ik}(z)$$

und mit der Symbolik

$$a_{ik} \frac{d^n}{dt^n} + b_{ik} \frac{d^{n-1}}{dt^{n-1}} + \ldots + c_{ik} = p_{ik}\left(\frac{d}{dt}\right)$$

in der Form geschrieben werden:

(15.5)
$$p_{11}\left(\frac{d}{dt}\right) y_1 + p_{12}\left(\frac{d}{dt}\right) y_2 + \ldots + p_{1m}\left(\frac{d}{dt}\right) y_m = f_1(t)$$
$$\cdots\cdots\cdots\cdots\cdots\cdots\cdots\cdots\cdots\cdots\cdots$$
$$p_{m1}\left(\frac{d}{dt}\right) y_1 + p_{m2}\left(\frac{d}{dt}\right) y_2 + \ldots + p_{mm}\left(\frac{d}{dt}\right) y_m = f_m(t).$$

Wenn zu jeder Funktion $y_k(t)$ die n Anfangswerte

(15.6) $\qquad y_k(0), y_k'(0), \ldots, y_k^{(n-1)}(0) \qquad (k = 1, \ldots, m)$

vorgeschrieben sind, so ergibt sich durch $\mathfrak{L}$-Transformation ein lineares algebraisches Gleichungssystem für die m Unbekannten $Y_k(s) = \mathfrak{L}\{y_k(t)\}$ analog zu (15.1), nur sind die Polynome $p_{ik}(s)$ jetzt vom Grad n, und auf den rechten Seiten treten außer den Funktionen $F_k(s) = \mathfrak{L}\{f_k(t)\}$ Polynome $r_i(s)$ vom Grad $n-1$ auf, die von den Anfangswerten (15.6) abhängen. Die Lösungen haben eine zu (15.2) analoge Gestalt und lassen sich ähnlich wie in (15.3,4) aufspalten. Die Determinante

$$D(s) = \det \| p_{ik}(s) \|$$

ist von m-ter Ordnung; als Faktoren der $F_k(s)$ erscheinen ihre Unterdeterminanten $m-1$-ter Ordnung; die Faktoren der Anfangswerte sind, wenn man sie nach den Kolonnen, in denen die Koeffizienten $a_{ik}, b_{ik}, \ldots$ stehen, entwickelt, ebenfalls aus Unterdeterminanten $m-1$-ter Ordnung zusammengesetzt.

In diesem Paragraphen setzen wir nun als wesentlich voraus, daß *die Determinante aus den Koeffizienten* a_{ik} *der höchsten Ableitungen* in den Differentialgleichungen *nicht verschwindet*:

(15.7) $\qquad\qquad\qquad \det \| a_{ik} \| \neq 0,$

und nennen dies den *Normalfall*.

Die Voraussetzung (15.7) zieht wichtige Konsequenzen nach sich.

§ 15. Normales System von simultanen Differentialgleichungen

1. Entwickelt man die Determinante $D(s)$ und multipliziert die Produkte der $p_{ik}(s)$ aus, so ist der Koeffizient der höchsten Potenz s^{mn} gleich det $||a_{ik}||$. Also ist $D(s)$ ein *Polynom vom genauen Grad mn*. Die auf der rechten Seite von (15.3) stehenden Determinanten sind, wenn man sie entwickelt und ausmultipliziert, in s höchstens vom Grad $(m-1)n$. Daher treten bei der Division durch $D(s)$ lauter rationale Funktionen auf, deren Zähler niedrigeren Grad als ihre Nenner haben, so daß sie Originalfunktionen besitzen, die man durch Partialbruchzerlegung bestimmen kann.

2. Die Glieder, die die $F_i(s)$ enthalten (vgl. (15.4)), ergeben bei der Rücktransformation Faltungsintegrale, gebildet aus den $f_i(t)$ und den Originalen der rationalen Funktionen. Diese Integrale sind *stetig*, auch wenn die $f_i(t)$ Unstetigkeiten besitzen. Die Antworten $y_k(t)$ machen also etwaige Sprünge der Erregungen $f_i(t)$ nicht mit, das entsprechende physikalische System ist *»nicht sprungfähig«*, sondern wirkt ausgleichend.

3. Wie man verifizieren kann[26]), nehmen die Lösungen $y_k(t)$ die vorgeschriebenen *mn Anfangswerte* (15.6) wirklich an, ganz gleich, wie diese gewählt sind. Man hat also hinsichtlich der Anfangswerte völlige Freiheit.

Diese Tatsachen verdienen deshalb besonders hervorgehoben zu werden, weil die keineswegs zuzutreffen brauchen, wenn nicht der Normalfall vorliegt.

Man kann sagen, daß die Lösungen eines Systems von Differentialgleichungen sich im Normalfall genauso verhalten wie die Lösung einer einzelnen Differentialgleichung.

Übrigens ergeben die an den Anfangswerten hängenden rationalen Funktionen (vgl. (15.3)) bei der Rücktransformation Exponentialfunktionen, die eventuell mit Potenzen multipliziert sind und in deren Exponenten die Nullstellen der Determinante $D(s)$ auftreten, die hier dieselbe Rolle spielt, wie im Fall einer einzelnen Gleichung das Polynom $p(s)$. Diese Faktoren der Anfangswerte stellen die *Eigenschwingungen* des physikalischen Systems dar, die dieses ausführt, wenn keine Erregungen vorhanden sind, das System also sich selbst überlassen ist.

Für ein normales System kann man die für eine einzelne Differentialgleichung eingeführten Begriffe ebenfalls definieren. Wenn die Anfangswerte (15.6) sämtlich gleich 0 sind, so entsteht aus dem System (15.5) durch $\mathfrak{L}$-Transformation das System von linearen algebraischen Gleichungen

(15.8)
$$p_{11}(s) Y_1(s) + \ldots + p_{1m}(s) Y_m(s) = F_1(s)$$
$$\ldots \ldots \ldots \ldots \ldots \ldots \ldots \ldots \ldots$$
$$p_{m1}(s) Y_1(s) + \ldots + p_{mm}(s) Y_m(s) = F_m(s).$$

---

[26]) Siehe G. DOETSCH: *Handbuch der Laplace-Transformation*. II. Band, S. 315. Birkhäuser Verlag, Basel und Stuttgart 1955.

Wir nehmen nun sämtliche Funktionen auf den rechten Seiten als identisch verschwindend an mit Ausnahme einer einzigen; es sei dies $F_\mu(s)$. Die zu diesem Spezialfall gehörigen Lösungen seien $Y_{1\mu}, \ldots, Y_{m\mu}$ genannt. Man erhält sie nach der Cramerschen Regel, indem man in der Determinante $D(s)$ die μ-te Zeile und die ν-te Kolonne streicht, die entstehende Unterdeterminante mit $D_{\mu\nu}(s)$ bezeichnet und die Ausdrücke bildet

(15.9) $$Y_{\nu\mu}(s) = (-1)^{\mu+\nu} \frac{D_{\mu\nu}(s)}{D(s)} F_\mu(s) \qquad (\nu = 1, \ldots, m).$$

Setzt man

(15.10) $$(-1)^{\mu+\nu} \frac{D_{\mu\nu}(s)}{D(s)} = G_{\mu\nu}(s),$$

so nehmen die Lösungen die zu (12.11) analoge Gestalt an:

(15.11) $$\boxed{Y_{\nu\mu}(s) = G_{\mu\nu}(s) F_\mu(s)} \qquad (\nu = 1, \ldots, m).$$

Wie schon oben bemerkt, haben die $D_{\mu\nu}(s)$ als Polynome in s geringeren Grad als $D(s)$, da $D(s)$ im Normalfall den Höchstgrad mn hat. Die rationalen Funktionen $G_{\mu\nu}(s)$ besitzen daher Originalfunktionen $g_{\mu\nu}(t)$. Durch Übersetzung der Gleichung (15.11) in den Originalraum erhält man für die Lösungen der Differentialgleichungen in dem Spezialfall, daß alle Erregungen bis auf $f_\mu(t)$ verschwinden, die zu (12.10) analoge Gestalt

(15.12) $$\boxed{y_{\nu\mu}(t) = g_{\mu\nu}(t) * f_\mu(t)} \qquad (\nu = 1, \ldots, m).$$

Im allgemeinen Fall, wenn beliebige Erregungen vorhanden sind, erhält man wegen der Linearität des Systems die Lösungen, indem man die Gleichungen (15.11) bzw. (15.12) nach μ summiert.

Wie bei einer einzelnen Differentialgleichung werden auch hier die $G_{\mu\nu}(s)$ als *Übertragungsfunktionen* (oder auch *Systemfunktionen*) und die $g_{\mu\nu}(t)$ als *Gewichtsfunktionen* bezeichnet, wobei es sich um die Wirkung des μ-ten Eingangs auf den ν-ten Ausgang handelt. Insgesamt gibt es bei einem System m^2 solcher Funktionen ($1 \leq \mu \leq m$, $1 \leq \nu \leq m$).

In Analogie zu § 13 spielen für die Praxis die Antworten auf gewisse spezielle Erregungen eine wichtige Rolle. Ist die μ-te Erregung der Impuls δ, während die übrigen Erregungen verschwinden, so erhält man als *Impulsantwort* am ν-ten Ausgang:

(15.13) $$y_{\mu\nu,\delta} = g_{\mu\nu}(t),$$

wobei $g_{\mu\nu}(t)$ wie in § 13.2 als Distribution zu deuten ist, indem $g_{\mu\nu}(t) = 0$ für $t < 0$ definiert wird, wodurch die $n-1$-te Ableitung in $t = 0$ einen Sprung von der Höhe 1 bekommt.

Für $f_\mu(t) = u(t)$ ergeben sich die *Sprungantworten*.

Ist die μ-te Erregung eine Schwingung $e^{j\omega t}$, und liegen die Nullstellen des Polynoms $D(s)$ sämtlich in der linken Halbebene $\Re s < 0$, so strebt $y_{\mu\nu}(t)$ für $t \to \infty$ dem stationären Zustand

(15.14) $$\tilde{y}_{\mu\nu,\omega}(t) = G_{\mu\nu}(j\omega)\, e^{j\omega t}$$

zu, der als *Frequenzantwort* (am ν-ten Ausgang auf eine sinusartige Erregung am μ-ten Eingang) zu bezeichnen ist. Der Wertverlauf $G_{\mu\nu}(j\omega)$ der Übertragungsfunktion $G_{\mu\nu}(s)$ auf der imaginären Achse stellt einen *Frequenzgang* dar. Es gibt m^2 Frequenzgänge.

Natürlich haben diese Begriffe nur einen Sinn, wenn das System eine freie Variierung der Erregungen zuläßt. Das ist nicht immer der Fall, wie das folgende Beispiel eines normalen Systems zeigt.

Ein Beispiel aus der Mechanik

Welchen Weg beschreibt ein von einer Stelle über der Erdoberfläche mit einer gewissen Anfangsgeschwindigkeit abgeschossener Massenpunkt bei Berücksichtigung der Erddrehung? Wir führen ein mit der Erdkugel fest verbundenes Koordinatensystem ein, dessen Ursprung O mit der Ausgangslage des Massenpunktes zusammenfällt und dessen x-Achse nach Süden und dessen y-Achse nach Osten zeigt, während die z-Achse der Richtung der Schwerebeschleunigung g (der Vertikalen) entgegengesetzt ist. (Die Vertikale weicht von der Richtung des Erdradius geringfügig ab.) Wenn O auf der geographischen Breite β liegt und die Winkelgeschwindigkeit der Erdkugel gleich ω ist, so lauten die Bewegungsgleichungen (unabhängig von der Größe der Masse)[27]:

(15.15)
$$\begin{aligned} x'' &= 2\omega y' \sin\beta \\ y'' &= -2\omega(x' \sin\beta + z' \cos\beta) \\ z'' &= 2\omega y' \cos\beta - g \end{aligned}$$

Der Deutlichkeit halber seien sie mit der Abkürzung

$$\cos\beta = a, \quad \sin\beta = b$$

nochmals in der Form (15.5) angeschrieben:

(15.16)
$$\begin{aligned} (x'' + 0x' + 0x) + (0y'' - 2\omega b y' + 0y) + (0z'' + 0z' + 0z) &= 0 \\ (0x'' + 2\omega b x' + 0x) + (y'' + 0y' + 0y) + (0z'' + 2\omega a z' + 0z) &= 0 \\ (0x'' + 0x' + 0x) + (0y'' - 2\omega a y' + 0y) + (z'' + 0z' + 0z) &= -g. \end{aligned}$$

Die Determinante aus den Koeffizienten der höchsten Ableitungen ist

$$\begin{vmatrix} 1 & 0 & 0 \\ 0 & 1 & 0 \\ 0 & 0 & 1 \end{vmatrix} = 1,$$

---

[27] Siehe z. B. M. PLANCK: *Einführung in die allgemeine Mechanik*, 4. Auflage, S. 81. Verlag S. Hirzel, Leipzig 1928.

also $\neq 0$, so daß der Normalfall vorliegt. Es können daher beliebige Anfangswerte vorgeschrieben werden, die dann von den Lösungen auch wirklich angenommen werden. Da die Anfangslage mit O zusammenfällt, ist

$$x(0) = 0, \quad y(0) = 0, \quad z(0) = 0.$$

Die Komponenten der Anfangsgeschwindigkeit seien

$$x'(0) = u, \quad y'(0) = v, \quad z'(0) = w.$$

Durch $\mathfrak{L}$-Transformation geht das System (15.16) über in

$$\begin{aligned} s^2 X - u - 2\omega b s Y &= 0 \\ 2\omega b s X + s^2 Y - v + 2\omega a s Z &= 0 \\ -2\omega a s Y + s^2 Z - w &= -g/s \end{aligned}$$

oder

(15.17)
$$\begin{aligned} s^2 X - 2\omega b s Y &= u \\ 2\omega b s X + s^2 Y + 2\omega a s Z &= v \\ -2\omega a s Y + s^2 Z &= w - g/s. \end{aligned}$$

Die Determinante $D(s)$ ist

$$D(s) = \begin{vmatrix} s^2 & -2\omega b s & 0 \\ 2\omega b s & s^2 & 2\omega a s \\ 0 & -2\omega a s & s^2 \end{vmatrix} = s^4 (s^2 + 4\omega^2),$$

wobei $a^2 + b^2 = 1$ benutzt wurde. Nach der Cramerschen Regel ergibt sich

$$D(s) X(s) = \begin{vmatrix} u & -2\omega b s & 0 \\ v & s^2 & 2\omega a s \\ w - g/s & -2\omega a s & s^2 \end{vmatrix}$$

und hieraus

(15.18) $$X(s) = u \left(\frac{1}{s^2 + 4\omega^2} + \frac{4\omega^2 a^2}{s^2 (s^2 + 4\omega^2)} \right) + v \frac{2\omega b}{s(s^2 + 4\omega^2)}$$
$$- w \frac{4\omega^2 ab}{s^2 (s^2 + 4\omega^2)} + g \frac{4\omega^2 ab}{s^3 (s^2 + 4\omega^2)}.$$

Auf gleiche Weise erhält man:

(15.19) $$Y(s) = -u \frac{2\omega b}{s(s^2 + 4\omega^2)} + v \frac{1}{s^2 + 4\omega^2}$$
$$-w \frac{2\omega a}{s(s^2 + 4\omega^2)} + g \frac{2\omega a}{s^2 (s^2 + 4\omega^2)}$$

(15.20) $$Z(s) = u \frac{4\omega^2 ab}{s^2 (s^2 + 4\omega^2)} + v \frac{2\omega a}{s(s^2 + 4\omega^2)}$$
$$+ w \left(\frac{1}{s^2 + 4\omega^2} + \frac{4\omega^2 b^2}{s^2 (s^2 + 4\omega^2)} \right)$$
$$- g \left(\frac{1}{s(s^2 + 4\omega^2)} + \frac{4\omega^2 b^2}{s^3 (s^2 + 4\omega^2)} \right).$$

Die zugehörigen Originalfunktionen findet man in TAB. 38, 54, 83, 113, wobei noch die Zerlegung zu benutzen ist:

$$\frac{4\omega^2}{s^3(s^2+4\omega^2)} = \frac{1}{s^3} - \frac{1}{s(s^2+4\omega^2)}.$$

(15.21) $\quad x(t) = \dfrac{u}{2\omega}(a^2\, 2\omega t + b^2 \sin 2\omega t) + \dfrac{v}{\omega} b \sin^2 \omega t,$

$\qquad - \dfrac{w}{2\omega} a\, b\, (2\omega t - \sin 2\omega t) + \dfrac{g}{2\omega^2} a\, b\, (\omega^2 t^2 - \sin^2 \omega t),$

(15.22) $\quad y(t) = -\dfrac{u}{\omega} b \sin^2 \omega t + \dfrac{v}{2\omega} \sin 2\omega t - \dfrac{w}{\omega} a \sin^2 \omega t$

$\qquad + \dfrac{g}{4\omega^2} a\, (2\omega t - \sin 2\omega t),$

(15.23) $\quad z(t) = \dfrac{u}{2\omega} a\, b\, (2\omega t - \sin 2\omega t) + \dfrac{v}{\omega} a \sin^2 \omega t$

$\qquad + \dfrac{w}{2\omega}(b^2\, 2\omega t + a^2 \sin 2\omega t) - \dfrac{g}{2\omega^2}(b^2 \omega^2 t^2 + a^2 \sin^2 \omega t).$

Für $\omega \to 0$ erhält man die üblichen Gleichungen für die Bewegung eines Massenpunktes bei feststehender Erde:

$$x(t) = u\,t,\quad y(t) = v\,t,\quad z(t) = w\,t - \frac{g}{2}t^2.$$

§ 16. Anomales System von simultanen Differentialgleichungen unter erfüllbaren Anfangsbedingungen

Wenn die Koeffizienten der höchsten Ableitungen die Ungleichung (15.7) nicht befriedigen, wenn also

(16.1) $\qquad \det \| a_{ik} \| = 0$

ist, so nennen wir das System *anomal*. Ein solches hat ganz andere Eigenschaften als das normale System, wie sie S. 77, Ziffer 1—3, aufgeführt sind. Die Determinante $D(s) = \det \|p_{ik}(s)\|$ ist nämlich unter der Voraussetzung (16.1) als Polynom in s von geringerem Grad als mn, so daß bei der Quotientenbildung in den Lösungen im Bildraum rationale Funktionen auftreten können, deren Zähler von gleichem oder größerem Grad als die Nenner sind. Ihnen entsprechen keine gewöhnlichen Originalfunktionen, sondern Distributionen (Anh. (19)), wodurch die Lösungen einen anderen Charakter als im Normalfall aufweisen. Ferner müssen im anomalen Fall die vorgegebenen *Anfangswerte*, wenn sie von den Lösungen wirklich angenommen werden sollen, gewisse Bedingungen erfüllen, können also nicht ganz beliebig gewählt werden. Wenn die durch die physikalische Aufgabenstellung geforderten Anfangswerte diese Bedingungen nicht erfüllen, so ist das Problem im herkömmlichen màthematischen Sinn unlösbar, ein Ergebnis, mit dem sich die Praxis aber nicht zufrieden geben kann, weil ja auch unter solchen Anfangsbedingungen der physikalische Vorgang irgendwie ablaufen muß. Es wird sich zeigen, daß die Distributionstheorie einen Ausweg aus diesem Dilemma ermöglicht.

Die angeführten Tatsachen sieht man am klarsten an einem speziellen *Beispiel* ein, wo sich die Lösungen in allen Einzelheiten verfolgen lassen. Wir betrachten folgendes System zweiter Ordnung von zwei simultanen Differentialgleichungen mit zwei unbekannten Funktionen

(16.2) $$y_1' + y_1 + 2 y_2 = f(t)$$
(16.3) $$y_1'' + 5 y_1 + 3 y_2' = 0.$$

Von der Erregung $f(t)$ setzen wir voraus, daß sie stetig ist bis auf isolierte Stellen, wo sie Sprünge, also limites von links und von rechts besitzt. Insbesondere soll $f(+0)$ existieren (was z. B. auf $f(t) = t^{-1/2}$ nicht zuträfe). Da von y_1 die zweite, von y_2 aber nur die erste Ableitung in den Gleichungen auftritt, kommen nur die Anfangswerte $y_1(+0), y_1'(+0), y_2(+0)$ in Frage. Die Determinante aus den Koeffizienten von y_1'', y_2'' ist $\begin{Vmatrix} 0 & 0 \\ 1 & 0 \end{Vmatrix} = 0$, so daß der anomale Fall vorliegt.

Man sieht nun sofort, daß die drei Anfangswerte nicht beliebig gewählt werden können, wenn sie mit der Struktur des Systems (16.2, 3) verträglich sein sollen. Denn in (16.2) kommen keine zweiten Ableitungen vor, sondern nur solche, für die man Anfangswerte zu geben hat. Läßt man in (16.2) t gegen 0 streben, so ergibt sich:

(16.4) $$y_1'(+0) + y_1(+0) + 2 y_2(+0) = f(+0).$$

Wenn die Anfangswerte von den Lösungen wirklich angenommen werden können, so müssen sie diese Relation erfüllen. Man kann also z. B. $y_1(+0)$ und $y_2(+0)$ frei wählen, aber $y_1'(+0)$ ist dann festgelegt.

Wir wollen hier einschalten, daß derartige Bindungen bei *jedem* anomalen System auftreten. Wenn in dem System (15.5) die Determinante m-ter Ordnung det $\|a_{ik}\|$ aus den Koeffizienten der höchsten Ableitungen verschwindet, so hat sie einen Rang[28] $r < m$. Dann kann man aber, wie aus der linearen Algebra bekannt ist, aus $m - r$ Gleichungen des Systems die höchsten Ableitungen vollständig eliminieren. Sie enthalten also nur Ableitungen, für die die Anfangswerte (15.6) vorzuschreiben sind. Läßt man in diesen Gleichungen t gegen 0 streben, so erhält man gewisse Relationen für diese Anfangswerte. Unter Umständen kann man noch weitere Relationen ableiten, wenn sich das Verfahren iterieren läßt.

---

[28]) Der Rang einer Determinante ist die Zeilen-(und Kolonnen-)anzahl der größten nichtverschwindenden Unterdeterminante.

§ 16. Anomales System unter erfüllbaren Anfangsbedingungen

Im obigen Beispiel brauchten wir keine Elimination durchzuführen, weil die eine der beiden Gleichungen bereits keine zweiten Ableitungen enthält. Mit Rücksicht auf den Gegenstand des nächsten Paragraphen führen wir die Bezeichnung

$$y_1(+0) = a, \quad y_1'(+0) = b, \quad y_2(+0) = c$$

ein und setzen nunmehr voraus, daß a, b, c tatsächlich der Relation

(16.5) $$a + b + 2c = f(+0)$$

genügen. Sie ist z. B. erfüllt, wenn $a = b = c = f(+0) = 0$ ist.

Durch Anwendung der $\mathfrak{L}$-Transformation auf das System (16.2, 3) entsteht für die Bildfunktionen $Y_1(s)$, $Y_2(s)$ das lineare algebraische System

(16.6)
$$(s+1) Y_1(s) + 2 Y_2(s) = F(s) + a$$
$$(s^2 + 5) Y_1(s) + 3s Y_2(s) = as + b + 3c.$$

Die Determinante ist

$$D(s) = s^2 + 3s - 10 = (s-2)(s+5),$$

die Lösungen lauten:

$$Y_1(s) = \frac{1}{D(s)} (3s F(s) + as - 2b - 6c)$$

$$Y_2(s) = \frac{1}{D(s)} \left(-(s^2 + 5) F(s) + (a + b + 3c) s - 5a + b + 3c\right).$$

Durch Partialbruchzerlegung erhält man:

(16.7) $$Y_1(s) = F(s) \left(\frac{6/7}{s-2} + \frac{15/7}{s+5}\right) + \frac{2}{7} \frac{a-b-3c}{s-2} + \frac{1}{7} \frac{5a+2b+6c}{s+5}.$$

Die zugehörige Originalfunktion ist

(16.8) $$y_1(t) = \frac{1}{7} f(t) * \left(6e^{2t} + 15e^{-5t}\right) + \frac{2}{7}(a-b-3c) e^{2t} + \frac{1}{7}(5a+2b+6c) e^{-5t}.$$

Die Funktion $y_1(t)$ unterscheidet sich in ihrem Charakter nicht von den beim normalen System auftretenden Lösungen.

Ganz anders die Lösung $y_2(t)$! In $Y_2(s)$ ist der Faktor von $F(s)$ eine rationale Funktion, deren Zähler gleichen Grad wie der Nenner hat, ihr Original ist also eine Distribution. Man kann die Übersetzung aber auch elementar bewerkstelligen, indem man bei der Partialbruchzerlegung die rationale Funktion in eine solche mit kleinerem Zählergrad und eine Konstante aufspaltet. Dann erhält man:

(16.9) $$Y_2(s) = -F(s) \left(1 + \frac{9/7}{s-2} - \frac{30/7}{s+5}\right) + \frac{3}{7} \frac{-a+b+3c}{s-2} + \frac{2}{7} \frac{5a+2b+6c}{s+5}.$$

Die Übersetzung in den Originalraum ergibt:

(16.10) $\quad y_2(t) = -f(t) - \dfrac{1}{7} f(t) * (9\mathrm{e}^{2t} - 30\mathrm{e}^{-5t})$

$\quad\quad\quad + \dfrac{3}{7}(-a+b+3c)\,\mathrm{e}^{2t} + \dfrac{2}{7}(5a+2b+6c)\,\mathrm{e}^{-5t}.$

Im Gegensatz zum Normalfall tritt in $y_2(t)$ die Erregung $f(t)$ nicht bloß unter einem Faltungsintegral, das auch für unstetiges f stetig ist, sondern auch isoliert auf. $y_2(t)$ *hat also dieselben Unstetigkeiten wie* $f(t)$. Wenn die Erregung an einer Stelle einen Sprung aufweist, so macht $y_2(t)$ diesen Sprung mit. Unter den Antworten in einem anomalen System können somit *»sprungfähige«* vorkommen. Bei einem normalen System ist dies unmöglich.

Um festzustellen, welche Anfangswerte die Lösungen haben, bilden wir zunächst die Ableitung $y_1'(t)$ mit Hilfe von Satz 26.1:

(16.11) $\quad y_1'(t) = 3f(t) + \dfrac{1}{7} f(t) * (12\mathrm{e}^{2t} - 75\mathrm{e}^{-5t})$

$\quad\quad\quad + \dfrac{4}{7}(a-b-3c)\,\mathrm{e}^{2t} - \dfrac{5}{7}(5a+2b+6c)\mathrm{e}^{-5t}.$

Damit ergibt sich:

(16.12) $\quad \begin{aligned} & y_1(+0) = a, \; y_1'(+0) = 3f(+0) - 3a - 2b - 6c, \\ & y_2(+0) = -f(+0) + a + b + 3c. \end{aligned}$

Da a, b, c der Relation (16.5) genügen sollten, ist $y_1'(+0) = b$, $y_2(+0) = c$, so daß die Lösungen tatsächlich die vorgeschriebenen Anfangswerte haben.

Bemerkung: Man könnte die Anfangswerte auch unmittelbar aus den Bildfunktionen $Y_1(s)$, $Y_2(s)$ vermittels des Anfangswertsatzes 32.2 gewinnen.

§ 17. Anomales System von simultanen Differentialgleichungen unter nichterfüllbaren Anfangsbedingungen. Lösung durch Distributionen

Der Fall, daß die Anfangswerte die durch die Struktur eines anomalen Systems geforderten Bedingungen nicht erfüllen, kommt in der Praxis gerade besonders häufig vor. Das ist leicht erklärlich, wenn man sich das schon bei einer einzelnen Differentialgleichung S. 72 Gesagte vor Augen hält. Die bei einem Problem gegebenen Anfangswerte beschreiben den Zustand des physikalischen Systems zur Zeit $t = 0$, der *aus der Vergangenheit des Systems resultiert*. Die Anfangswerte sind also die Werte, mit denen die Funktionen, von negativen t herkommend, in den Nullpunkt eingelaufen sind. Daher sind sie sachgemäß als *Grenzwerte von links* mit $y(-0), y'(-0)$, usw. zu bezeichnen. Die Forderung, daß sie mit den durch die Funktionen für $t > 0$ bestimmten Grenzwerten von rechts $y(+0), y'(+0), \ldots$ (die bei der $\mathfrak{L}$-Transformation benötigt werden) übereinstimmen sollen, ist nun offenkundig i. allg. unerfüllbar. Denn sie bedeutet, daß der zukünftige Zustand $(t > 0)$ stetig an den vergangenen $(t < 0)$ anschließen soll. Das ist aber physikalisch nicht zu erwarten, denn der vergangene Zustand ist die Antwort auf irgendwelche unbekannte Erregungen, während der zukünftige Zustand von den gegebenen Erregungen $f(t)$ abhängt, die mit den früheren Erregungen in keinem Zusammenhang zu stehen brauchen. Nur dann, wenn die von den Zeiten $t < 0$ herrührenden Anfangswerte und die für $t > 0$ wirkenden Erregungen durch die Verträglichkeitsbedingungen, die ja beide enthalten (siehe (16.5)), aufeinander abgestimmt sind, ist der stetige Übergang von Vergangenheit und Zukunft gewährleistet[29]).

Man sieht hieraus, daß es vom physikalischen Standpunkt aus nicht sinnvoll ist, die klassische mathematische Auffassung zugrunde zu legen und zu verlangen, daß die Funktionen für $t \to +0$ stetig an die Anfangswerte anschließen, d. h. daß diese die Grenzwerte von rechts darstellen sollen. Bei dieser Auffassung ist das Problem für anomale Systeme i. allg. unlösbar.

Bezieht man aber die Vergangenheit $t < 0$ in die Betrachtung ein und deutet die Anfangswerte als Grenzwerte von links, so treten bei den Funktionen und ihren Ableitungen im Nullpunkt Sprünge, d. h. Differenzen zwischen $y(-0)$ und $y(+0)$, $y'(-0)$ und $y'(+0)$, usw. auf. Dadurch geht die Differenzierbarkeit im klassischen Sinn verloren, die die Voraussetzung jeder Differentialgleichung ist. Diese Schwierigkeit verschwindet nun aber, wenn man *die Lösungen statt als Funktionen als Distributionen auffaßt* und demgemäß die »Ableitungen« durch »Derivierte« (Anh. (11)) ersetzt. Denn diese haben auch für Funktionen mit Sprüngen einen Sinn. Es zeigt sich, daß man auf diese Weise eine (auf klassischem Boden aussichtslos erscheinende) mathematische Beschreibung des doch sicher vorhandenen physikalischen Ablaufs erhält, und daß auch in diesem Fall die Anwendung der $\mathfrak{L}$-Transformation möglich ist, obwohl diese zunächst infolge der Unkenntnis über die rechtsseitigen Anfangswerte zu versagen scheint.

Wir gehen bei der Durchführung dieses Programms in zwei Schritten vor.

1. Verschwindende Anfangswerte

Es genügt, eine der Lösungen des Systems zu betrachten, sie heiße $y(t)$. Wenn alle Anfangswerte (15.6), die wir jetzt als *Grenzwerte von links* $y^{(\nu)}(-0)$ ($\nu = 0, 1, \ldots, n-1$) ansehen, gleich 0 sind, so ist damit die Annahme verträglich, daß die Funktion $y(t)$ und also auch ihre Ableitungen sowie die Erregungen für $t < 0$ verschwinden. $y(t)$ ist dann in $-\infty < t < \infty$ defi-

---

[29]) Wie S. 72 betont wurde, ist bei einer *einzelnen* Differentialgleichung der stetige Anschluß immer vorhanden. Das liegt daran, daß hier det $\| a_{ik} \|$ nur aus dem Koeffizienten von $y^{(n)}$ besteht, also immer von 0 verschieden ist, so daß hier stets der Normalfall vorliegt.

niert. Wir betrachten nun $y(t)$ als *Distribution aus dem Raum* $\mathscr{D}'_+$ (Anh., III), dessen Elemente gerade die Eigenschaft haben, für $t < 0$ gleich 0 (genauer: gleich der Funktionsdistribution 0) zu sein. Dementsprechend sind die Ableitungen durch *Derivierte* zu ersetzen, die auch dann existieren, falls durch Nichtverschwinden der (vorläufig unbekannten) rechtsseitigen Ableitungen in $t = 0$ Sprünge auftreten. Natürlich sind die Erregungen jetzt ebenfalls als Distributionen aufzufassen.

Das als *Beispiel* betrachtete System (16.2, 3) lautet in der neuen Deutung:

(17.1)
$$Dy_1 + y_1 + 2y_2 = f(t)$$
$$D^2y_1 + 5y_1 + 3Dy_2 = 0.$$

Wendet man hierauf die $\mathfrak{L}$-Transformation im distributionstheoretischen Sinn an, so entsteht nach Regel V' (Anh., III) das Bildsystem

(17.2)
$$(s+1)Y_1(s) + 2Y_2(s) = F(s)$$
$$(s^2+5)Y_1(s) + 3sY_2(s) = 0.$$

Da es mit dem System (16.6) übereinstimmt, wenn man dort speziell $a = b = c = 0$ setzt, erhält man die Lösungen Y_1, Y_2 und die entsprechenden Originale y_1, y_2 einfach dadurch, daß man in den Gleichungen (16.7—10) auch $a = b = c = 0$ setzt, wobei aber y_1 und y_2 jetzt als Distributionen aus dem Raum $\mathscr{D}'_+$ aufzufassen sind.

Wie man sieht, hätte man — abgesehen von dieser neuen Deutung — dasselbe Resultat erhalten, wenn man skrupellos auf die ursprünglichen Differentialgleichungen die $\mathfrak{L}$-Transformation unter Verwendung der gegebenen (verschwindenden) linksseitigen an Stelle der rechtsseitigen Anfangswerte angewendet hätte.

Wir wollen noch feststellen, welche *rechtsseitigen Anfangswerte* die Lösungen haben. Man kann sie aus den früher berechneten Werten (16.12) entnehmen, wenn man dort wieder $a = b = c = 0$ setzt:

(17.3) $\qquad y_1(+0) = 0, \quad y_1'(+0) = 3f(+0), \quad y_2(+0) = -f(+0).$

Also schließt $y_1(t)$ stetig an den Wert $y_1(-0) = 0$ an, dagegen hat, wenn $f(+0) \neq 0$ ist, $y_1'(+0)$ in $t = 0$ den Sprung $3f(+0)$ und $y_2(t)$ den Sprung $-f(+0)$.

Es ist interessant, sich davon zu überzeugen, wie die Lösungen es fertigbringen, als Distributionen die Gleichungen (17.1) zu befriedigen. Dazu haben wir die Derivierten zu bilden, was wir vermittels der Formel Anh. (12) ausführen. Im Fall des Verschwindens der linksseitigen Grenzwerte lautet sie:

(17.4) $\qquad D^\nu y = y^{(\nu)} + y(+0)\,\delta^{(\nu-1)} + \ldots + y^{(\nu-1)}(+0)\,\delta.$

Unter Beachtung von (17.3) erhält man:

$$Dy_1 = y_1', \quad D^2y_1 = y_1'' + 3f(+0)\,\delta, \quad Dy_2 = y_2' - f(+0)\,\delta,$$

wo die gestrichenen Größen die gewöhnlichen Ableitungen für $t > 0$ sind. Damit ergibt sich für die Gleichungen (17.1):

$$y_1' + y_1 + 2y_2 = f(t)$$
$$y_1'' + 3f(+0)\,\delta + 5y_1 + 3y_2' - 3f(+0)\,\delta = 0.$$

Die mit δ behafteten Glieder heben sich weg, und es bleibt das System (16.2, 3) übrig, das in der Tat von den Funktionen im gewöhnlichen Sinn erfüllt wird.

2. Beliebige Anfangswerte

Wenn die gegebenen Anfangswerte $y(-0)$, $y'(-0)$, ... nicht sämtlich 0 sind, so kann y für $t < 0$ nicht $\equiv 0$ sein. Es genügt also nicht, y als Distribution aus $\mathscr{D}_+'$ anzusehen, wobei die Derivierten durch die Formel (17.4) ausgedrückt würden. Sie müssen jetzt vielmehr die vollständige Gestalt von Formel Anh. (12) haben:

(17.5) $\quad D^\nu y = y^{(\nu)} + [y(+0) - y(-0)]\,\delta^{(\nu-1)} + \ldots + [y^{(\nu-1)}(+0) - y^{(\nu-1)}(-0)]\,\delta.$

Dies läßt sich nur dadurch erreichen, daß man (17.4) durch den fehlenden, aus den linksseitigen Ableitungen gebildeten Ausdruck ergänzt, d. h. daß man $y^{(\nu)}$ nicht nur durch D^ν, sondern durch den ergänzten Ausdruck

(17.6) $\quad\quad D^\nu y - y(-0)\,\delta^{(\nu-1)} - \ldots - y^{(\nu-1)}(-0)\,\delta$

ersetzt. Dadurch wird die Vergangenheit in die Betrachtung einbezogen und der vorliegenden Situation von nichtverschwindenden linksseitigen Grenzwerten Rechnung getragen. Erst durch diese Änderung an den Differentialgleichungen beschreibt das System den physikalischen Vorgang mathematisch richtig. Anschauungsmäßig ist diese Prozedur völlig einleuchtend: Für $t > 0$ werden die Differentialgleichungen dadurch gar nicht berührt, weil die δ, δ' usw. für $t > 0$ gleich 0 sind; nur im Nullpunkt wird das sprunghafte Verhalten der Ableitungen nunmehr mathematisch richtig erfaßt.

Hat man in dem Differentialgleichungssystem alle Ableitungen durch Ausdrücke der Form (17.6) ersetzt und wendet die $\mathfrak{L}$-Transformation im distributionstheoretischen Sinn an, so wird nach Regel V' (Anh., III) und Anh. (19) aus jedem Term der Form (17.6) ein Glied der Gestalt

(17.7) $\quad\quad s^\nu Y(s) - y(-0)\,s^{\nu-1} - \ldots - y^{(\nu-1)}(-0).$

Genau denselben Ausdruck würde man aber erhalten haben, wenn man auf die ursprünglich dastehende Ableitung $y^{(\nu)}$ skrupellos die Regel V für Funktionen angewendet und an Stelle der dort vorkommenden rechtsseitigen Anfangswerte die gegebenen linksseitigen eingesetzt hätte.

Ergebnis: Man darf in jedem Fall, auch wenn das System anomal ist, bei der $\mathfrak{L}$-Transformation die alte Regel V anwenden und als Anfangswerte die gegebenen einsetzen. Die erhaltenen Lösungen sind dann als Distributionen aus $\mathscr{D}'_+$ aufzufassen, was aber für $t > 0$ ohne Bedeutung ist und nur das sprunghafte Verhalten der Funktionen und ihrer Ableitungen im Nullpunkt mathematisch exakt beschreibt.

In dem *Beispiel* (16.2, 3) erhält man daher bei ganz beliebigen Anfangswerten a, b, c die Lösungen (16.8, 10). Die rechtsseitigen Anfangswerte sind durch (16.12) gegeben, die Sprünge in $t = 0$ durch

$$y_1(+0) - a = 0, \quad y_1'(+0) - b = 3[f(+0) - (a + b + 2c)],$$
$$y_2(+0) - c = -f(+0) + (a + b + 2c).$$

Wenn die Bedingung (16.5) erfüllt ist, sind die Sprünge gleich 0. Da die Werte a, b, c zwangsläufig durch die Vergangenheit bestimmt sind, sieht man, daß die Sprünge aus einem nicht hierzu passenden Wert $f(+0)$ resultieren. Die Funktionen können dann von den Anfangswerten aus nur durch Sprünge in den durch die Differentialgleichungen vorgeschriebenen Ablauf hineinfinden.

§ 18. Die in der Technik übliche Methode der Reduktion eines Systems von Differentialgleichungen durch Elimination auf eine einzelne Gleichung für eine Unbekannte

In der technischen Literatur wird heutzutage noch manchmal eine Methode zur Lösung eines Systems von Differentialgleichungen verwendet, die zwar letzten Endes auch die $\mathfrak{L}$-Transformation benutzt, zuvor aber eine Manipulation ausführt, die aus der Zeit stammt, als man noch nicht über die direkte Lösung durch $\mathfrak{L}$-Transformation verfügte. Da die in den rein-mathematischen Lehrbüchern angegebene klassische Methode bei Anfangswertproblemen praktisch überhaupt nicht durchführbar ist, half man sich dadurch, daß man aus dem System durch Elimination einzelne Differentialgleichungen für die einzelnen Unbekannten ableitete. Dieses Verfahren muß Annahmen machen, die oft nicht erfüllt sind, und ist mit Schwierigkeiten bezüglich der Anfangswerte verknüpft. Wir zeigen das an dem Beispiel des Systems zweiter Ordnung mit zwei unbekannten Funktionen und nur einer von 0 verschiedenen Erregungsfunktion:

(18.1)
$$p_{11}\left(\frac{d}{dt}\right) y_1 + p_{12}\left(\frac{d}{dt}\right) y_2 = f(t)$$
$$p_{21}\left(\frac{d}{dt}\right) y_1 + p_{22}\left(\frac{d}{dt}\right) y_2 = 0$$

mit

$$p_{ik}\left(\frac{d}{dt}\right) = a_{ik} \frac{d^2}{dt_2} + b_{ik} \frac{d}{dt} + c_{ik},$$

wobei wir annehmen wollen, daß der Normalfall vorliegt, was aber für

§ 18. Reduktion eines Systems auf eine einzelne Gleichung

die Betrachtung unwesentlich ist. Gegeben sind die Anfangswerte

(18.2) $\qquad y_1(0), y_1'(0); \; y_2(0), y_2'(0).$

Man stellt nun durch Elimination eine einzelne Gleichung für eine Unbekannte, z. B. y_1, her. Das ist in speziellen Fällen oft auf einfache Weise, aber auch ganz allgemein stets dadurch möglich, daß man die Operatoren $p_{ik}(d/dt)$ wie gewöhnliche Faktoren behandelt und auf (18.1) die Cramersche Regel anwendet:

$$(18.3) \quad \begin{vmatrix} p_{11}\left(\dfrac{d}{dt}\right) & p_{12}\left(\dfrac{d}{dt}\right) \\ p_{21}\left(\dfrac{d}{dt}\right) & p_{22}\left(\dfrac{d}{dt}\right) \end{vmatrix} y_1 = \begin{vmatrix} f(t) & p_{12}\left(\dfrac{d}{dt}\right) \\ 0 & p_{22}\left(\dfrac{d}{dt}\right) \end{vmatrix}.$$

Multipliziert man die Determinanten aus, so entsteht links ein Polynom vierten, rechts zweiten Grades in d/dt. Die Gleichung hat also die Gestalt

$$(18.4) \quad a_4 \frac{d^4}{dt^4} y_1 + a_3 \frac{d^3}{dt^3} y_1 + a_2 \frac{d^2}{dt^2} y_1 + a_1 \frac{d}{dt} y_1 + a_0 y_1 \\ = b_2 \frac{d^2}{dt^2} f + b_1 \frac{d}{dt} f + b_0 f.$$

Bei der Ableitung dieser Differentialgleichung für y_1 wird stillschweigend vorausgesetzt, daß $f(t)$ zweimal differenzierbar ist, was in der Praxis häufig nicht gewährleistet ist, z. B. wenn $f(t)$ Sprünge aufweist. (Man müßte dann die Ableitungen durch Derivierte von Distributionen ersetzen, wodurch der δ-Impuls und seine Derivierten hereinkämen.) Ohne sich um dieses Bedenken zu kümmern, wird nun auf die Gleichung (18.4) die $\mathfrak{L}$-Transformation angewendet. Dazu braucht man für f die Anfangswerte $f(0), f'(0)$, die bekannt sind, da $f(t)$ gegeben ist, und für y_1 die Anfangswerte $y_1(0), y_1'(0), y_1''(0), y_1'''(0)$, von denen aber nur die zwei ersten gegeben sind. Man könnte die fehlenden Werte dadurch bestimmen, daß man in den Gleichungen (18.1) $t = 0$ setzt und zu den 4 Werten (18.2) die Werte $y_1''(0), y_2''(0)$ ausrechnet; dann die Gleichungen (18.1) differenziert und $y_1'''(0)$ ausrechnet. Das ist sehr umständlich und wird in der Praxis nie gemacht. Man beschränkt sich vielmehr auf den Fall, daß das physikalische System aus dem Ruhezustand heraus erregt wird, d. h. daß die Anfangswerte (18.2) alle gleich 0 sind. Weiter wird kurzerhand auch $y_1''(0) = y_1'''(0) = 0$ und obendrein $f(0) = f'(0) = 0$ gesetzt. Die $\mathfrak{L}$-Transformation von (18.4) liefert dann einfach

$$(18.5) \quad (a_4 s^4 + a_3 s^3 + a_2 s^2 + a_1 s + a_0) Y_1(s) = (b_2 s^2 + b_1 s + b_0) F(s),$$

woraus $Y_1(s)$ berechnet wird.

Die Herleitung ist offenkundig falsch, denn mit den gleich 0 gesetzten Werten (18.2) ergibt sich aus (18.1) i. allg. keineswegs $y_1''(0) = y_1'''(0) = 0$, und $f(0) = f'(0) = 0$ ist i. allg. auch nicht erfüllt.

Trotz dieser Fehler ist das Resultat (18.5) bei verschwindenden Anfangswerten (18.2) zufälligerweise richtig. Unterwirft man nämlich unter dieser Voraussetzung das System (18.1) unmittelbar der $\mathfrak{L}$-Transformation, so erhält man

(18.6)
$$p_{11}(s)\,Y_1 + p_{12}(s)\,Y_2 = F(s)$$
$$p_{21}(s)\,Y_1 + p_{22}(s)\,Y_2 = 0,$$

was formal mit (18.1) übereinstimmt, wenn man dort d/dt durch s und die kleinen Buchstaben durch große ersetzt. Infolgedessen braucht man zur Auflösung von (18.6) nach Y_1 auch nur in den Gleichungen (18.3) und (18.4) denselben Ersatz vorzunehmen, was offenkundig zu der Gleichung (18.5) führt. Da diese nunmehr auf einwandfreie Weise abgeleitet ist, sieht man, daß in dem Spezialfall verschwindender Anfangswerte die Eliminationsmethode das richtige Resultat ergibt, aber auf einem illegitimen Weg.

Dasselbe kann man auf umständlichere Weise erkennen, indem man die nicht bekannten Anfangswerte $y_1''(0)$, $y_1'''(0)$ wie oben angegeben ausrechnet und bei der Transformation von (18.4) in die Bildgleichung einsetzt. Es stellt sich dann nämlich heraus, daß die durch sie eingeführten Glieder sich gegen die mit den Anfangswerten von $f(t)$ behafteten Glieder aufheben. Man muß dabei allerdings die mehrmalige Differenzierbarkeit von $f(t)$ voraussetzen.

Wenn die gegebenen Anfangswerte (18.2) nicht verschwinden, kommt man mit der Eliminationsmethode und nachfolgender $\mathfrak{L}$-Transformation auf dem obigen illegitimem Weg natürlich nicht ans Ziel. Da in der unmittelbaren Anwendung der $\mathfrak{L}$-Transformation auf das gegebene Differentialgleichungssystem eine einwandfreie, in *jedem* Fall brauchbare und den wenigsten Aufwand erfordernde Methode vorliegt, ist unbedingt anzuraten, die heute noch weitverbreitete Eliminationsmethode überhaupt nicht mehr zu verwenden.

In manchen Darstellungen von technischen Autoren wird der Differentialgleichung vom Typus (18.4), bei der links und rechts auf die gesuchte bzw. die gegebene Funktion je ein Differentialoperator angewendet wird, eine ausführliche Betrachtung gewidmet und sie sozusagen als der »wahre Typus« einer Differentialgleichung hingestellt. Bei der richtigen Behandlung des Systems tritt aber eine Gleichung dieses Typs überhaupt nicht auf.

§ 19. Ein System von Differentialgleichungen mit intervallweise verschiedener Struktur

Die Tatsache, daß man bei Anwendung der $\mathfrak{L}$-Transformation die Anfangswerte so leicht berücksichtigen kann, wirkt sich z. B. dann günstig aus, wenn *die Konstanten des Systems und die Erregungsfunktionen nicht universell für alle $t > 0$ vorgegeben* sind, sondern sich sprunghaft ändern, sobald eine der Unbekannten gewisse Werte über- oder unterschreitet. Dies trifft z. B. bei einem Regelkreis zu, der eine Unempfindlichkeitszone besitzt, innerhalb deren die Regelgröße sich bewegen kann, ohne daß ein Eingriff des Reglers erfolgt. Dann hat man die Integration der Gleichungen bis zu der Stelle durchzuführen, wo die betreffende Unbekannte den kritischen Wert erreicht, die dort vorliegenden Werte der Unbekannten abzulesen und mit diesen als neuen Anfangswerten die Integration fortzusetzen, bis wieder ein kritischer Wert erreicht wird usw.

Wir illustrieren dieses Verfahren durch ein Beispiel, das die mathematische Beschreibung eines Regelkreises der obigen Art darstellt[30]). Es handelt sich um ein System von zwei Differentialgleichungen mit zwei Unbekannten $y_1(t)$, $y_2(t)$. Die erste Gleichung hat die übliche Gestalt, wobei die Erregungsfunktion gleich einem Multiplum des Einheitssprungs ist. Die zweite Gleichung aber schreibt vor, daß $y_2'(t)$ verschwindet, solange $y_1(t)$ zwischen den Grenzen $-\eta$ und $+\eta$ liegt, daß dagegen $y_2'(t)$ gleich $-y_1(t) \pm \eta$ sein soll, sobald $y_1(t)$ außerhalb dieser Grenzen liegt, wobei das Vorzeichen von η mit dem von $y_1(t)$ übereinstimmen soll. Explizit lauten die beiden Gleichungen (δ ist ein Dämpfungsmaß, ω eine Frequenz):

$$y_1' + 2\delta y_1 - (\delta^2 + \omega^2) y_2 = c\, u(t)$$

$$y_2' = \begin{cases} 0 & \text{für } |y_1| \leq \eta \\ -y_1 + (\text{sign } y_1)\, \eta & \text{für } |y_1| > \eta. \end{cases}$$

Als Anfangswerte werden vorgeschrieben:

$$y_1(+0) = 0, \qquad y_2(+0) = 0.$$

Wegen $y_1(+0) = 0$ ist anfänglich sicher $|y_1| \leq \eta$, also $y_2'(t) = 0$ und somit wegen $y_2(+0) = 0$ eine Zeitlang $y_2(t) = 0$. Die erste Gleichung reduziert sich daher für eine gewisse Zeitspanne rechts von $t = 0$ auf

$$y_1' + 2\delta y_1 = c\, u(t).$$

Wir tun so, als ob dies für alle $t > 0$ gelten würde, und wenden die $\mathfrak{L}$-Transformation an. Nachträglich steht es uns dann frei, die Lösung nur bis zu einem bestimmten Wert $t = T_1$ zu benutzen. Wegen $y_1(+0) = 0$ lautet die Bildgleichung:

$$s Y_1 + 2\delta Y_1 = \frac{c}{s}.$$

Zu ihrer Lösung

$$Y_1 = \frac{c}{s(s + 2\delta)} = \frac{c}{2\delta}\left(\frac{1}{s} - \frac{1}{s + 2\delta}\right)$$

---

[30]) Beschreibung dieses Regelkreises, Herleitung der Gleichungen und Durchführung der Rechnungen siehe bei R. OLDENBOURG: *Anwendung der Laplace-Transformation bei abschnittsweise linearen Regelvorgängen*, in dem Sammelwerk: *Die Laplace-Transformation und ihre Anwendung in der Regelungstechnik* (Beiheft zur „Regelungstechnik"), S. 104—114. Oldenbourg-Verlag, München 1955.

gehört die Originalfunktion

$$y_1(t) = \frac{c}{2\delta}(1 - e^{-2\delta t}).$$

Für $\delta > 0$ wächst diese Funktion von 0 an monoton gegen den Wert $\frac{c}{2\delta}$. Ist $\eta \geq \frac{c}{2\delta}$, so bleibt stets $y_1(t) < \eta$, und in der Gleichung für y_2' gilt immer die erste Zeile, d. h. es ist $y_1(t)$ gleich der eben gefundenen Funktion und $y_2(t) = 0$ für alle $t > 0$. Wenn aber (siehe Bild 19.1)

$$\eta < \frac{c}{2\delta}$$

ist, so gibt es ein $t = T_1$, wo $y_1(T_1) = \eta$ wird. T_1 bestimmt sich aus der Gleichung

$$\frac{c}{2\delta}(1 - e^{-2\delta T_1}) = \eta$$

zu

$$T_1 = \frac{1}{2\delta} \log \frac{c}{c - 2\delta\eta}.$$

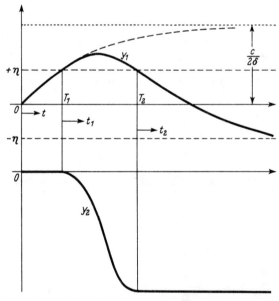

Bild 19.1   Regelgröße und Stellgröße einer Regelung mit Unempfindlichkeitszone.

Wir machen nun den Zeitpunkt T_1 zum Anfangspunkt einer neuen Zeitskala t_1, indem wir $t = t_1 + T_1$ setzen. Die Differentiationsstriche sollen sich jetzt auf die Differentiation nach t_1 beziehen. Da von T_1 an $y_1 \geq \eta$ ist, gilt

§ 19. Ein System mit intervallweise verschiedener Struktur

nunmehr in der zweiten Differentialgleichung die zweite Zeile, so daß das System die Gestalt hat:

$$y_1' + 2\delta y_1 - (\delta^2 + \omega^2) y_2 = c\, u(T_1 + t_1)$$
$$y_1 \qquad\qquad + y_2' = \eta.$$

Die Anfangsbedingungen lauten:

$$y_1(T_1 + 0) = \eta, \qquad y_2(T_1 + 0) = 0$$

(denn bisher war y_2 dauernd 0). Wir tun wieder so, als ob das System für alle $t_1 > 0$ gültig wäre und transformieren es:

$$s Y_1 - \eta + 2\delta Y_1 - (\delta^2 + \omega^2) Y_2 = \frac{c}{s}$$
$$Y_1 \qquad\qquad + s Y_2 = \frac{\eta}{s}.$$

Hieraus ergibt sich:

$$Y_1 = \eta \frac{s + \dfrac{c}{\eta} + (\delta^2 + \omega^2)\dfrac{1}{s}}{s^2 + 2\delta s + \delta^2 + \omega^2},$$

$$Y_2 = \frac{2\delta\eta - c}{s(s^2 + 2\delta s + \delta^2 + \omega^2)}.$$

Zur Rücktransformation benötigen wir die Formeln (TAB. 47, 48; Regel IV, V):

$$\frac{1}{(s+\delta)^2 + \omega^2} \;\bullet\!\!-\!\!\circ\; \frac{1}{\omega} e^{-\delta t_1} \sin \omega t_1,$$

$$\frac{s}{(s+\delta)^2 + \omega^2} \;\bullet\!\!-\!\!\circ\; \frac{d}{dt_1}\left(\frac{1}{\omega} e^{-\delta t_1} \sin \omega t_1\right) = \frac{1}{\omega} e^{-\delta t_1} (-\delta \sin \omega t_1 + \omega \cos \omega t_1),$$

$$\frac{\delta^2 + \omega^2}{s[(s+\delta)^2 + \omega^2]} = \frac{1}{s} - \frac{s+\delta}{(s+\delta)^2 + \omega^2} - \frac{\delta}{(s+\delta)^2 + \omega^2}$$

$$\bullet\!\!-\!\!\circ\; 1 - e^{-\delta t_1} \cos \omega t_1 - \frac{\delta}{\omega} e^{-\delta t_1} \sin \omega t_1.$$

Damit erhalten wir:

$$y_1(t_1 + T_1) = \eta \left[1 + \frac{1}{\omega}\left(\frac{c}{\eta} - 2\delta\right) e^{-\delta t_1} \sin \omega t_1\right],$$

$$y_2(t_1 + T_1) = \frac{2\delta\eta - c}{\delta^2 + \omega^2}\left[1 - e^{-\delta t_1}\left(\frac{\delta}{\omega} \sin \omega t_1 + \cos \omega t_1\right)\right].$$

y_1 geht von dem Wert η aus und benimmt sich wie eine gedämpfte sinus-Funktion, steigt also zunächst an und sinkt dann wieder. Es erreicht den Wert η in einem Punkt $t_1 = T_2$, der sich aus $\sin \omega T_2 = 0$ zu

$$T_2 = \frac{\pi}{\omega}$$

bestimmt. Diesen Zeitpunkt T_2 nehmen wir nun wieder zum Ausgangspunkt einer neuen Zeitskala t_2. Von $t_1 = T_2$, d. h. $t_2 = 0$ an gilt in der zweiten Differentialgleichung die erste Zeile, weil nunmehr $y_1 < \eta$ wird. Die neuen Anfangswerte sind

$$y_1(T_1 + T_2 + 0) = \eta, \qquad y_2(T_1 + T_2 + 0) = \frac{2\delta\eta - c}{\delta^2 + \omega^2}\left[1 + \frac{\delta}{\omega}e^{-\delta\frac{\pi}{\omega}}\right].$$

Da y_2' von jetzt an gleich 0 ist, behält y_2 diesen konstanten Anfangswert, während sich y_1 aus der Gleichung

$$y_1' + 2\delta y_1 - (\delta^2 + \omega^2)y_2(T_1 + T_2) = c u(T_1 + T_2 + t_2)$$

bestimmt. Nach dem Vorhergehenden ist klar, wie dieser Prozeß fortzusetzen ist.

§ 20. Das Gleichungssystem eines elektrischen Netzwerks

Bei der Bestimmung der Ströme und Spannungen in elektrischen Netzwerken wird man auf ein System von Funktionalgleichungen geführt, das große Ähnlichkeit mit einem System von Differentialgleichungen besitzt, wie es in § 15 behandelt wurde, aber in einem wesentlichen Punkt von ihm abweicht. Wegen der großen Bedeutung der Netzwerktheorie wollen wir die Lösung dieses Systems mit $\mathfrak{L}$-Transformation noch eigens vorführen.

Wir betrachten zunächst *einen einzelnen geschlossenen Stromkreis* mit konzentrierten Konstanten: der Induktivität L, dem Ohmschen Widerstand R und der Kapazität C. In ihm befindet sich ein Generator, der die zeitlich veränderliche Spannung $e(t)$ erzeugt, wodurch ein Strom von der Stärke $i(t)$ fließt. Der Spannungsverlust an L ist gleich $L\frac{di}{dt}$, an R gleich Ri, an C gleich $\frac{1}{C}\int_{-\infty}^{t} i(\tau)\,d\tau$. Nach der Kirchhoffschen Stromkreisregel ist die Summe dieser Verluste gleich der eingeprägten EMK $e(t)$, so daß die Gleichung gilt:

$$(20.1) \qquad L\frac{di}{dt} + Ri + \frac{1}{C}\int_{-\infty}^{t} i(\tau)\,d\tau = e(t).$$

Das ist eine *Integrodifferentialgleichung* für $i(t)$. Man könnte hieraus eine Differentialgleichung zweiter Ordnung machen, indem man die Ladung $k(t) = \int_{-\infty}^{t} i(\tau)\,d\tau$ des Kondensators als neue Variable einführt:

$$(20.2) \qquad L\frac{d^2k}{dt^2} + R\frac{dk}{dt} + \frac{1}{C}k = e(t),$$

oder die Gleichung nach t differenziert. Letzteres ist aber nur möglich,

§ 20. *Das Gleichungssystem eines elektrischen Netzwerks*

wenn $e(t)$ differenzierbar ist, was sehr häufig nicht zutrifft, z. B. wenn $e(t)$ durch eine Sprungfunktion dargestellt wird. Jedoch ist für die Anwendung der $\mathfrak{L}$-Transformation die Umwandlung in eine Differentialgleichung gar nicht nötig. Setzt man

$$\int_{-\infty}^{t} i(\tau)\, d\tau = \int_{0}^{t} i(\tau)\, d\tau + \int_{-\infty}^{0} i(\tau)\, d\tau = \int_{0}^{t} i(\tau)\, d\tau + \gamma,$$

so gilt nach Regel VII:

$$\int_{-\infty}^{t} i(\tau)\, d\tau \; \circ\!\!-\!\!\bullet \; \frac{1}{s} I(s) + \frac{\gamma}{s},$$

so daß man die Bildgleichung zu (18.1) sofort anschreiben kann.

Wir nehmen in der Folge zwecks Erreichung eines besseren Überblicks an, daß der Stromkreis bis $t = 0$ in Ruhe war, so daß

$$i(t) = 0 \quad \text{für} \quad t \leq 0,$$

also $\gamma = 0$ ist. Dann lautet die Bildgleichung von (18.1):

$$L s I(s) + R I(s) + \frac{1}{Cs} I(s) = E(s)$$

oder mit

$$L s + R + \frac{1}{Cs} = Z(s):$$

(20.3) $$Z(s)\, I(s) = E(s).$$

Überträgt man wie in § 12 bei der Eingangs- und Ausgangsfunktion die Namen aus dem Originalraum in den Bildraum und nennt $I(s)$ »Strom« und $E(s)$ »Spannung«, so liegt in der Sprache des Bildraums einfach das Ohmsche Gesetz vor, wenn man $Z(s)$ »Widerstand« nennt. Statt dessen gebraucht man für $Z(s)$ das Wort »*Impedanz*« und für den reziproken Wert $Y(s) = 1/Z(s)$, die »Leitfähigkeit«, das Wort »*Admittanz*«. Im Bildraum kann man nun einen geschlossenen Stromkreis, der Induktivität, Widerstand und Kapazität besitzt und durch die Integrodifferentialgleichung (20.1) regiert wird, viel einfacher so behandeln wie einen *Stromkreis, der nur den Widerstand Z besitzt und dem Ohmschen Gesetz gehorcht.* Daher braucht man bei einer Skizze statt der üblichen Bilder für L, R, C (siehe Bild 20.1a) bloß

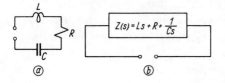

Bild 20.1 LRC-Stromkreis und äquivalente Impedanz.

96   Kapitel 3: Gewöhnliche Differentialgleichungen

einen Block zu zeichnen und den Funktionsausdruck für $Z(s)$ hineinzuschreiben (siehe Bild 20.1b), ähnlich wie es früher bei einem System, das durch eine Differentialgleichung regiert wurde, mit der Übertragungsfunktion $G(s)$ geschah.

Wenn zwei Kreise mit den Impedanzen Z_1, Z_2 in Serie geschaltet werden, so entsteht ein Kreis mit der Impedanz $Z = Z_1 + Z_2$ (siehe Bild 20.2a). Werden zwei Kreise mit den Admittanzen $Y_1 = 1/Z_1$, $Y_2 = 1/Z_2$ parallel geschaltet, so entsteht ein Kreis mit der Admittanz $Y = Y_1 + Y_2$ (siehe Bild 20.2b).

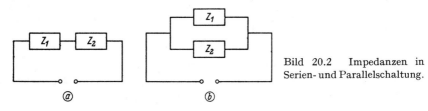

Bild 20.2   Impedanzen in Serien- und Parallelschaltung.

Die Beschreibung der Zusammenhänge in der Sprache des Bildraums bewährt sich nun besonders, wenn viele Stromkreise (Maschen) zu einem *Netzwerk* zusammengeschaltet werden, weil die komplizierten Differential- und Integralbeziehungen im Originalraum durch lineare algebraische Relationen im Bildraum wiedergegeben werden. Wir zeigen das an dem in Bild 20.3 dargestellten Netzwerk, das zwei Eingangs- und zwei Ausgangsklemmen hat, also ein Vierpol ist. An den Eingang ist ein Generator mit der Spannung e_1 angelegt; gesucht ist die Spannung e_0 am Ausgang.

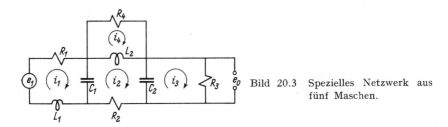

Bild 20.3   Spezielles Netzwerk aus fünf Maschen.

Man geht so vor, daß man zunächst jeder Masche einen Maschenstrom $i_\nu(t)$ zuschreibt und eine Stromrichtung willkürlich als positiv festlegt (im Bild immer die im Uhrzeigersinn). Dann wird auf jede einzelne Masche die Stromkreisregel angewendet. Dabei ist zu beachten, daß bei unserem Netzwerk in der durch i_1 gekennzeichneten Masche bei C_1 der Strom $i_1 - i_2$ zu berücksichtigen ist, in der durch i_2 gekennzeichneten Masche bei L_2 der Strom $i_2 - i_4$, usw.

Die Kirchhoffschen Gleichungen lauten also:

§ 20. Das Gleichungssystem eines elektrischen Netzwerks

$$R_1 i_1 + \frac{1}{C_1} \int_0^t \left(i_1 - i_2\right) d\tau + L_1 \frac{d}{dt} i_1 = e_1$$

$$L_2 \frac{d}{dt} \left(i_2 - i_4\right) + \frac{1}{C_2} \int_0^t \left(i_2 - i_3\right) d\tau + R_2 i_2 + \frac{1}{C_1} \int_0^t \left(i_2 - i_1\right) d\tau = 0$$

$$R_3 i_3 + \frac{1}{C_2} \int_0^t (i_3 - i_2) d\tau = 0$$

$$R_4 i_4 + L_2 \frac{d}{dt} (i_4 - i_2) = 0$$

$$R_3 i_3 = e_0.$$

Durch $\mathfrak{L}$-Transformation gehen sie unter der oben gemachten Voraussetzung, daß das Netzwerk bis $t = 0$ in Ruhe war, in die folgenden, nach den unbekannten Größen I_ν und E_0 geordneten linearen algebraischen Gleichungen über:

$$\left(L_1 s + R_1 + \frac{1}{C_1 s}\right) I_1 \qquad\qquad - \frac{1}{C_1 s} I_2 \qquad\qquad\qquad\qquad\qquad = E_1$$

$$- \frac{1}{C_1 s} I_1 + \left(L_2 s + R_2 + \frac{1}{C_2 s} + \frac{1}{C_1 s}\right) I_2 \qquad - \frac{1}{C_2 s} I_3 \qquad - L_2 s\, I_4 \quad = 0$$

$$- \frac{1}{C_2 s} I_2 + \left(R_3 + \frac{1}{C_2 s}\right) I_3 \qquad\qquad\qquad = 0$$

$$- L_2 s\, I_2 \qquad\qquad\qquad\qquad + \left(L_2 s + R_4\right) I_4 \quad = 0$$

$$R_3 I_3 \qquad\qquad\qquad - E_0 = 0.$$

Ein geübter Rechner schreibt natürlich nicht erst die Integrodifferentialgleichungen, sondern sofort die transformierten Gleichungen hin in folgender Weise: In jeder Masche greift man die sich dort überlagernden Ströme I_ν einzeln heraus, stellt die von ihnen durchlaufenen Impedanzen zusammen, bildet die Produkte aus Impedanz und Strom und addiert sie unter Berücksichtigung der Stromrichtung.

Im vorliegenden Fall sind die Stromstärken I_ν lediglich Hilfsgrößen, von Interesse ist nur die Spannung E_0. Diese kann man nach der Cramerschen Regel unabhängig von den I_ν ausrechnen, indem man die letzte Spalte der Determinante des Systems (in der die Leerstellen durch Nullen auszufüllen sind), also die Zahlen 0, ..., 0, —1, durch die rechts von den Gleichheitszeichen stehenden Größen, also E_1, 0, ..., 0 ersetzt und die so entstehende Determinante durch die ursprüngliche Determinante dividiert. E_0 ergibt sich als rationale Funktion von s, deren Originalfunktion e_0 durch Partialbruchzerlegung ermittelt werden kann.

Wenn das Netzwerk zur Zeit $t = 0$ nicht in Ruhe war, treten auf den rechten Seiten der Bildgleichungen noch Glieder auf, die von den Anfangswerten der i_ν und den Größen γ (siehe S. 95) abhängen.

Im allgemeinen enthalten nicht bloß die erste und letzte Masche, sondern auch noch weitere Maschen Spannungsquellen. Bei n Maschen wird also das System der Bildgleichungen die Gestalt haben:

(20.4)
$$Z_{11}(s) I_1(s) + \cdots + Z_{1n}(s) I_n(s) = E_1(s)$$
$$Z_{21}(s) I_1(s) + \cdots + Z_{2n}(s) I_n(s) = E_2(s)$$
$$\cdots \cdots \cdots \cdots \cdots \cdots \cdots \cdots \cdots$$
$$Z_{n1}(s) I_1(s) + \cdots + Z_{nn}(s) I_n(s) = E_n(s),$$

wo $I_\nu(s)$ der der ν-ten Masche zugeschriebene Strom und $Z_{\mu\nu}(s)$ die zu dem Strom I_ν in der μ-ten Masche gehörige Impedanz, mit Vorzeichen versehen, ist. (Falls die ν-te mit der μ-ten Masche keinen Zweig gemein hat, ist $Z_{\mu\nu} = 0$.)

Wenn es sich um die Berechnung der Ströme $I_\nu(s)$ handelt, so reduziert man das Problem zweckmäßigerweise dadurch, daß man alle $E_\mu(s)$ bis auf eines gleich 0 setzt. Die allgemeine Lösung ergibt sich dann durch Addition der n auf diese Weise erhaltenen speziellen Lösungen. Wir wollen zunächst diejenige von den speziellen Lösungen anschreiben, die dem Fall $E_1 \neq 0$, $E_2 = E_3 = \cdots = E_n = 0$ entspricht und mit $I_\nu^{(1)}(s)$ bezeichnet sei. Das Gleichungssystem hat die Determinante

(20.5)
$$D(s) = \begin{vmatrix} Z_{11} & \cdots & Z_{1n} \\ \cdots & \cdots & \cdots \\ Z_{n1} & \cdots & Z_{nn} \end{vmatrix},$$

die ein Produkt aus Funktionen der Gestalt (20.2) ist. Setzt man zur Berechnung des ν-ten Stromes $I_\nu(s)$ nach der Cramerschen Regel die rechten Seiten in die ν-te Spalte ein, so reduziert sich die Determinante bei Entwicklung nach dieser Spalte auf das mit $(-1)^{1+\nu}$ multiplizierte Produkt aus $E_1(s)$ und der Unterdeterminante

$$D_{1\nu}(s) = \begin{vmatrix} Z_{21} & \cdots & Z_{2\,\nu-1} & Z_{2\,\nu+1} & \cdots & Z_{2n} \\ \cdots & \cdots & \cdots & \cdots & \cdots & \cdots \\ Z_{n1} & \cdots & Z_{n\,\nu-1} & Z_{n\,\nu+1} & \cdots & Z_{nn} \end{vmatrix},$$

die aus $D(s)$ durch Streichen der ersten Zeile und ν-ten Spalte entsteht. $I_\nu^{(1)}(s)$ ergibt sich dann als der Quotient:

$$I_\nu^{(1)}(s) = (-1)^{1+\nu} \frac{D_{1\nu}(s)}{D(s)} E_1(s).$$

Nehmen wir ein *beliebiges* $E_\mu(s)$ als ungleich 0 und die übrigen gleich 0 an, so erhalten wir analog

(20.6) $$I_\nu^{(\mu)}(s) = (-1)^{\mu+\nu} \frac{D_{\mu\nu}(s)}{D(s)} E_\mu(s),$$

wo $D_{\mu\nu}$ aus D durch Streichen der μ-ten Zeile und ν-ten Spalte entsteht. Setzt man

(20.7) $$(-1)^{\mu+\nu} \frac{D_{\mu\nu}(s)}{D(s)} = G_{\mu\nu}(s),$$

so nimmt $I_\nu^{(\mu)}$ die zu der Gleichung (12.11) analoge Gestalt an:

(20.8) $$I_\nu^{(\mu)}(s) = G_{\mu\nu}(s) E_\mu(s).$$

Man bezeichnet auch hier $G_{\mu\nu}(s)$ als eine *Übertragungsfunktion* des Systems; im Unterschied zu § 12 hat man es hier mit n^2 solchen Funktionen zu tun.

Nach Bestimmung der speziellen Stromstärken $I_\nu^{(\mu)}(s)$ kann man die *Stromstärken für beliebige Spannungen* $E_1, E_2, \ldots, E_n$ in der Form anschreiben:

(20.9) $$I_\nu(s) = \sum_{\mu=1}^n G_{\mu\nu}(s) E_\mu(s).$$

Wählt man speziell als (wirkliche, nicht transformierte) Spannung in der μ-ten Masche den Impuls:

$$e_\mu(t) = \delta(t),$$

so ist der in der ν-ten Masche entstehende Strom $i_\nu^{(\mu)}(t)$ als *Impulsantwort* zu bezeichnen. In diesem Fall ist

$$E_\mu(s) = 1, \quad \text{also} \quad I_\nu^{(\mu)}(s) = G_{\mu\nu}(s),$$

d. h. die Übertragungsfunktion $G_{\mu\nu}(s)$ ist die $\mathfrak{L}$-Transformierte der Antwort der ν-ten Masche auf einen Spannungsimpuls in der μ-ten Masche.

Ist die Originalfunktion zu $G_{\mu\nu}(s)$ gleich $g_{\mu\nu}(t)$, so ergibt sich durch Übersetzung von Gleichung (20.8) in den Originalraum, daß die wirkliche Stromstärke in der ν-ten Masche bei Vorhandensein einer Spannung allein in der μ-ten Masche durch

(20.10) $$i_\nu^{(\mu)}(t) = g_{\mu\nu}(t) * e_\mu(t)$$

gegeben wird. Hiernach ist $g_{\mu\nu}(t)$ als *Gewichtsfunktion* (vgl. hierzu S. 56 und Fußnote 17) für die Wirkung der μ-ten auf die ν-te Masche zu bezeichnen.

§ 21. Die Anfangswerte im anomalen Fall der Netzwerkgleichungen

Führt man wie in (20.2) statt der Stromstärken die Kondensatorladungen ein, so verwandeln sich die Netzwerkgleichungen in ein System von Differentialgleichungen. In § 20 haben wir stillschweigend vorausgesetzt, daß für dieses der Normalfall (siehe § 15) vorliegt. Wir haben demgemäß angenommen, daß alle dort auftretenden rationalen Übertragungsfunktionen $G_{\mu\nu}(s)$ im Zähler geringeren Grad als im Nenner habe, so daß die zugehörigen Gewichtsfunktionen $g_{\mu\nu}(t)$ gewöhnliche Funktionen sind. Auch haben wir nicht in Zweifel gezogen, daß die Lösungen der Netzwerkgleichungen die gegebenen Anfangsbedingungen erfüllen. Nun kann aber natürlich auch hier der anomale Fall (§§ 16, 17) vorliegen, und das wird sogar sehr häufig eintreten. So kommt in dem Beispiel S. 97 die Stromstärke i_3 nur selbst und integriert vor, so daß bei Einführung der Kondensatorladungen in keiner Gleichung eine zweite Ableitung auftritt. Infolgedessen hat die Determinante (16.1) der Koeffizienten der höchsten Ableitungen in einer Spalte lauter Nullen und verschwindet somit, so daß das System anomal ist.

Um zu veranschaulichen, welche Verhältnisse in einem solchen Fall vorliegen, betrachten wir ein einfacheres Beispiel, nämlich das durch Bild 21.1 dargestellte Netzwerk aus zwei Maschen (LRC-Vierpol). Bis zur Zeit

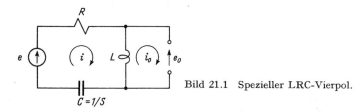

Bild 21.1 Spezieller LRC-Vierpol.

$t = 0$ sei es energiefrei, d. h. strom-, spannungs- und ladungslos. Im Zeitpunkt $t = 0$ wird an den Eingang die Spannung $e(t)$ angelegt; gesucht wird die Spannung $e_0(t)$ an dem offenen Ausgang. Ordnen wir den Maschen die Stromstärken i, i_0 zu, so lauten die Stromkreisgleichungen wegen $i(t) = i_0(t) = 0$ für $t < 0$ nach § 20:

(21.1)
$$L\frac{d}{dt}(i-i_0) + R\,i + S\int_0^t i(\tau)\,d\tau = e(t)$$
$$L\frac{d}{dt}(i_0-i) \qquad\qquad\qquad = -e_0(t),$$

wobei wir der einfacheren Schreibweise wegen $1/C = S$ (im amerikanischen Schrifttum *Elastanz* genannt) gesetzt haben. Die zweite Masche ist offen, also $i_0(t) = 0$. Unbekannt sind die Funktionen i und e_0, für die das System von Integrodifferentialgleichungen gilt:

(21.2)
$$L\,i' + R\,i + S\int_0^t i(\tau)\,d\tau = e(t)$$
$$L\,i' \qquad\qquad\qquad - e_0 = 0.$$

Verwandelt man es durch Einführung von $k(t) = \int_0^t i(\tau)\,d\tau$ als neue Unbekannte in ein System von Differentialgleichungen zweiter Ordnung:

§ 21. Die Anfangswerte im anomalen Fall der Netzwerkgleichungen

$$L k'' + R k' + S k = e(t)$$
$$L k'' - e_0 = 0,$$

so kommt von der Unbekannten e_0 keine Ableitung vor; die Determinante (16.1) ist daher 0, und das System ist anomal.

Daher müssen wir die Möglichkeit unterstellen, daß die gesuchten Funktionen in $t = 0$ Sprünge haben. Weil die Funktionen für $t < 0$ gleich 0 sind, ersetzen wir sie durch Distributionen aus $\mathscr{D}'_+$, die Ableitungen durch Derivierte, das Integral durch eine Faltung:

$$L Di + R i + S i * 1 = e(t)$$
$$L Di - e'_0 = 0,$$

und wenden die Regeln V' und IX' (Anhang) an. Dann erhalten wir die Bildgleichungen[31])

$$L s I + R I + S \frac{1}{s} I = E$$
$$L s I \phantom{+ R I + S \frac{1}{s} I} - E_0 = 0$$

oder

(21.3)
$$(L s^2 + R s + S) I = s E$$
$$L s I - E_0 = 0.$$

Die Lösungen lauten:

(21.4) $$I(s) = \frac{s}{Ls^2 + Rs + S} E(s)$$

(21.5) $$E_0(s) = \frac{Ls^2}{Ls^2 + Rs + S} E(s).$$

$i(t)$ interessiert zwar nicht, wir rechnen es aber doch aus. Da in (21.4) der Faktor $A(s)$ von $E(s)$ im Zähler geringeren Grad als der Nenner hat, besitzt er eine Originalfunktion $a(t)$, und es ergibt sich:

(21.6) $$i(t) = a(t) * e(t).$$

Da $i(t) = 0$ für $t < 0$ war, ist, wenn $i(t)$ als Funktion und nicht als Distribution aufgefaßt wird, die Anfangsbedingung

(21.7) $$i(-0) = 0$$

gegeben.
Die Gleichung (21.6) zeigt, daß

(21.8) $$i(+0) = 0,$$

---

[31]) Dieselben Bildgleichungen würde man erhalten haben, wenn man auf die Gleichungen (21.2) die für Funktionen gültigen Regeln IV, IX angewendet und an Stelle des bei der Transformation von i' benötigten rechtsseitigen Grenzwertes $i(+0)$ den linksseitigen $i(-0)$, der gleich 0 ist, benutzt hätte.

also $i(+0) = i(-0)$ ist. Der Strom schließt somit stetig an seinen gegebenen Anfangswert an.

Der Faktor von $E(s)$ in (21.5) hat in Zähler und Nenner gleichen Grad, ihm entspricht also eine Distribution. Diese kann man durch die Zerlegung

$$\frac{Ls^2}{Ls^2 + Rs + S} = 1 - \frac{Rs + S}{Ls^2 + Rs + S} = 1 - B(s)$$

vermeiden. $B(s)$ besitzt eine Originalfunktion $b(t)$, und man erhält:

(21.9) $\qquad e_0(t) = e(t) - b(t) * e(t).$

Da hier $e(t)$ nicht nur unter einem Faltungsintegral, sondern auch isoliert auftritt, macht die Ausgangsspannung alle eventuellen Sprünge der Eingangsspannung mit. Der Vierpol ist also hinsichtlich der Spannung ein »sprungfähiges« System (vgl. § 16).

Aus (21.9) ersieht man insbesondere[32]:

(21.10) $\qquad e_0(+0) = e(+0).$

Da der Vierpol für $t < 0$ in Ruhe war, ist

(21.11) $\qquad e_0(-0) = 0.$

Der rechtsseitige Anfangswert stimmt also (außer in dem Spezialfall $e(+0) = 0$) nicht mit dem linksseitigen überein, die Spannung $e_0(t)$ springt in $t = 0$ von 0 auf den Wert $e(+0)$.

Man trifft somit bei einem anomalen System von Netzwerkgleichungen hinsichtlich der Anfangswerte dieselben Verhältnisse an, wie bei einem anomalen System von Differentialgleichungen. Beim Einschalten eines in völliger Ruhe befindlichen Netzwerks, bei dem also alle linksseitigen Anfangswerte der Ströme und Spannungen gleich 0 sind, brauchen die rechtsseitigen Anfangswerte keineswegs sämtlich zu verschwinden.

Diese Erscheinung ist nach den Erörterungen in §§ 16, 17 vom mathematischen Standpunkt aus nicht überraschend, hat aber in der technischen Literatur zu Diskussionen Veranlassung gegeben, die dahinter eine Problematik sehen, die in Wahrheit nicht vorhanden ist. Diese Problematik entsteht lediglich dann, wenn das Netzwerk in mathematisch nicht sachgemäßer Weise behandelt wird. Anstatt die gegebenen Netzwerkgleichungen unmittelbar der $\mathfrak{L}$-Transformation zu unterwerfen, wird auch hier, analog zu dem Vorgehen bei Differentialgleichungen (siehe § 18), manchmal zunächst aus dem Gleichungssystem durch Elimination eine einzelne Gleichung für die hauptsächlich interessierende Unbekannte hergeleitet. Das geschieht dadurch, daß man die auf die Unbekannten ausgeübten Operatoren, die in unserem Beispiel durch die Schreibweise

---

[32]) Dies entspricht der physikalischen Anschauung. Weil der Kondensator ladungslos war, tritt die Eingangsspannung sofort am Ausgang auf.

§ 21. Die Anfangswerte im anomalen Fall der Netzwerkgleichungen

$$\left(L\frac{d}{dt} + R + S\int_0^t d\tau\right)i(t) = e(t)$$

$$L\frac{d}{dt}i(t) - e_0(t) = 0$$

deutlich werden, wie gewöhnliche Faktoren behandelt und die Unbekannten durch Elimination, z. B. nach der Cramerschen Regel, berechnet. Für e_0 ergibt dies:

$$\begin{vmatrix} L\frac{d}{dt} + R + S\int_0^t d\tau & 0 \\ L\frac{d}{dt} & -1 \end{vmatrix} e_0(t) = \begin{vmatrix} L\frac{d}{dt} + R + S\int_0^t d\tau & e(t) \\ L\frac{d}{dt} & 0 \end{vmatrix}$$

oder

(21.12) $$L\frac{d}{dt}e_0(t) + R\,e_0(t) + S\int_0^t e_0(\tau)\,d\tau = L\frac{d}{dt}e(t),$$

wobei stillschweigend vorausgesetzt wird, daß $e(t)$ differenzierbar ist, was sehr häufig nicht zutrifft (z. B. wenn $e(t)$ Sprünge hat).

Für die Anwendung der $\mathfrak{L}$-Transformation auf (21.12) benötigt man die Anfangswerte $e_0(+0)$ (dieser ist unbekannt) und $e(+0)$ (dieser ist bekannt, weil $e(t)$ gegeben ist). Man erhält die Bildgleichnng

(21.13) $$L(s\,E_0 - e_0(+0)) + R\,E_0 + S\frac{1}{s}E_0 = L(s\,E - e(+0)).$$

Die Lösung lautet:

(21.14) $$E_0(s) = \frac{Ls^2}{Ls^2 + Rs + S}E(s) + [e_0(+0) - e(+0)]\frac{Ls}{Ls^2 + Rs + S}.$$

Vergleicht man dies mit dem richtigen Resultat (21.5), so erkennt man:

1. Die Lösung (21.14) ist nur richtig, wenn $e_0(+0) = e(+0)$ gesetzt wird, was man aber bei dieser Methode im Voraus nicht wissen kann.

2. Identifiziert man $e_0(+0)$ mit dem Wert $e_0(-0)$, der gleich 0 ist, so entsteht eine falsche Gleichung, außer in dem Spezialfall $e(+0) = 0$.

3. Wenn man, wie es manchmal geschieht, kurzerhand das unbekannte $e_0(+0)$ gleich $e_0(-0) = 0$ und obendrein das bekannte $e(+0)$ ebenfalls gleich 0 setzt, obwohl das außer im Fall $e(+0) = 0$ den Tatsachen widerspricht, so entsteht zufälligerweise die richtige Gleichung für $E_0(s)$. Aus dieser folgt nun aber der Ausdruck (21.9) für die Zeitfunktion $e_0(t)$, der nachträglich zeigt (siehe (21.10)), daß die Annahme $e_0(+0) = 0$ falsch war. Dieser Widerspruch zwischen Herleitung und Resultat hat zu mancherlei Diskussionen Anlaß gegeben. Er erklärt sich aber einfach dadurch, daß man zwei Fehler gemacht hat, die sich gegenseitig kompensieren. Denn wenn man in dem Aus-

druck $e_0(+0) - e(+0)$ fälschlich $e_0(+0) = 0$ und $e(+0) = 0$ setzt, so ist der Effekt derselbe, als wenn man richtig $e_0(+0) = e(+0)$ setzt.

Da die Herleitung der richtigen Gleichung unter 3. illegitim ist und außerdem die nicht immer gewährleistete Differenzierbarkeit von $e(t)$ voraussetzt, ist die Methode der Elimination abzulehnen.

Netzwerk vor $t = 0$ nicht energiefrei

Wenn der Vierpol vor dem Zeitpunkt $t = 0$ nicht in Ruhe, sondern schon von einem Strom durchflossen war, so ist i. allg. $i(-0) \neq 0$. In diesem Fall genügt es nicht, i als Distribution aus $\mathscr{D}'_+$ aufzufassen, sondern außerdem ist in den Netzwerkgleichungen analog zu (17.6) die Ableitung $\dfrac{d}{dt} i$ durch $D i - i(-0) \delta$ zu ersetzen, um den Sprung von $i(-0)$ auf $i(+0)$ mathematisch zu berücksichtigen. Bei der $\mathfrak{L}$-Transformation ergibt sich dann analog zu (17.7) statt $sI(s)$ der Ausdruck $sI(s) - i(-0)$, also dasselbe, als wenn man $\dfrac{d}{dt} i$ als Funktion transformiert und dabei an Stelle von $i(+0)$ den Wert $i(-0)$ verwendet. Außerdem ist nach (20.1)

$$\int_0^t i(\tau)\, d\tau \quad \text{durch} \quad \int_{-\infty}^t i(\tau)\, d\tau = \int_0^t i(\tau)\, d\tau + \int_{-\infty}^0 i(\tau)\, d\tau = \int_0^t i(\tau)\, d\tau + \gamma$$

zu ersetzen. Als Anfangsbedingungen sind jetzt die durch die Vergangenheit bestimmten Werte $i(-0)$ und γ vorzugeben. γ ist der Anfangswert $k(-0)$ von $k(t) = \int_{-\infty}^t i(\tau)\, d\tau$.

Die Netzwerkgleichungen lauten also:

(21.15)
$$L(D i - i(-0) \delta) + R i + S \left(\int_0^t i(\tau)\, d\tau + \gamma \right) = e(t)$$
$$L(D i - i(-0) \delta) \qquad\qquad\qquad\qquad\qquad - e_0 = 0$$

und ihre Bildgleichungen:

(21.16)
$$L(sI - i(-0)) + R I + S \left(\frac{I}{s} + \frac{\gamma}{s} \right) = E(s)$$
$$L(sI - i(-0)) \qquad\qquad\qquad\qquad - E_0 = 0.$$

Hieraus ergibt sich:

(21.17) $$E_0(s) = \frac{Ls^2}{Ls^2 + Rs + S} E(s) - \frac{L(Rs + S)}{Ls^2 + Rs + S} i(-0) - \frac{LSs}{Ls^2 + Rs + S} \gamma.$$

Der erste Term stimmt mit (21.5) überein, ihm entspricht also die durch (21.9) angegebene Spannung. Die Koeffizienten von $i(-0)$ und γ sind rationale Funktionen, deren Zähler kleineren Grad als die Nenner haben;

zu ihnen gehören daher gewisse Originalfunktionen $p(t)$, $q(t)$. Somit hat $e_0(t)$ die Gestalt

(21.18) $\qquad e_0(t) = e(t) - b(t) * e(t) - i(-0) p(t) - \gamma q(t).$

Da $e_0(+0)$ hiernach existiert, kann man seinen Wert aus (21.17) vermittels des Anfangswertsatzes 32.2 als $\lim\limits_{s\to\infty} s\, E_0(s)$ berechnen:

(21.19) $\qquad e_0(+0) = e(+0) - R\,i(-0) - S\,\gamma.$

Die oben erwähnte Eliminationsmethode ist in diesem Fall überhaupt nicht brauchbar.

§ 22. Nichtlineare Differentialgleichungen

Für nichtlineare Differentialgleichungen existieren keine allgemeinen, stets anwendbaren Methoden und keine geschlossenen Lösungsformeln; die Lösungen sind auch im allgemeinen nicht durch die klassischen Transzendenten darstellbar. Man muß sich hier mit Näherungsmethoden begnügen. Wenn die $\mathfrak{L}$-Transformation, die als lineare Transformation speziell auf lineare Probleme zugeschnitten ist, auch nicht unmittelbar in der früheren Weise anwendbar ist, so kann sie doch bei den Näherungsmethoden eine nützliche Hilfe leisten.

Gewöhnlich besteht die linke Seite der Differentialgleichung aus einem linearen Teil derselben Gestalt wie in § 12 und einem nichtlinearen Teil $\Phi(y, y', \ldots, y^{(m)})$, so daß die Gleichung die Form hat:

(22.1) $\qquad \sum\limits_{\nu=0}^{n} c_\nu y^{(\nu)} + \Phi(y, y', \ldots, y^{(m)}) = f(t).$

Wenn es sich um einen Stromkreis handelt, kann an Stelle des linearen Differentialausdrucks auch ein Integrodifferentialausdruck der Gestalt (20.1) stehen. Durch Anwendung der $\mathfrak{L}$-Transformation entsteht mit

$$\sum_{\nu=0}^{n} c_\nu s^\nu = p(s)$$

die Bildgleichung

(22.2) $\quad p(s)\, Y(s) - q\bigl(s,\, y(0),\, y'(0),\, \ldots,\, y^{(n-1)}(0)\bigr) + \mathfrak{L}\{\Phi(y, \ldots)\} = F(s),$

wo q ein Polynom in s ist, das von den Anfangswerten abhängt (vgl. § 14). Mit

$$\frac{1}{p(s)} = G(s)$$

erhält man:

(22.3) $\qquad Y(s) = G(s)\, H(s) - G(s)\, \mathfrak{L}\{\Phi(y, \ldots)\},$

wo zur Abkürzung
$$F(s) + q\bigl(s,\ y(0),\ y'(0),\ \ldots,\ y^{(n-1)}(0)\bigr) = H(s)$$
gesetzt wurde. Der Funktion $Y(s)$ entspricht im Originalraum

(22.4) $$y(t) = g(t) * h(t) - g(t) * \Phi(y, \ldots)$$
$$= g(t) * h(t) - \int_0^t g(t-\tau)\,\Phi(y(\tau),\ \ldots)\,d\tau,$$

wo $h(t)$ die Originalfunktion zu der bekannten Funktion $H(s)$ ist.

(22.4) ist eine *nichtlineare Integralgleichung* für $y(t)$, die man in üblicher Weise durch sukzessive Approximation löst. Vernachlässigt man das nichtlineare Glied Φ, so ergibt sich in erster Näherung die von § 12 und 14 her bekannte Lösung des linearen Problems

$$y_0(t) = g * h.$$

Führt man diese Funktion in die rechte Seite von (22.4) ein, so ergibt sich die nächste Näherung

$$y_1(t) = y_0(t) - \int_0^t g(t-\tau)\,\Phi(y_0(\tau),\ \ldots)\,d\tau,$$

die nun wieder in die rechte Seite von (22.4) eingesetzt wird, usw., allgemein:

(22.5) $$y_n(t) = y_0(t) - \int_0^t g(t-\tau)\,\Phi(y_{n-1}(\tau),\ \ldots)\,d\tau.$$

Wenn die Funktion Φ hinreichend regulär ist, ergibt sich die Lösung $y(t)$ als $\lim\limits_{n \to \infty} y_n(t)$. In der Praxis berechnet man nur einige Näherungen und sieht zu, ob sie sich einer Grenzfunktion nähern, was natürlich nur in einem gewissen Intervall $0 \leq t \leq t_0$ der Fall ist. Das Verfahren eignet sich daher zur Berechnung des Einschwingvorgangs, während es z. B. keine Aussagen über die Stabilität des Systems (asymptotisches Verhalten) liefern kann.

Diesen Approximationsprozeß kann man nun durch Benutzung der $\mathfrak{L}$-Transformation vereinfachen.

Wendet man auf (22.5) die $\mathfrak{L}$-Transformation an, so erhält man nach dem Faltungssatz:

(22.6) $$Y_n(s) = Y_0(s) - \mathfrak{L}\{g\}\,\mathfrak{L}\{\Phi(y_{n-1},\ \ldots)\}.$$

Übersetzt man diese Gleichung wieder zurück in den Originalraum, ohne den Faltungssatz anzuwenden, so ergibt sich:

(22.7) $$y_n(t) = y_0(t) - \mathfrak{L}^{-1}\{G(s)\,\mathfrak{L}\{\Phi(y_{n-1},\ \ldots)\}\}.$$

§ 22. Nichtlineare Differentialgleichungen

Wenn sich die Originalfunktion zu $G(s)\,\mathfrak{L}\{\Phi(y_{n-1},\ldots)\}$ leicht bestimmen läßt, ist die Berechnung von y_n nach (22.6, 7) bedeutend einfacher als nach (22.5), weil die schwierige Integration wegfällt.

Wir illustrieren das Verfahren durch ein Beispiel.

Beispiel

Ein Problem der Regelungstechnik[33] führt auf folgende nichtlineare Differentialgleichung

$$y'' + (2 + ay^2)\,y' + (1 + by^2)\,y = 0,$$

die wir entsprechend zu (22.1) in der Gestalt schreiben:

$$(y'' + 2y' + y) + (ay^2 y' + by^3) = 0.$$

Durch $\mathfrak{L}$-Transformation[34] geht sie über in

$$(s^2 + 2s + 1)\,Y(s) - y(0)\,s - y'(0) - 2y(0) + \mathfrak{L}\{ay^2 y' + by^3\} = 0,$$

woraus folgt:

$$Y(s) = \frac{y(0)\,s + y'(0) + 2y(0)}{(s+1)^2} - \frac{1}{(s+1)^2}\mathfrak{L}\{ay^2 y' + by^3\}.$$

Es sei nun speziell

$$y(0) = 0, \quad y'(0) = c \neq 0.$$

Dann ist

$$Y(s) = \frac{c}{(s+1)^2} - \frac{1}{(s+1)^2}\mathfrak{L}\{ay^2 y' + by^3\}.$$

Durch Vernachlässigung des zweiten Glieds rechts bilden wir die Näherung

$$Y_0(s) = \frac{c}{(s+1)^2}.$$

Ihr entspricht

$$y_0(t) = c\,t\,\mathrm{e}^{-t}.$$

Nunmehr haben wir mit

$$y_0^2 = c^2 t^2 \mathrm{e}^{-2t}, \quad y_0^3 = c^3 t^3 \mathrm{e}^{-3t}, \quad y_0' = c(1-t)\,\mathrm{e}^{-t}$$

---

[33]) Beschreibung des Regelkreises siehe bei H. MATUSCHKA: *Nichtlinearitäten im Regler zur Verbesserung der Regelgüte*, in dem Sammelwerk: *Regelungstechnik, Moderne Theorien und ihre Verwendbarkeit* (Bericht über die Tagung in Heidelberg 1956), Oldenbourg Verlag 1957, S. 172—177. Hier ist die Lösung durch Ersatz der Differentialgleichung durch eine Differenzengleichung für verschiedene Parameterwerte numerisch berechnet und in Kurven dargestellt.

[34]) Die Behandlung der Differentialgleichung mit $\mathfrak{L}$-Transformation stammt von P. J. NOWACKI: *Die Behandlung von nichtlinearen Problemen in der Regelungstechnik*. Regelungstechnik 8 (1960), S. 47—50. Hier sind die ersten Näherungen für $0 \leq t \leq 1{,}5$ durch Kurven dargestellt und mit der durch Differenzenrechnung gewonnenen Lösung verglichen.

zu berechnen:
$$a y_0^2 y_0' + b y_0^3 = c^3 (a t^2 + (b-a) t^3) e^{-3t}$$
und hiervon die $\mathfrak{L}$-Transformierte zu bilden:
$$\mathfrak{L}\{a y_0^2 y_0' + b y_0^3\} = c^3 \left(\frac{2a}{(s+3)^3} + \frac{6(b-a)}{(s+3)^4} \right).$$
Damit ergibt sich im Bildraum die Näherung
$$Y_1(s) = \frac{c}{(s+1)^2} - \frac{2 a c^3}{(s+1)^2 (s+3)^3} - \frac{6(b-a) c^3}{(s+1)^2 (s+3)^4}.$$
Die entsprechende Originalfunktion $y_1(t)$ findet man durch Partialbruchzerlegung nach den in § 12 angegebenen Methoden. Um abzukürzen, setzen wir $b = a$, wodurch das letzte Glied wegfällt. Dann lautet die Partialbruchzerlegung von Y_1:

$$Y_1(s) = \frac{c}{(s+1)^2} - 2 a c^3 \left(\frac{-3/16}{s+1} + \frac{1/8}{(s+1)^2} + \frac{3/16}{s+3} + \frac{1/4}{(s+3)^2} + \frac{1/4}{(s+3)^3} \right).$$

Hierzu gehört
$$y_1(t) = c t e^{-t} - 2 a c^3 \left[\left(-\frac{3}{16} + \frac{1}{8} t \right) e^{-t} + \left(\frac{3}{16} + \frac{1}{4} t + \frac{1}{8} t^2 \right) e^{-3t} \right].$$

Bei Fortsetzung des Verfahrens entsteht offenkundig eine Entwicklung nach Exponentialfunktionen, die mit Polynomen multipliziert sind[35]).

---

[35]) Eine andere Näherungsmethode, die sich ebenfalls der $\mathfrak{L}$-Transformation bedient, siehe bei B. N. NAUMOV: *Eine Näherungsmethode zur Berechnung der Übergangsprozesse in selbsttätigen Regelungssystemen mit nichtlinearen Elementen*, in *Regelungstechnik* (der in Fußnote 33 zitierte Tagungsbericht), S. 184—197. Eine kurze Darstellung der Methode findet sich in der in Fußnote 34 zitierten Arbeit von Nowacki. — Über verschiedene Methoden, die Lösungen von nichtlinearen Differentialgleichungen im Sinne der Störungstheorie als Reihen nach Potenzen eines Parameters anzusetzen und die Glieder unter Verwendung der $\mathfrak{L}$-Transtormation zu berechnen, siehe L. A. PIPES: *Operational methods in nonlinear mechanics.* Dover Publications, New York 1965, 99 Seiten.

KAPITEL 4

Partielle Differentialgleichungen

§ 23. Allgemeine Richtlinien für die Anwendung der Laplace-Transformation auf partielle Differentialgleichungen[36])

Die Unbekannte in einer partiellen Differentialgleichung ist eine Funktion von mehreren Variablen. Wir betrachten hier den Fall zweier Variablen, die wir x und t nennen; die unbekannte Funktion heiße $u(x, t)$. Bei einer partiellen Differentialgleichung ist immer von vornherein ein gewisses *Grundgebiet* der xt-Ebene vorgegeben, innerhalb dessen die Unbekannte zu bestimmen ist. Für die hier zu behandelnden Gleichungen setzen wir prinzipiell voraus, daß t in dem einseitig unendlichen Intervall $0 \leq t < \infty$ und x in einem endlichen oder unendlichen Intervall variiert, so daß das Grundgebiet

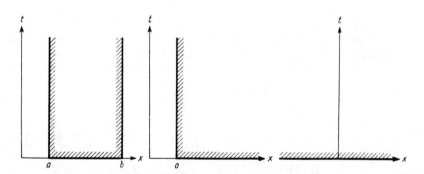

Bild 23.1 Verschiedene Grundgebiete.

der xt-Ebene ein Halbstreifen, eine Viertelebene oder eine Halbebene ist, je nachdem x in einem endlichen, einseitig oder zweiseitig unendlichen Intervall variiert (Bild 23.1).

Damit unter den unendlich vielen Funktionen, die der Differentialgleichung genügen, eine bestimmte eindeutig charakterisiert ist, müssen auf dem *Rand*

---

[36]) Ein Leser, dem die Materie völlig neu ist, nimmt am besten § 23 zunächst nur flüchtig zur Kenntnis, studiert dann das Beispiel von § 24 und liest hierauf § 23 noch einmal gründlich.

des Grundgebietes gewisse *Bedingungen* vorgeschrieben sein. In der Praxis treten Bedingungen folgender Art auf: Es werden die Werte der Funktion selbst oder gewisser partieller Ableitungen gegeben, oder es werden gewisse Relationen zwischen diesen Größen vorgeschrieben. Über die Anzahl und die Art der Bedingungen läßt sich nichts Allgemeines aussagen. Bei den Differentialgleichungen, die den Praktiker interessieren, ergibt sich meist aus der physikalischen Bedeutung des zugrunde liegenden Problems, welche Bedingungen vorgeschrieben werden können und müssen, damit eine eindeutige Lösung vorhanden ist.

Falls t die Zeit ist, nennt man die auf den horizontalen Randteil $t = 0$ (d. h. auf das Intervall der x-Achse) bezüglichen Bedingungen die *Anfangsbedingungen*, die auf die vertikalen Randteile (wenn solche vorhanden sind) bezüglichen Bedingungen die *Randbedingungen*.

Wenn wir die partielle Differentialgleichung mit $\mathfrak{L}$-Transformation behandeln wollen, müssen wir die Funktion $u(x, t)$ und die vorkommenden Ableitungen der $\mathfrak{L}$-Transformation unterwerfen. Da letztere eine Integration hinsichtlich einer *einzigen* Variablen darstellt, müssen wir die $\mathfrak{L}$-Transformation bezüglich *einer* Variablen von u vornehmen, während die andere unbeteiligt bleibt. Die Variable, hinsichtlich deren die Transformation vorgenommen wird, soll die Variable t sein, von der wir deshalb von vornherein angenommen haben, daß sie von 0 bis ∞ variiert, weil das $\mathfrak{L}$-Integral über dieses Intervall zu erstrecken ist. Die Variable x ist bei der Transformation als festgehalten zu denken. Für jeden festen Wert von x kommt eine andere Transformierte heraus; diese hängt also nicht wie früher bloß von s, sondern auch noch von x ab, ist also eine Funktion $U(x, s)$:

$$(23.1) \qquad \mathfrak{L}\{u(x,t)\} = \int_0^\infty e^{-st} u(x,t)\, dt = U(x,s).$$

Wenn nun *Ableitungen nach t* zu transformieren sind, so können wir unsere Regel V verwenden, wobei wir auch hier x jeweils festgehalten denken. So ist z. B.

$$(23.2) \qquad \mathfrak{L}\left\{\frac{\partial u(x,t)}{\partial t}\right\} = s\, U(x,s) - u(x, +0),$$

$$(23.3) \qquad \mathfrak{L}\left\{\frac{\partial^2 u(x,t)}{\partial t^2}\right\} = s^2\, U(x,s) - u(x, +0)\, s - u_t(x, +0),$$

wo $u_t = \dfrac{\partial u}{\partial t}$ ist. Bei *Ableitungen nach x* ist, um unsere Methode anwenden zu können, anzunehmen, daß sie mit dem $\mathfrak{L}$-Integral vertauschbar sind, z. B.

$$(23.4) \qquad \mathfrak{L}\left\{\frac{\partial u(x,t)}{\partial x}\right\} = \frac{\partial}{\partial x}\, \mathfrak{L}\{u(x,t)\} = \frac{\partial U(x,s)}{\partial x},$$

$$(23.5) \qquad \mathfrak{L}\left\{\frac{\partial^2 u(x,t)}{\partial x\, \partial t}\right\} = \frac{\partial}{\partial x}\, \mathfrak{L}\left\{\frac{\partial u(x,t)}{\partial t}\right\} = \frac{\partial}{\partial x}\, [s\, U(x,s) - u(x, +0)].$$

§ 23. Allgemeine Richtlinien

Wie man sieht, werden bei der Transformation der Ableitungen die Werte $u(x, +0)$, $u_t(x, +0), \ldots$ gebraucht. Als *Anfangsbedingung* muß also eine erforderliche Anzahl dieser »*Anfangswerte*« gegeben sein. Wie bei den gewöhnlichen Differentialgleichungen hat man den Vorteil, daß sie in die Bildgleichung eintreten, also automatisch berücksichtigt werden.

Da die Ableitungen nach t durch die Transformation beseitigt werden, bleiben nur die Ableitungen nach x in der Gleichung zurück, was bedeutet, daß *die Bildgleichung eine gewöhnliche Differentialgleichung* ist. In Anbetracht der Tatsache, daß eine solche ein unvergleichlich einfacheres Problem darstellt als eine partielle Differentialgleichung, wird somit die ursprüngliche Aufgabe durch die $\mathfrak{L}$-Transformation außerordentlich vereinfacht. Dadurch erklärt es sich, daß man mit dieser Methode viele Probleme bewältigen kann, die nach den sonstigen Methoden überhaupt nicht oder nur sehr umständlich behandelt werden können.

Es bleibt noch ein Wort zu sagen über die *Randbedingungen*, die auf den eventuell vorhandenen vertikalen Rändern des Grundgebietes vorgeschrieben sind. Es sei z. B. $x = a$ die linke Begrenzung des x-Intervalles, und als Randbedingung sei dort der Wert der Funktion $u(x, t)$, also $u(a, t)$ vorgegeben. Dazu ist allerdings zu bemerken, daß dieser Randwert, ähnlich wie wir es schon von den Anfangswerten bei gewöhnlichen Differentialgleichungen kennen, im Sinne eines Grenzwertes zu verstehen ist, d. h. wenn wir die auf $x = a$ vorgegebene Funktion, die ja eine reine Funktion von t ist, mit $a(t)$ bezeichnen, so wird verlangt:

(23.6) $$\lim_{x \to a+0} u(x, t) = a(t) \text{ oder kürzer } u(a + 0, t) = a(t).$$

Bei partiellen Differentialgleichungen ist diese Formulierung noch wichtiger als bei gewöhnlichen Differentialgleichungen. Bei den meisten Problemen hat nämlich die Lösung für $x = a$ überhaupt keinen Sinn, so daß man $u(a, t)$ gar nicht bilden kann. Die Forderung, daß ein Grenzwert für $x \to a$ (und zwar von rechts, daher $x \to a + 0$) existieren und einen gegebenen Wert haben soll, ist das einzige, was sich realisieren läßt.

Nehmen wir nun an, daß sich der Grenzübergang $x \to a + 0$ mit dem $\mathfrak{L}$-Integral vertauschen läßt, so ergibt sich

$$\lim_{x \to a+0} U(x, s) = \lim_{x \to a+0} \mathfrak{L}\{u(x, t)\} = \mathfrak{L}\{\lim_{x \to a+0} u(x, t)\} = \mathfrak{L}\{a(t)\} = A(s),$$

also

(23.7) $$\lim_{x \to a+0} U(x, s) = A(s).$$

Das bedeutet, daß man als *Randwert der Transformierten* $U(x, s)$ für $x = a$ die Transformierte des Randwertes $a(t)$ zu nehmen hat. Man macht sich das am besten an Bild 23.2 klar: So wie $u(x, t)$ längs der Vertikalen bei x zu

transformieren ist, so ist auch für den speziellen Wert $x = a$ die Funktion
$a(t)$ auf der dortigen Vertikalen zu transformieren. Das Ergebnis ist der
Randwert von $U(x, s)$. — Ist eine rechte Begrenzung $x = b$ des x-Intervalls
vorhanden, so gilt dort Entsprechendes. Aus den Randwerten von $u(x, t)$
werden also durch Transformation Randwerte von $U(x, s)$.

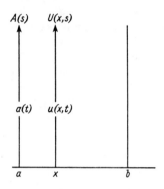

Bild 23.2
$\mathfrak{L}$-Transformation von $u(x, t)$ bei konstantem x.

Daß man bei unserer Methode gewisse *Voraussetzungen* machen muß
(nämlich daß die $\mathfrak{L}$-Transformation mit den Differentiationen nach x und
dem Grenzübergang $x \to a + 0$ vertauschbar sein soll), ist nicht verwunderlich. Denn keine Methode kommt ohne Voraussetzungen aus, wenn diese
sehr häufig auch nicht explizit genannt, sondern stillschweigend angenommen werden, z. B. daß die Lösung eine gewisse Gestalt habe, in eine Reihe
entwickelbar sei, usw. Man muß daher — streng genommen — nach erfolgter
Lösung verifizieren, daß die gefundene Funktion tatsächlich die Differentialgleichung und die Rand- und Anfangsbedingungen befriedigt[37]).

Zusammengefaßt läuft die Methode hinaus auf folgendes

Schema

Erklärung: Anstatt die partielle Differentialgleichung unter Anfangs- und
Randbedingungen direkt zu lösen, machen wir den Umweg über den Bild-

---

[37]) Wegen der Existenz von Lösungen, welche die Voraussetzungen der Methode
nicht erfüllen, siehe EINF. S. 269.

§ 23. Allgemeine Richtlinien

raum: Durch die $\mathfrak{L}$-Transformation wird aus der partiellen Differentialgleichung eine gewöhnliche, in welche die Anfangsbedingungen bereits eingetreten sind, so daß sie automatisch berücksichtigt werden; die Randbedingungen gehen in Randbedingungen über. Hat man die gewöhnliche Differentialgleichung gelöst, so findet man durch Umkehrung der $\mathfrak{L}$-Transformation die Lösung des ursprünglichen Problems.

Wenn die Variable x sich im Intervall $0 \leq x < \infty$ bewegt, so liegen bei der Bildgleichung nur am linken Rand $x = 0$ Bedingungen vor, die daher den Charakter von Anfangsbedingungen haben. Dann kann man auf die Bildgleichung wiederum die $\mathfrak{L}$-Transformation (hinsichtlich x) anwenden, wodurch eine algebraische Gleichung für die Transformierte entsteht, die leicht zu lösen ist. Um die Lösung des ursprünglichen Problems zu finden, muß man zweimal die inverse $\mathfrak{L}$-Transformation anwenden[38]).

Wenn die ursprüngliche Differentialgleichung sich auf eine Funktion von *drei Variablen* bezieht: $u(x, y, t)$, wo t im Intervall $0 \leq t < \infty$, x und y in einem Bereich der xy-Ebene variieren, so wird durch die $\mathfrak{L}$-Transformation aus der Differentialgleichung wegen des Wegfalls der Differentiationen nach t eine partielle Differentialgleichung in den zwei Variablen x, y, also wiederum eine bedeutend einfachere Gleichung.

Das Schwierigste bei der Transformationsmethode ist gewöhnlich *die Bestimmung der Originalfunktion* zu der im Bildraum gefundenen Lösung. Wenn hierfür die vorhandenen Tabellenwerke nicht ausreichen, kann man eine der in Kapitel 6 und § 35 angegebenen Methoden anwenden.

Die in der Praxis am häufigsten auftretenden partiellen Differentialgleichungen sind von zweiter Ordnung. Bei diesen unterscheidet man die folgenden drei Typen, zu denen wir jeweils den wichtigsten Repräsentanten nennen:

elliptischer Typ	Potentialgleichung	$\dfrac{\partial^2 u}{\partial x^2} + \dfrac{\partial^2 u}{\partial t^2} = 0$,
hyperbolischer Typ	Wellengleichung	$\dfrac{\partial^2 u}{\partial x^2} - \dfrac{\partial^2 u}{\partial t^2} = 0$,
parabolischer Typ	Wärmeleitungsgleichung	$\dfrac{\partial^2 u}{\partial x^2} - \dfrac{\partial u}{\partial t} = 0$.

Bei der Behandlung des elliptischen Typs durch $\mathfrak{L}$-Transformation stellen sich größere Schwierigkeiten ein, weshalb wir diesen Typ beiseite lassen. Wir behandeln als Beispiel an erster Stelle die Wärmeleitungsgleichung, weil bei dieser die Methode am besten funktioniert.

---

[38]) Für die Methode der »doppelten $\mathfrak{L}$-Transformation«, die wir S. 122 bei einem Beispiel verwenden werden, verweisen wir auf das Buch D. VOELKER und G. DOETSCH: *Die zweidimensionale Laplace-Transformation*. Eine Einführung in ihre Anwendung zur Lösung von Randwertproblemen nebst Tabellen von Korrespondenzen. Birkhäuser Verlag, Basel 1950.

§ 24. Die Wärmeleitungsgleichung

Die Wärmeleitungsgleichung

(24.1) $$\frac{\partial^2 u}{\partial x^2} = \frac{\partial u}{\partial t}$$

ist nicht nur für den Wärmeingenieur, sondern auch für den Elektroingenieur interessant, weil in der Elektrotechnik die Wärmeentwicklung oft von Bedeutung ist. (So kann z. B. ein Transistor nur bis zu einer maximalen Temperatur betrieben werden, wenn nicht der Halbleiter verändert oder zerstört werden soll.) Die Gleichung ist übrigens in der Elektrotechnik auch unter dem Namen »Gleichung des Thomson-Kabels« bekannt. Zur Zeit der Errichtung des ersten submarinen Kabels lag die Lösung der Telegraphengleichung noch nicht vor. Diese geht bei Vernachlässigung der Induktivität und Ableitung in die Wärmeleitungsgleichung über, deren Lösung lange bekannt war und von Thomson als Näherungslösung benutzt wurde.

Wir behandeln die Gleichung in der Sprache der Wärmeleitungstheorie. Dann ist $u(x, t)$ die Temperatur eines linearen Wärmeleiters (oder auch eines räumlichen Wärmeleiters, dessen Temperatur nur von einer Koordinate abhängt, also jeweils in einer Schicht konstant ist). Er möge sich von $x = 0$ bis $x = l$ erstrecken. t ist die Zeit und läuft von $t = 0$ bis $t = \infty$. Das Grundgebiet in der xt-Ebene ist also ein Halbstreifen, wenn l endlich ist, und eine Viertelebene für $l = \infty$.

Zur Zeit $t = 0$ hat der Leiter eine gewisse Temperatur, die von x abhängen kann; wir bezeichnen sie mit $u_0(x)$. Sie stellt den »Anfangswert« von $u(x, t)$ im Sinne von § 23 dar, d. h. $u(x, t)$ muß die Bedingung

(24.2) $$u(x, +0) = u_0(x)$$

erfüllen. Wie aus physikalischen Gründen vorauszusehen ist und wie sich auch durch den Gang der Lösung bewahrheitet, kommen wir bei diesem Problem mit einem einzigen Anfangswert aus und brauchen nicht etwa

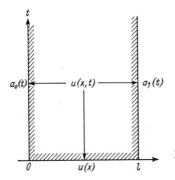

Bild 24.1 Rand- und Anfangswerte von $u(x, t)$.

noch $U_t(x, +0), \ldots$, was natürlich daran liegt, daß die Gleichung (24.1) hinsichtlich t von erster Ordnung ist.

Die beiden Enden $x = 0$ und $x = l$ sollen mit gewissen Wärmespendern in Kontakt sein, die sie auf bestimmten Temperaturen halten, die von der Zeit abhängig sein können. Es soll also (siehe Bild 24.1)

(24.3) $\qquad u(+0, t) = a_0(t), \qquad u(l-0, t) = a_1(t)$

sein. Dies sind die »Randbedingungen« im Sinne von § 23. Natürlich sind sie nicht die einzig möglichen, sondern unter anderen physikalischen Voraussetzungen ergeben sich auch andere Bedingungen. Wenn z. B. an einem Ende die Wärme in die Umgebung ausstrahlen kann, so ist dort eine lineare Relation zwischen u und $\partial u/\partial x$ gegeben.

Wir müssen nun zu der Gleichung (24.1) unter der Anfangsbedingung (24.2) und den Randbedingungen (24.3) die Bildgleichung herstellen. Wenn wir $\mathfrak{L}\{u(x, t)\} = U(x, s)$ setzen, so ist wegen (24.2):

$$\mathfrak{L}\left\{\frac{\partial u}{\partial t}\right\} = s\, U(x, s) - u(x, +0) = s\, U(x, s) - u_0(x).$$

Wenn ferner die zweite Ableitung nach x mit der $\mathfrak{L}$-Transformation vertauschbar ist, so gilt:

$$\mathfrak{L}\left\{\frac{\partial^2 u}{\partial x^2}\right\} = \frac{\partial^2}{\partial x^2} \mathfrak{L}\{u\} = \frac{\partial^2 U(x, s)}{\partial x^2}.$$

Da nunmehr nur noch die Differentiation nach x und keine nach einer weiteren Variablen vorkommt, können wir anstelle der partiellen Ableitung eine gewöhnliche schreiben und erhalten somit als Bildgleichung:

(24.4) $\qquad \dfrac{d^2 U}{dx^2} = s\, U - u_0(x).$

In ihr spielt s nur die Rolle eines Parameters, von dem die Lösung U abhängt, was ja auch in ihrer Bezeichnung $U(x, s)$ zum Ausdruck kommt.

Wenn wir nun auch noch die Randfunktionen (24.3) transformieren:

$$\mathfrak{L}\{u(+0, t)\} = \mathfrak{L}\{a_0(t)\} = A_0(s), \quad \mathfrak{L}\{u(l-0, t)\} = \mathfrak{L}\{a_1(t)\} = A_1(s),$$

so erhalten wir gemäß (23.7) zu der Gleichung (24.4) die Randbedingungen:

(24.5) $\qquad U(0+, s) = A_0(s), \qquad U(l-0, s) = A_1(s).$

Die gegebene Anfangsbedingung (24.2) ist in die Bildgleichung eingetreten und läuft nicht mehr nebenher, wird also automatisch berücksichtigt, was einen wichtigen Vorteil darstellt.

Eine Differentialgleichung wie (24.4) unter Randbedingungen pflegt man so zu behandeln: Man löst erst bei beliebigen Randwerten die homogene Gleichung; das bedeutet, daß man das inhomogene Glied $u_0(x)$, d. h. die

Anfangstemperatur, als verschwindend voraussetzt. Dann löst man die inhomogene Gleichung für verschwindende Randwerte $A_0(s)$, $A_1(s)$, was damit gleichbedeutend ist, daß man die Randtemperaturen $a_0(t)$, $a_1(t)$ als verschwindend voraussetzt. Die Summe der beiden Lösungen ergibt offenkundig die Lösung des allgemeinen Problems.

1. Verschwindende Anfangstemperatur, beliebige Randtemperaturen

Zur Lösung der homogenen Gleichung

(24.6) $$\frac{d^2 U}{dx^2} = s U$$

machen wir in üblicher Weise den Ansatz $U = e^{\alpha x}$ und erhalten für α die Bestimmungsgleichung $\alpha^2 = s$. Die beiden Lösungen $\alpha = \pm \sqrt{s}$ ergeben die partikulären Integrale $e^{x\sqrt{s}}$ und $e^{-x\sqrt{s}}$, aus denen sich das allgemeine Integral in der Gestalt $c_1 e^{x\sqrt{s}} + c_2 e^{-x\sqrt{s}}$ aufbauen läßt. c_1 und c_2 sind nun so zu bestimmen, daß die Randbedingungen (24.5) erfüllt sind. Am übersichtlichsten ist es, zunächst die zwei Partikularlösungen herzustellen, die im linken und rechten Randpunkt einerseits die Werte 1 und 0, andererseits 0 und 1 haben, das sind

$$U_0(x,s) = \frac{e^{(l-x)\sqrt{s}} - e^{-(l-x)\sqrt{s}}}{e^{l\sqrt{s}} - e^{-l\sqrt{s}}} = \frac{\sinh(l-x)\sqrt{s}}{\sinh l\sqrt{s}},$$

$$U_1(x,s) = \frac{e^{x\sqrt{s}} - e^{-x\sqrt{s}}}{e^{l\sqrt{s}} - e^{-l\sqrt{s}}} = \frac{\sinh x\sqrt{s}}{\sinh l\sqrt{s}}.$$

Mit diesen Funktionen läßt sich die gesuchte Lösung der Bildgleichung in der Form anschreiben:

$$U(x,s) = A_0(s) U_0(x,s) + A_1(s) U_1(x,s).$$

Hierzu ist nun die Originalfunktion zu bestimmen. Wir wollen zunächst den Grenzfall $l = \infty$ betrachten. Für $l \to \infty$ verschwindet $U_1(x,s)$, und für $U_0(x,s)$ erhält man:

$$U_0(x,s) = \frac{e^{-x\sqrt{s}} - e^{-(2l-x)\sqrt{s}}}{1 - e^{-2l\sqrt{s}}} \to e^{-x\sqrt{s}}.$$

Im Bildraum lautet also die Lösung:

(24.7) $$U(x,s) = A_0(s) e^{-x\sqrt{s}}.$$

Aus der Korrespondenz (siehe TAB. 167)[39]

---

[39] ψ ist die von jeher übliche Bezeichnung für die sogenannte Doppelquellenfunktion der Wärmeleitung. Ebenso ist es allgemein üblich, die S. 120 auftretende »Quellenfunktion« mit χ zu bezeichnen.

§ 24. Die Wärmeleitungsgleichung

(24.8) $\qquad e^{-x\sqrt{s}} \mathrel{\bullet\!\!-\!\!\circ} \dfrac{x}{2\sqrt{\pi}\, t^{3/2}} e^{-\frac{x^2}{4t}} = \psi(x,t) \quad (x > 0)$

und dem Faltungssatz (Regel IX) ergibt sich:

(24.9) $\qquad u(x,t) = a_0(t) * \psi(x,t).$

Schreibt man diesen Ausdruck explizit hin:

(24.10) $\qquad u(x,t) = \dfrac{x}{2\sqrt{\pi}} \int\limits_0^t a_0(t-\tau) \dfrac{e^{-\frac{x^2}{4\tau}}}{\tau^{3/2}} d\tau,$

so sieht man, wie berechtigt es war, die Randbedingung als Grenzwertrelation

$$\lim_{x \to +0} u(x,t) = a_0(t)$$

zu formulieren und nicht in der Form $u(0,t) = a_0(t)$. Denn wenn man einfach $x = 0$ setzt, so wird das Integral wegen des Nenners $\tau^{3/2}$ bei $\tau = 0$ divergent, und selbst wenn es einen bestimmten Wert hätte, würde wegen des Faktors x nicht $a_0(t)$, sondern 0 herauskommen. Andererseits läßt sich tatsächlich durch eine etwas längere Deduktion beweisen, daß die Funktion (24.10) für $x \to 0$ den Grenzwert $a_0(t)$ hat, wenn a_0 an der Stelle t stetig ist.

Daß die Anfangsbedingung $u(x, +0) = 0$ erfüllt ist, sieht man unmittelbar.

Im Fall, daß die Länge l endlich ist, kann man die Originalfunktionen $u_0(x,t)$, $u_1(x,t)$ zu $U_0(x,s)$, $U_1(x,s)$ aus TAB. 186, 185 entnehmen. Wenn diese Korrespondenzen nicht zur Verfügung ständen, würde man die Originalfunktionen durch Reihenentwicklung zu bestimmen versuchen (vgl. § 29). Es ist

(24.11) $\quad U_0(x,s) = \dfrac{e^{-x\sqrt{s}} - e^{-(2l-x)\sqrt{s}}}{1 - e^{-2l\sqrt{s}}} = (e^{-x\sqrt{s}} - e^{-(2l-x)\sqrt{s}}) \sum\limits_{n=0}^{\infty} e^{-2nl\sqrt{s}}$

$= \sum\limits_{n=0}^{\infty} e^{-(2nl+x)\sqrt{s}} - \sum\limits_{n=0}^{\infty} e^{-(2(n+1)l-x)\sqrt{s}} = \sum\limits_{n=0}^{\infty} e^{-(2nl+x)\sqrt{s}} - \sum\limits_{n=1}^{\infty} e^{-(2nl-x)\sqrt{s}}.$

Für $0 < x < l$ ist $2nl+x > 0$ $(n=0,1,\ldots)$ und $2nl-x > 0$ $(n=1,2,\ldots)$, also die Korrespondenz (24.8) anwendbar. Ferner werden wir im Anschluß an Satz 29.4 beweisen, daß die Vertauschung von Summe und $\mathfrak{L}$-Integral hier gerechtfertigt ist. Damit ergibt sich

$$u_0(x,t) = \sum\limits_{n=0}^{\infty} \psi(2nl+x,t) - \sum\limits_{n=1}^{\infty} \psi(2nl-x,t)$$

oder, weil nach (24.8)

$$-\psi(2nl-x,t) = \psi(-2nl+x,t)$$

ist:

(24.12) $$u_0(x,t) = \sum_{n=-\infty}^{+\infty} \psi(2nl+x,t).$$

In dem oben behandelten Fall $l = \infty$ tritt nur das Glied mit $n = 0$ auf. Analog erhält man

(24.13) $$u_1(x,t) = \sum_{n=-\infty}^{+\infty} \psi(2nl+l-x,t).$$

Die Reihen sind zur praktischen Berechnung für kleine t geeignet, weil dann die Faktoren $e^{-(2nl+x)^2/4t}$ in den Reihengliedern klein sind. Für große t eignet sich besser die in TAB. 186, 185 angegebene andere Form.

Mit den Funktionen u_0, u_1 ergibt sich als Originalfunktion zu $u(x,s)$:

(24.14) $$u(x,t) = u_0(x,t) * a_0(t) + u_1(x,t) * a_1(t).$$

Spezielle Randwerte

Wir stellen die speziellen Lösungen zusammen, die entstehen, wenn am rechten Rand $A_1(t) \equiv 0$ ist und die Temperatur am linken Rand durch gewisse einfache, oft vorkommende Funktionen beschrieben wird.

1. Es sei $a_0(t) = \delta(t) = $ Impuls, also $A_0(s) = 1$. Dann ist für $l = \infty$
$$u(x,t) = \psi(x,t)$$
und bei endlichem l
$$u(x,t) = u_0(x,t).$$

Die Randfunktion $\delta(t)$ beschreibt idealisiert eine »Wärmeexplosion« im Punkt $x = 0$ zur Zeit $t = 0$. Die »Greenschen Funktionen« ψ bzw. u_0 lassen sich deuten als die Temperaturverteilungen, die aus einer solchen Explosion resultieren.

2. Es sei $a_0(t) \equiv u(t)$, also $A_0(s) = 1/s$. Dann ist für $l = \infty$
$$U(x,s) = \frac{1}{s} e^{-x\sqrt{s}}.$$

Dieser Funktion entspricht die Originalfunktion (siehe TAB. 168)

(24.15) $$u(x,t) = \text{erfc} \frac{x}{2\sqrt{t}} \qquad (x \geq 0,\ t > 0).$$

Bei endlichem l ist nach (24.11)

$$U(x,s) = \frac{1}{s} U_0(x,s) = \sum_{n=0}^{\infty} \frac{1}{s} e^{-(2nl+x)\sqrt{s}} - \sum_{n=1}^{\infty} \frac{1}{s} e^{-(2nl-x)\sqrt{s}},$$

also

(24.16) $$u(x,t) = \text{erfc} \frac{x}{2\sqrt{t}} + \sum_{n=1}^{\infty} \left[\text{erfc} \frac{2nl+x}{2\sqrt{t}} - \text{erfc} \frac{2nl-x}{2\sqrt{t}} \right].$$

3. Es sei $a_0(t) \equiv \mathrm{e}^{\mathrm{j}\omega t}$. Dann ist für $l = \infty$

(24.17) $$u(x,t) = \mathrm{e}^{\mathrm{j}\omega t} * \psi(x,t) = \mathrm{e}^{\mathrm{j}\omega t} \int_0^t \mathrm{e}^{-\mathrm{j}\omega \tau} \psi(x,\tau)\,d\tau.$$

Man kann in Analogie zu § 13.3 den stationären Zustand bestimmen, dem u für $t \to \infty$ zustrebt. Da $\mathfrak{L}\{\psi(x,t)\}$ für $s = \mathrm{j}\omega$ konvergiert, ist

$$u(x,t) = \mathrm{e}^{\mathrm{j}\omega t}\left\{\int_0^\infty \mathrm{e}^{-\mathrm{j}\omega\tau}\psi(x,\tau)\,d\tau - \int_t^\infty \mathrm{e}^{-\mathrm{j}\omega\tau}\psi(x,\tau)\,d\tau\right\}$$

$$= \mathrm{e}^{\mathrm{j}\omega t}\left\{\mathrm{e}^{-x(\mathrm{j}\omega)^{1/2}} - \int_t^\infty \mathrm{e}^{-\mathrm{j}\omega\tau}\psi(x,\tau)\,d\tau\right\}.$$

Der zweite Summand in der Klammer strebt für $t \to \infty$ gegen 0, so daß der stationäre oder eingeschwungene Zustand gegeben ist durch

(24.18) $$\widetilde{u}(x,t) = \mathrm{e}^{-x(\mathrm{j}\omega)^{1/2}}\,\mathrm{e}^{\mathrm{j}\omega t}.$$

Mit $\mathrm{j} = \mathrm{e}^{\mathrm{j}\pi/2}$, $\mathrm{j}^{1/2} = \mathrm{e}^{\mathrm{j}\pi/4} = \cos\dfrac{\pi}{4} + \mathrm{j}\sin\dfrac{\pi}{4} = \dfrac{\sqrt{2}}{2}(1+\mathrm{j})$ ergibt sich:

(24.19) $$\widetilde{u}(x,t) = \mathrm{e}^{-\sqrt{\omega/2}\,x}\,\mathrm{e}^{\mathrm{j}(\omega t - \sqrt{\omega/2}\,x)}.$$

$\widetilde{u}$ ist eine Schwingung derselben Frequenz wie die Randfunktion, aber mit einer von x und ω abhängigen Amplitude und Phase. Der Faktor

$$G(\mathrm{j}\,\omega) = \mathrm{e}^{-x(\mathrm{j}\omega)^{1/2}} = \mathfrak{L}\{\psi(x,t)\}_{s=\mathrm{j}\omega}$$

kann wie in § 13.3 als Frequenzgang der Temperatur in einem unendlich langen Leiter bezeichnet werden.

2. Beliebige Anfangstemperatur, verschwindende Randtemperaturen

Es liegt jetzt die inhomogene Gleichung (24.4) unter den Randbedingungen

$$U(+0,s) = 0, \qquad U(l-0,s) = 0$$

vor. Wenn man kein Buch über Differentialgleichungen zur Verfügung hat, aus dem man die Lösung dieses Randwertproblems entnehmen könnte, findet man sie folgendermaßen. Man sucht nach der Methode der $\mathfrak{L}$-Transformation die Lösung der Gleichung $U'' - sU = -u_0(x)$ bei gegebenen Anfangswerten $U(0) = 0$ und $U_x(0)$, setzt in ihr $x = l$ und bekommt eine Gleichung zwischen $U_x(0)$ und $U(l)$, vermittels deren man $U_x(0)$ durch $U(l)$ ausdrücken kann. Setzt man diesen Wert von $U_x(0)$ in die Lösung ein, so erhält man

(24.20) $$U(x,s) = \int_0^l \Gamma(x,\xi;s)\,u_0(\xi)\,d\xi$$

mit

(24.21) $$\Gamma(x,\xi;s) = \begin{cases} \dfrac{\sinh \xi \sqrt{s} \sinh (l-x)\sqrt{s}}{\sqrt{s}\sinh l\sqrt{s}} & \text{für } 0 \leq \xi \leq x \\ \dfrac{\sinh x\sqrt{s} \sinh (l-\xi)\sqrt{s}}{\sqrt{s}\sinh l\sqrt{s}} & \text{für } x \leq \xi \leq l. \end{cases}$$

Wir betrachten wieder zunächst den Fall $l = \infty$. Hier reduziert sich Γ auf

(24.22) $$\Gamma(x,\xi;s) = \begin{cases} \dfrac{1}{\sqrt{s}} e^{-x\sqrt{s}} \sinh \xi \sqrt{s} & \text{für } 0 \leq \xi \leq x \\ \dfrac{1}{\sqrt{s}} e^{-\xi\sqrt{s}} \sinh x \sqrt{s} & \text{für } x \leq \xi < \infty. \end{cases}$$

Drückt man sinh durch Exponentialfunktionen aus und benutzt die Korrespondenz (TAB. 169)

(24.23) $$\frac{1}{\sqrt{s}} e^{-k\sqrt{s}} \; \bullet\!\!-\!\!\circ \; \frac{1}{\sqrt{\pi t}} e^{-k^2/4t} = \chi(k,t) \qquad (k \geq 0),$$

so erhält man zu Γ folgende Originalfunktion, die im Gegensatz zur Bildfunktion durch einen einheitlichen Ausdruck dargestellt wird:

(24.24) $$\gamma(x,\xi;t) = \frac{1}{2} [\chi(\xi-x,t) - \chi(\xi+x,t)].$$

Vertauscht man das Integral in (24.20) (dessen obere Grenze jetzt gleich ∞ ist) mit der Umkehrung der $\mathfrak{L}$-Transformation, so erhält man:

(24.25) $$u(x,t) = \frac{1}{2} \int_0^\infty [\chi(\xi-x,t) - \chi(\xi+x,t)] u_0(\xi)\, d\xi.$$

Wenn $u_0(x)$ für $x \to \infty$ einen Grenzwert besitzt, so konvergiert dieses Integral für $x > 0, t > 0$.

Im Fall endlicher Länge l geht man ähnlich vor wie S. 117. Man ersetzt in $\Gamma(x,\xi;s)$ die sinh durch Exponentialfunktionen, entwickelt in eine Reihe und transformiert gliedweise. Dann ergibt sich als Originalfunktion zu Γ:

(24.26) $$\gamma(x,\xi;t) = \frac{1}{2} \sum_{n=-\infty}^{+\infty} [\chi(2nl+x-\xi,t) - \chi(2nl+x+\xi,t)]$$

und als Lösung des Randwertproblems:

(24.27) $$u(x,t) = \int_0^l \gamma(x,\xi;t)\, u_0(\xi)\, d\xi.$$

Die Form (24.26) von γ ist besonders für kleine t geeignet; für große t benutzt man besser die in TAB. 188 angegebene andere Form. Übrigens lassen sich die Funktionen $\gamma(x,\xi;t)$, $u_0(x,t)$, $u_1(x,t)$ durch die aus der Theorie der elliptischen Funktionen bekannte Thetafunktion ϑ_3 ausdrücken.

§ 25. Das Gleichungssystem einer elektrischen Doppelleitung mit verteilten Konstanten

Wenn eine elektrische Leitung so ausgedehnt ist, daß ihre Konstanten (Widerstand usw.) nicht an einzelnen Stellen konzentriert gedacht werden können, so sind Spannung und Stromstärke nicht bloß von der Zeit t, sondern auch von der Längenkoordinate x abhängig, also Funktionen $e(x, t)$ und $i(x, t)$. Besteht die Leitung aus zwei parallelen Drähten, so sind die Ströme $i(x, t)$ an zwei nebeneinander liegenden Stellen x gleich, haben aber entgegengesetzte Richtung. $e(x, t)$ ist die Spannung zwischen den beiden Drähten an der Stelle x.

Es sei R der Widerstand, L die Induktivität, C die Kapazität, G die Ableitung von einem Draht zum anderen (Bild 25.1), alle gemessen pro Längen-

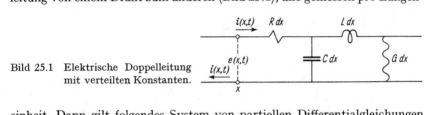

Bild 25.1 Elektrische Doppelleitung mit verteilten Konstanten.

einheit. Dann gilt folgendes System von partiellen Differentialgleichungen erster Ordnung:

(25.1)
$$\frac{\partial e}{\partial x} + L \frac{\partial i}{\partial t} + R\,i = 0$$
$$\frac{\partial i}{\partial x} + C \frac{\partial e}{\partial t} + G\,e = 0.$$

Man kann eine partielle Differentialgleichung zweiter Ordnung für $e(x, t)$ allein ableiten, indem man die Gleichungen in der Form schreibt:

$$-\frac{\partial e}{\partial x} = \left(L \frac{\partial}{\partial t} + R\right) i$$
$$-\frac{\partial i}{\partial x} = \left(C \frac{\partial}{\partial t} + G\right) e,$$

die erste Gleichung nach x differenziert:

$$-\frac{\partial^2 e}{\partial x^2} = \left(L \frac{\partial}{\partial t} + R\right) \frac{\partial i}{\partial x}$$

und $\partial i/\partial x$ aus der zweiten Gleichung einsetzt:

$$\frac{\partial^2 e}{\partial x^2} = \left(L \frac{\partial}{\partial t} + R\right)\left(C \frac{\partial}{\partial t} + G\right) e$$

oder

(25.2)
$$\frac{\partial^2 e}{\partial x^2} = LC \frac{\partial^2 e}{\partial t^2} + (LG + RC) \frac{\partial e}{\partial t} + RG\,e.$$

Dieselbe Gleichung, die sogenannte *Telegraphengleichung*, gilt auch für $i(x, t)$. Für $R = G = 0$ geht sie über in die Wellengleichung

$$\frac{\partial^2 e}{\partial x^2} = LC \frac{\partial^2 e}{\partial t^2},$$

für $L = G = 0$ in die Wärmeleitungsgleichung

$$\frac{\partial^2 e}{\partial x^2} = RC \frac{\partial e}{\partial t}$$

(Gleichung des Thomsonkabels, siehe § 24).

Wir behalten jedoch das System (25.1) bei und nehmen an, daß die Doppelleitung zur Zeit $t = 0$ in Ruhe war, d. h. daß

(25.3) $$e(x, +0) = i(x, +0) = 0$$

ist[40]). Dann lauten die Bildgleichungen zu (25.1):

(25.4)
$$\frac{dE(x, s)}{dx} + L\, s\, I(x, s) + R\, I(x, s) = 0$$
$$\frac{dI(x, s)}{dx} + C\, s\, E(x, s) + G\, E(x, s) = 0.$$

Das ist ein System von gewöhnlichen Differentialgleichungen erster Ordnung, das wir durch eine weitere $\mathfrak{L}$-Transformation (nach x) lösen können, wenn wir die Anfangswerte $E(0, s)$, $I(0, s)$ als gegeben betrachten. Das bedeutet, daß ihre Originalfunktionen $e(0, t)$, $i(0, t)$, d. h. die Werte von Spannung und Strom am Anfang der Leitung gegeben sind. Wir führen folgende Bezeichnungen ein:

$$\int_0^\infty e^{-yx} E(x, s)\, dx = E_1(y, s), \qquad \int_0^\infty e^{-yx} I(x, s)\, dx = I_1(y, s).$$

Die hierdurch definierte $\mathfrak{L}$-Transformation hinsichtlich x führt das System (25.4) in folgendes System von linearen algebraischen Gleichungen über:

(25.5)
$$y\, E_1(y, s) - E(0, s) + (Ls + R)\, I_1(y, s) = 0$$
$$y\, I_1(y, s) - I(0, s) + (Cs + G)\, E_1(y, s) = 0.$$

Hieraus lassen sich E_1 und I_1 leicht berechnen:

(25.6)
$$E_1(y, s) = \frac{E(0, s)\, y - I(0, s)\, (Ls + R)}{y^2 - (Ls + R)\, (Cs + G)}$$
$$I_1(y, s) = \frac{I(0, s)\, y - E(0, s)\, (Cs + G)}{y^2 - (Ls + R)\, (Cs + G)}.$$

---

[40]) Die vollständige Lösung für einen beliebigen Anfangszustand bei unendlich langer Leitung findet sich in dem in Fußnote 38 zitierten Buch, S. 74, und in G. DOETSCH: *Handbuch der Laplace-Transformation*, 3. Band, Birkhäuser Verlag, Basel 1956, S. 49.

Setzen wir

(25.7) $$(Ls + R)(Cs + G) = h(s)^2$$

und gehen von den Bildfunktionen mit der Variablen y zurück zu den Originalfunktionen mit der Variablen x, so ergibt sich nach TAB. 49, 39:

(25.8) $$E(x, s) = E(0, s) \cosh xh(s) - I(0, s) \frac{Ls + R}{h(s)} \sinh xh(s)$$

(25.9) $$I(x, s) = I(0, s) \cosh xh(s) - E(0, s) \frac{Cs + G}{h(s)} \sinh xh(s).$$

$$Z(s) = \frac{Ls + R}{h(s)} = \frac{h(s)}{Cs + G} = \sqrt{\frac{Ls + R}{Cs + G}}$$

heißt die charakteristische Impedanz der Leitung.

(25.8, 9) sind die Lösungen des Systems (25.4), falls $E(0, s)$, $I(0, s)$, d. h. ursprünglich $e(0, t)$, $i(0, t)$ gegeben sind. Wenn eine Leitung der Länge l vorliegt, so ist gewöhnlich an Stelle einer dieser Funktionen der Wert von e oder i am Ende $x = l$ gegeben. Wir wollen den Fall betrachten, daß die Werte der Spannung an Anfang und Ende, also $e(0, t)$ und $e(l, t)$ gegeben sind. Dabei können wir uns auf den Fall beschränken, daß $e(l, t) = 0$, die Leitung also am Ende kurzgeschlossen ist, weil man hieraus die Lösung für $e(0, t) = 0$ und beliebiges $e(l, t)$ durch Ersatz von x durch $l - x$ erhält und die Superposition beider Lösungen die allgemeine Lösung ergibt.

Um $I(0, s)$ zu eliminieren, setzen wir in (25.8) $x = l$ und $E(l, s) = 0$:

$$0 = E(0, s) \cosh l\,h(s) - I(0, s) \frac{Ls + R}{h(s)} \sinh l\,h(s),$$

woraus sich ergibt:

$$I(0, s) = \frac{h(s)}{Ls + R} \frac{\cosh l\,h(s)}{\sinh l\,h(s)} E(0, s).$$

Setzt man diesen Wert in (25.8) ein, so erhält man auf Grund des Additionstheorems der sinh-Funktion:

(25.10) $$E(x, s) = E(0, s) \frac{\sinh (l - x) h(s)}{\sinh l\,h(s)}.$$

Analog ergibt sich aus (25.9), wenn man die Definition (25.7) von $h(s)$ berücksichtigt:

(25.11) $$I(x, s) = E(0, s) \sqrt{\frac{Cs + G}{Ls + R}} \frac{\cosh (l - x) h(s)}{\sinh l\,h(s)}.$$

Ehe wir die Bildfunktionen $E(x, s)$, $I(x, s)$ in den Originalraum übersetzen, schicken wir einen Spezialfall voraus.

Die verzerrungsfreie Leitung

Die Formeln vereinfachen sich beträchtlich, wenn $h(s)$ eine lineare Funktion ist. Wegen

$$h(s)^2 = (Ls+R)(Cs+G)$$
$$= \frac{1}{LC}\left\{\left(LCs+\frac{LG+RC}{2}\right)^2 + \left[LCRG-\left(\frac{LG+RC}{2}\right)^2\right]\right\}$$

ist dies dann und nur dann der Fall, wenn

$$LCRG - \left(\frac{LG+RC}{2}\right)^2 = -\left(\frac{LG-RC}{2}\right)^2 = 0,$$

d. h.

(25.12) $$LG = RC$$

ist. Dann ist

$$h(s) = (LC)^{-1/2}\left(LCs + \frac{LG+RC}{2}\right) = (LC)^{-1/2}(LCs+RC)$$
$$= (LC)^{-1/2}(LCs+LG),$$

also

(25.13) $$h(s) = \left(\frac{C}{L}\right)^{1/2}(Ls+R) = \left(\frac{L}{C}\right)^{1/2}(Cs+G).$$

ferner

$$\frac{Cs+G}{Ls+R} = \frac{G}{R} = \frac{C}{L}.$$

Wenn wir zur Abkürzung

(25.14) $$\left(\frac{C}{L}\right)^{1/2} = a$$

setzen, so ist also unter der Bedingung (25.12)

(25.15) $$E(x,s) = E(0,s)\frac{\sinh a(l-x)(Ls+R)}{\sinh a l(Ls+R)} = E(0,s)V_0(x,s)$$

(25.16) $$I(x,s) = E(0,s)\,a\,\frac{\cosh a(l-x)(Ls+R)}{\sinh a l(Ls+R)}.$$

Bei der Wärmeleitungsgleichung trat in der Funktion $U_0(x,s)$ (siehe S. 116) derselbe Quotient zweier sinh-Funktionen wie jetzt in $V_0(x,s)$ auf, aber an Stelle der linearen Funktion $Ls+R$ stand dort $\sqrt{s}$. Dieser Quotient war eine $\mathfrak{L}$-Transformierte, deshalb konnte damals beim Übergang in den Originalraum der Faltungssatz benutzt werden. Dagegen ist $V_0(x,s)$ keine $\mathfrak{L}$-Transformierte, so daß eine andere Methode angewandt werden muß. Wir formen $V_0(x,s)$ so um:

(25.17) $$V_0(x,s) = \frac{e^{a(l-x)(Ls+R)} - e^{-a(l-x)(Ls+R)}}{e^{al(Ls+R)} - e^{-al(Ls+R)}} = \frac{e^{-ax(Ls+R)} - e^{-a(2l-x)(Ls+R)}}{1 - e^{-2al(Ls+R)}}$$

§ 25. Elektrische Doppelleitung

und betrachten zunächst den Fall $l = \infty$. Hier reduziert sich $V_0(x, s)$ auf

$$e^{-ax(Ls+R)}.$$

Setzt man dies in (25.15) ein und wendet Regel II an, so erhält man unter Beachtung von (25.14):

$$(25.18) \quad e(x, t) = \begin{cases} e^{-R(C/L)^{1/2}x} \, e(0, t - (CL)^{1/2}x) & \text{für } t \geq (CL)^{1/2}x \\ 0 & \text{für } 0 \leq t < (CL)^{1/2}x. \end{cases}$$

Diese Lösung bedeutet eine Fortpflanzung der Eingangsspannung $e(0, t)$ im Sinne wachsender x mit der Geschwindigkeit $(CL)^{-1/2}$. Denn ein bestimmter Wert $e(0, t_0)$ tritt an der Stelle x zur Zeit t auf, wenn

$$t - (CL)^{1/2} x = t_0$$

ist; um den Weg x zu durchlaufen, braucht er die Zeit $t - t_0$, und dabei ist

$$\frac{x}{t-t_0} = (CL)^{-1/2}.$$

Bis überhaupt zum erstenmal eine Erregung in x eintrifft ($t_0 = 0$), verfließt die Zeit $t = (CL)^{1/2}x$, d. h. bis dahin ist $e(x, t) = 0$. Dies entspricht der zweiten Zeile in (25.18). Bei der Fortpflanzung wird die Spannung durch den Faktor $e^{-R(CL)^{1/2}x}$ gedämpft.

An einer festen Stelle kommt zu einer bestimmten Zeit nur ein einziger Wert der Eingangsspannung an, es findet also keine Überlagerung mit früher eingetroffenen und dort als Rückstand verbliebenen Werten statt, wie es bei einer Leitung mit beliebigen Konstanten der Fall ist (siehe S. 127). Aus diesem Grund wird eine Leitung, die der Bedingung (25.12) genügt, als »verzerrungsfrei« bezeichnet.

Ist l endlich, so entwickeln wir die durch (25.17) dargestellte Funktion in eine Reihe:

$$V_0(x, s) = \left(e^{-ax(Ls+R)} - e^{-a(2l-x)(Ls+R)}\right) \sum_{n=0}^{\infty} e^{-2nla(Ls+R)}$$

$$= \sum_{n_1=0}^{\infty} e^{-(2n_1l+x)a(Ls+R)} - \sum_{n_2=1}^{\infty} e^{-(2n_2l-x)a(Ls+R)}.$$

Durch Multiplikation mit $E(0, s)$ und gliedweise Transformation ergibt sich als Originalfunktion zu (25.15):

$$(25.19) \quad e(x, t) = \sum_{n_1=0}^{\infty} e^{-R(C/L)^{1/2}(2n_1l+x)} \, e(0, t - (CL)^{1/2}(2n_1l+x))$$

$$- \sum_{n_2=1}^{\infty} e^{-R(C/L)^{1/2}(2n_2l-x)} \, e(0, t - (CL)^{1/2}(2n_2l-x)),$$

wobei $e(0, t) = 0$ für $t < 0$ zu setzen ist. Bei einem festen Wertepaar x, t

enthält daher jede der beiden Summen nur endlich viele Summanden. Ein bestimmter Wert $e\,(0, t_0)$ der Eingangsspannung erscheint in den Punkten x, t, für die

$$t - (C\,L)^{1/2}\,(2n_1 l + x) = t_0 \text{ ist, mit positivem Vorzeichen,}$$
$$t - (C\,L)^{1/2}\,(2n_2 l - x) = t_0 \text{ ist, mit negativem Vorzeichen.}$$

Die Gleichungen stellen Gerade dar, die in dem Streifen $0 \leq x \leq l$ der xt-Ebene eine Zickzacklinie bilden (Bild 25.2). Die Eingangsspannung wandert also von $x = 0$ bis $x = l$, wird dort unter Umkehrung des Vorzeichens reflektiert (Phasensprung um π), wandert zurück bis $x = 0$, wird dort wieder mit entgegengesetztem Vorzeichen reflektiert usw. Dabei unterliegt sie einer mit dem Weg wachsenden Dämpfung. An einer Stelle x, t superponieren sich alle Werte der Eingangsspannung, die von den beiden durch x, t gehenden Zickzacklinien herangetragen werden, wobei sich das Vorzeichen nach der Anzahl der Reflexionen richtet (Bild 25.3).

Die Stromstärke $I(x, t)$ berechnet sich aus (25.16) in gleicher Weise.

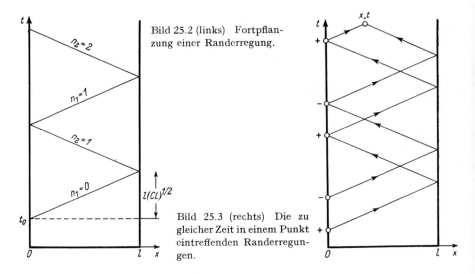

Bild 25.2 (links) Fortpflanzung einer Randerregung.

Bild 25.3 (rechts) Die zu gleicher Zeit in einem Punkt eintreffenden Randerregungen.

Die Leitung mit beliebigen Konstanten

Es sei jetzt $LG \neq RC$. Wir betrachten zunächst den Fall $l = \infty$, bei dem sich (25.10) auf

(25.20) $\qquad E(x, s) = E(0, s)\,e^{-x h(s)} = E(0, s)\,e^{-x\sqrt{(Ls+R)(Cs+G)}}$

reduziert. Zur Rücktransformation benutzen wir eine Formel, die sich auf die modifizierte Bessel-Funktion

$$I_1(z) = \sum_{n=0}^{\infty} \frac{(z/2)^{2n+1}}{n!\,(n+1)!}$$

bezieht:

$$e^{-x\sqrt{as^2+bs+c}} = e^{-(b/2\sqrt{a})x}\, e^{-\sqrt{a}\,xs} + \sqrt{\frac{d}{a}}\,x \int_{\sqrt{a}\,x}^{\infty} e^{-st}\, e^{-(b/2a)t}\, \frac{I_1\!\left(\frac{\sqrt{d}}{a}\sqrt{t^2-ax^2}\right)}{\sqrt{t^2-ax^2}}\,dt$$

mit

$$d = (b/2)^2 - ac.$$

Wir haben zu setzen

$$a = LC, \quad b = LG + RC, \quad c = RG, \quad d = (LG - RC)^2/4.$$

Führen wir die Abkürzungen ein:

$$\sqrt{LC} = \alpha, \quad \frac{1}{2}\left(\frac{G}{C}+\frac{R}{L}\right) = \beta_1, \quad \frac{1}{2}\left(\frac{G}{C}-\frac{R}{L}\right) = \beta_2,$$

$$\frac{1}{2}\left(G\sqrt{\frac{L}{C}}+R\sqrt{\frac{C}{L}}\right) = \gamma_1, \quad \frac{1}{2}\left(G\sqrt{\frac{L}{C}}-R\sqrt{\frac{C}{L}}\right) = \gamma_2,$$

so nimmt die Formel die Gestalt an:

$$(25.21)\quad e^{-x\sqrt{(Ls+R)(Cs+G)}} = e^{-\gamma_1 x}\, e^{-\alpha x s} + \gamma_2 x \int_{\alpha x}^{\infty} e^{-st}\, e^{-\beta_1 t}\, \frac{I_1(\beta_2\sqrt{t^2-\alpha^2 x^2})}{\sqrt{t^2-\alpha^2 x^2}}\,dt.$$

Der erste Summand bewirkt bei Multiplikation mit $E(0,s)$ im Originalraum eine Verschiebung von $e(0,t)$. Der zweite Summand stellt die $\mathfrak{L}$-Transformierte der Funktion

$$(25.22)\quad v(x,t) = \begin{cases} 0 & \text{für } 0 \leq t < \alpha x \\ \gamma_2 x\, e^{-\beta_1 t}\, \dfrac{I_1(\beta_2\sqrt{t^2-\alpha^2 x^2})}{\sqrt{t^2-\alpha^2 x^2}} & \text{für } t \geq \alpha x \end{cases}$$

dar. Auf das Produkt dieses Summanden mit $E(0,s)$ kann also der Faltungssatz angewendet werden. Insgesamt ergibt sich[41]:

$$(25.23)\quad e(x,t) = \begin{cases} 0 & \text{für } 0 \leq t < \alpha x \\ e^{-\gamma_1 x}\, e(0, t-\alpha x) \\ \quad + \gamma_2 x \displaystyle\int_{\alpha x}^{t} e(0, t-\tau)\, e^{-\beta_1 \tau}\, \dfrac{I_1(\beta_2\sqrt{\tau^2-\alpha^2 x^2})}{\sqrt{\tau^2-\alpha^2 x^2}}\,d\tau & \text{für } t \geq \alpha x. \end{cases}$$

Der erste Term der zweiten Zeile entspricht einer Fortpflanzung der Eingangsspannung nach rechts, wobei eine mit x wachsende Dämpfung eintritt. Der zweite stellt die Summe aller bis zur Zeit t in x eingetroffenen Eingangsspannungen $e(0,0)$ bis $e(0, t-\alpha x)$ dar, jede mit einer gewissen Gewichts-

---

[41] Unter Verwendung der δ-Distribution läßt sich das Resultat nach TAB. 260 etwas kürzer ableiten.

funktion multipliziert. Diese als Rückstand verbliebenen Spannungen bewirken eine Verzerrung der Übertragung.

Hat die Leitung eine endliche Länge l, so geht man genauso vor wie im Fall der verzerrungsfreien Leitung: Man entwickelt den Faktor von $E(0, s)$ in (25.10) in eine Reihe und übersetzt gliedweise. Die einzelnen Terme haben dieselbe Gestalt wie (25.23), nur ist x ersetzt durch $2n_1 l + x$ bzw. $2n_2 l - x$. Das bedeutet wie S. 126, daß die Werte der Eingangsspannung über die Leitung wandern und fortgesetzt an den Enden reflektiert werden. Dabei hinterläßt jeder Wert an der Stelle x einen Rückstand, und diese Rückstände summieren sich in Form von Integralen der in (25.23) vorkommenden Art.

Leitung mit Speise- und Verbraucherschaltung an den Enden

Im vorigen wurde vorausgesetzt, daß die Spannung an Eingang und Ausgang gegeben ist, wobei der Ausgang als kurzgeschlossen angenommen wurde. Das bedeutet, daß zwischen den Eingangsklemmen unmittelbar eine EMK $e(t)$ sitzt: $e(0, t) = e(t)$, und daß $e(l, t) = 0$ ist. In der Praxis wird aber i. allg. die Leitung an den Eingangsklemmen aus einem Netz gespeist, das die EMK $e(t)$ enthält und aus einer oder mehreren Maschen mit Widerständen, Induktivitäten und Kapazitäten besteht. Ebenso liegt i. allg. zwischen den Ausgangsklemmen ein Netz aus mehreren Maschen. Die »Speiseschaltung« (Netzwerk am Eingang) und die »Verbraucherschaltung« (Netzwerk am Ausgang) kann durch je eine Impedanz $Z_0(s)$ bzw. $Z_l(s)$ charakterisiert werden. Ist $E(s)$ die $\mathfrak{L}$-Transformierte der EMK $e(t)$ und liegt eine Schaltung wie in Bild 25.4 vor, so gelten jetzt im Bildraum an Stelle von $E(0, s) = E(s)$ und $E(l, s) = 0$ die Gleichungen[42])

(25.24) $\qquad E(0, s) = E(s) - Z_0(s) I(0, s)$

(25.25) $\qquad E(l, s) = \qquad Z_l(s) I(l, s).$

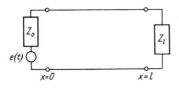

Bild 25.4 Elektrische Doppelleitung mit Speiseschaltung und Verbraucherschaltung.

Für diese Randwerte können wir die früheren Resultate benutzen. Setzt man in (25.8, 9) $x = l$ und führt die gewonnenen Werte von $E(l, s)$ und $I(l, s)$ in (25.25) ein, so ergibt sich:

$$E(0, s) \left[\cosh l h(s) + \frac{Z_l}{Z} \sinh l h(s)\right] - I(0, s) \left[Z \sinh l h(s) + Z_l \cosh l h(s)\right] = 0.$$

---

[42]) Wenn sich die EMK in einem inneren Zweig des Speisenetzes befindet, können die Gleichungen eine etwas andere Gestalt haben.

§ 25. Elektrische Doppelleitung

Nimmt man hierzu die Gleichung (25.24), so hat man zwei Gleichungen für die Unbekannten $E(0, s)$ und $I(0, s)$. Die Determinante des Systems ist

$$D(s) = (Z_0 + Z_l) \cosh l h(s) + \frac{Z_0 Z_l + Z^2}{Z} \sinh l h(s),$$

die Lösungen lauten:

$$E(0, s) = \frac{1}{D(s)} \left[Z \sinh l h(s) + Z_l \cosh l h(s) \right] E(s)$$

$$I(0, s) = \frac{1}{D(s)} \left[\cosh l h(s) + \frac{Z_l}{Z} \sinh l h(s) \right] E(s).$$

Setzt man diese Werte in Gleichung (25.8) ein, so erhält man:

$$(25.26) \quad E(x, s) = \frac{1}{D(s)} \Big[Z \sinh l h(s) \cosh x h(s) + Z_l \cosh l h(s) \cosh x h(s)$$

$$- Z \cosh l h(s) \sinh x h(s) - Z_l \sinh l h(s) \sinh x h(s) \Big] E(s)$$

$$= \frac{Z(s) \sinh (l-x) h(s) + Z_l(s) \cosh (l-x) h(s)}{(Z_0(s) + Z_l(s)) \cosh l h(s) + \frac{1}{Z(s)} (Z_0(s) Z_l(s) + Z(s)^2) \sinh l h(s)} E(s).$$

Damit ist die $\mathfrak{L}$-Transformierte der Spannung $e(x, t)$ bestimmt.

Für die Übersetzung in den Originalraum ist es praktisch, die Hyperbelfunktionen durch Exponentialfunktionen zu ersetzen:

$$(25.27) \quad E(x, s) = Z \frac{(Z + Z_l) e^{(l-x) h(s)} - (Z - Z_l) e^{(l-x) h(s)}}{(Z + Z_0)(Z + Z_l) e^{l h(s)} - (Z - Z_0)(Z - Z_l) e^{-l h(s)}} E(s)$$

$$= \frac{Z(s)}{Z(s) + Z_0(s)} \cdot \frac{e^{-x h(s)} - \varrho_l(s) e^{-(2l-x) h(s)}}{1 - \varrho_0(s) \varrho_l(s) e^{-2l h(s)}} E(s),$$

wo die Größen

$$\varrho_0(s) = \frac{Z(s) - Z_0(s)}{Z(s) + Z_0(s)}, \qquad \varrho_l(s) = \frac{Z(s) - Z_l(s)}{Z(s) + Z_l(s)}$$

eingeführt sind, die als Reflexionskoeffizienten bezeichnet werden[43].

Man kann nun ähnlich wie beim Übergang von (25.17) zu (25.19) $E(x, s)$ in eine geometrische Reihe entwickeln und die Originalfunktion $e(x, t)$ durch gliedweise Übersetzung erhalten[44].

Ein interessanter Spezialfall entsteht, wenn $Z_l(s) = Z(s)$ ist. Dann wird $\varrho_l(s) = 0$ und

---

[43] Die beiden Darstellungen (25. 26, 27) für $E(x, s)$ wurden angegeben von F. Di Pasquantonio: *Applicazione della teoria delle distribuzioni all'analisi dei transitori delle linee elettriche. I. Problema della linea inizialmente a riposo*. Alta Frequenza 34 (1965) S. 707—738 [Gleichungen (3.3.20), (3.3.16)].

[44] Siehe die Durchführung in der unter Fußnote 43 zitierten Arbeit, S. 719.

(25.28) $$E(x, s) = \frac{Z(s)}{Z(s) + Z_0(s)} e^{-xh(s)} E(s).$$

Das bedeutet: Wenn die Leitung auf der Verbraucherseite mit der charakteristischen Impedanz belastet wird, so entsteht ein reiner Fortpflanzungsvorgang ohne Reflexionen. Im allgemeinen ist jedoch $Z(s)$ keine gebrochen rationale Funktion und daher nicht durch ein Netzwerk exakt realisierbar.

* *
*

Die vorgeführten Beispiele sollen zeigen, daß die $\mathfrak{L}$-Transformation einen ganz klaren und zwangsläufigen Weg angibt, wie man ein Rand- und Anfangswertproblem einer partiellen Differentialgleichung in zwei unabhängigen Variablen mit konstanten Koeffizienten auf ein Randwertproblem einer gewöhnlichen Differentialgleichung reduziert. Dieses ist meist leicht zu lösen. Schwierigkeiten treten erst bei der Transformation der Lösung in den Originalraum auf. Die an den obigen Beispielen vorgeführte Methode, Tabellen und Reihenentwicklungen zu benutzen, läßt sich bei vielen anderen Problemen verwenden. Weitere Methoden findet man in Kap. 6.

KAPITEL 5

Integralgleichungen und Integralrelationen

§ 26. Integralgleichungen vom Faltungstypus

In der Physik treten häufig Integralgleichungen folgenden Typs auf ($f(t)$ gesuchte Funktion, $k(t)$ und $g(t)$ gegebene Funktionen):

(26.1) $$\int_0^t k(t-\tau)\,f(\tau)\,d\tau = g(t) \qquad \text{(1. Art)},$$

(26.2) $$f(t) = g(t) + \int_0^t k(t-\tau)\,f(\tau)\,d\tau \qquad \text{(2. Art)}.$$

Da das darin auftretende Integral eine Faltung ist, heißen sie Integralgleichungen vom Faltungstypus.

Wir betrachten zunächst die leichter zu behandelnde *Integralgleichung zweiter Art*. Wenn $\mathfrak{L}\{k\}$ absolut konvergiert, so verwandelt die $\mathfrak{L}$-Transformation nach dem Faltungssatz (Regel IX) die Faltung $k * f$ in das einfache algebraische Produkt der Bildfunktionen, die wir wie immer mit den entsprechenden großen Buchstaben bezeichnen. Zu (26.2) gehört also die Bildgleichung
$$F(s) = G(s) + K(s)\,F(s)$$
mit der Lösung

(26.3) $$F(s) = \frac{G(s)}{1-K(s)}.$$

In dieser Gestalt ist $f(s)$ nicht unmittelbar zurücktransformierbar. Schreibt man aber $F(s)$ in der Form

(26.4) $$F(s) = G(s) + \frac{K(s)}{1-K(s)}\,G(s),$$

so läßt sich zeigen (EINF. S. 286), daß zu

$$Q(s) = \frac{K(s)}{1-K(s)}$$

immer eine Originalfunktion $q(t)$ gehört, so daß man (26.4) leicht in den Originalraum übersetzen kann:

(26.5) $$f(t) = g(t) + q(t) * g(t).$$

Diese Lösungsgleichung hat dieselbe Gestalt wie die ursprüngliche Integralgleichung, wenn man sie in der Form

$$g(t) = f(t) + (-q) * g,$$

schreibt, nur sind jetzt die Rollen von f und g vertauscht, und an Stelle des »Kernes« $k(t)$ steht der »reziproke Kern« $-q(t)$.

$q(t)$ läßt sich durch eine unendliche Reihe darstellen und auf diese Weise auch berechnen. Aus

$$Q(s) = \sum_{n=1}^{\infty} [K(s)]^n$$

folgt nämlich:

(26.6) $$q(t) = \sum_{n=1}^{\infty} k(t)^{*n},$$

wo

$$k^{*1} = k, \quad k(t)^{*n} = \underset{1}{k} * \underset{2}{k} * \ldots * \underset{n}{k} \quad (n = 2, 3, \ldots)$$

ist. Die Reihe (26.6) heißt in der allgemeinen Theorie der Integralgleichungen die »Neumannsche Reihe«.

Manchmal kann man zu $Q(s)$ auch unmittelbar die Originalfunktion angeben. Ist der Kern $k(t)$ z. B. ein Polynom (oder ist er durch ein Polynom approximiert):

$$k(t) = a_0 + a_1 t + \cdots + a_r t^r,$$

so ist

$$K(s) = \frac{a_0}{s} + \frac{1! a_1}{s^2} + \cdots + \frac{r! a_r}{s^{r+1}},$$

und

$$Q(s) = \frac{K(s)}{1-K(s)} = \frac{a_0 s^r + 1! a_1 s^{r-1} + \cdots + r! a_r}{s^{r+1} - a_0 s^r - 1! a_1 s^{r-1} - \cdots - r! a_r}$$

ist eine gebrochen rationale Funktion, deren Zähler von geringerem Grad als der Nenner ist und die also nach den Methoden von § 12 zurückübersetzt werden kann.

Die *Integralgleichung erster Art* läßt sich nicht allgemein lösen, sondern nur in gewissen Fällen. Die Bildgleichung von (26.1) lautet

$$K(s) F(s) = G(s).$$

Ihre Lösung

(26.7) $$F(s) = \frac{G(s)}{K(s)}$$

kann nicht vermittels des Faltungssatzes zurücktransformiert werden, weil $\frac{1}{K(s)}$ keine $\mathfrak{L}$-Transformierte ist (vgl. Satz 32.1). Manchmal läßt sich eine Integralgleichung erster Art in eine solche zweiter Art überführen. Dazu braucht man folgenden Satz (EINF. S. 62).

Satz 26.1. $f_1(t)$ sei für $t > 0$ differenzierbar und für $t = 0$ stetig. $f_1'(t)$ und $f_2(t)$ seien in jedem Intervall $0 \leq t \leq T$ absolut integrierbar und in jedem Intervall $0 < T_1 \leq t \leq T_2$ beschränkt. An einer Stelle $t > 0$, wo f_2 nach rechts (links) stetig ist, ist $f(t) = f_1 * f_2$ nach rechts (links) differenzierbar, und zwar ist

$$f'(t) = f_1(0) f_2(t) + f_1' * f_2.$$

Ist $f_1(0) = 0$, so ist die Stetigkeitsvoraussetzung über f_2 überflüssig.

(In dieser sehr allgemeinen Form braucht man den Satz z. B. in der Theorie der gewöhnlichen Differentialgleichungen, wenn die Erregungsfunktion Sprungstellen besitzt.)

Wenn $k(t)$ und $g(t)$ differenzierbar sind und $k(0) \neq 0$ ist, so erhält man durch Differentiation von (26.1) die Integralgleichung zweiter Art:

$$k(0) f(t) + \int_0^t k'(t-\tau) f(\tau) \, d\tau = g'(t),$$

die man in der obigen Weise behandeln kann. Ist

$$k(0) = k'(0) = \cdots = k^{(n-1)}(0) = 0, \, k^{(n)}(0) \neq 0,$$

so ergibt sich durch $(n + 1)$-malige Differentiation:

$$k^{(n)}(0) f(t) + \int_0^t k^{(n+1)}(t-\tau) f(\tau) \, d\tau = g^{(n+1)}(t),$$

also wieder eine Integralgleichung zweiter Art.

Diese Methode versagt, wenn $k(t)$ in $t = 0$ keine Ableitungen besitzt, wie z. B. im Fall $k(t) = t^{-\alpha}, 0 < \alpha < 1$. Dann führt manchmal folgende Methode zum Ziel: Man setzt

$$\int_0^t f(\tau) \, d\tau = \varphi(t).$$

Da nach Regel VII

$$\mathfrak{L}\{\varphi\} = \Phi(s) = \frac{1}{s} F(s)$$

ist, nimmt (26.7) die Gestalt an:

$$\Phi(s) = \frac{1}{s K(s)} G(s).$$

Wenn auch $K(s)^{-1}$ keine $\mathfrak{L}$-Transformierte ist, so kann doch $[s K(s)]^{-1}$ eine solche sein, womit der Faltungssatz anwendbar wird.

Dieser Fall liegt z. B. bei der *Abelschen Integralgleichung*

(26.8) $$\int_0^t (t-\tau)^{-\alpha} f(\tau) \, d\tau = g(t) \quad (0 < \alpha < 1)$$

vor, die in vielen Gebieten der Physik von Bedeutung ist. Setzt man hier $f * 1 = \varphi(t)$, so ergibt sich wegen

$$t^{-\alpha} \circ\!\!-\!\!\bullet \frac{\Gamma(1-\alpha)}{s^{1-\alpha}} = K(s) \quad (\alpha < 1)$$

für $\Phi(s)$ die Bildgleichung

$$\frac{\Gamma(1-\alpha)}{s^{-\alpha}} \Phi(s) = G(s)$$

mit der Lösung

$$\Phi(s) = \frac{1}{\Gamma(1-\alpha) s^{\alpha}} G(s).$$

Wegen

$$\frac{1}{s^{\alpha}} \bullet\!\!-\!\!\circ \frac{t^{\alpha-1}}{\Gamma(\alpha)} \quad (\alpha > 0)$$

gehört hierzu die Originalfunktion

$$\varphi(t) = \frac{1}{\Gamma(\alpha)\,\Gamma(1-\alpha)} t^{\alpha-1} * g(t).$$

(Man beachte, daß wir bei der Hintransformation $\alpha < 1$ und bei der Rücktransformation $\alpha > 0$, also insgesamt $0 < \alpha < 1$ gebraucht haben.)

Da nach einer bekannten Formel

$$\frac{1}{\Gamma(\alpha)\,\Gamma(1-\alpha)} = \frac{\sin \alpha \pi}{\pi}$$

ist, hat $\varphi(t)$ explizit die Gestalt:

$$\varphi(t) = \frac{\sin \alpha \pi}{\pi} \int_0^t \tau^{\alpha-1} g(t-\tau)\,d\tau.$$

Wenn $g(t)$ differenzierbar und für $t = 0$ stetig ist, findet man hieraus nach Satz 26.1:

(26.9) $$f(t) = \varphi'(t) = \frac{\sin \alpha \pi}{\pi} \Big[g(0)\,t^{\alpha-1} + \int_0^t \tau^{\alpha-1} g'(t-\tau)\,d\tau\Big].$$

§ 27. Integralrelationen

In § 26 gingen wir von einer Gleichung für eine unbekannte Funktion aus, in der ein Faltungsintegral vorkam, und übersetzten sie durch die $\mathfrak{L}$-Transformation in eine algebraische Gleichung. Wir wollen jetzt umgekehrt von einer *algebraischen Gleichung* für *bekannte* Funktionen ausgehen und sie durch Umkehrung der $\mathfrak{L}$-Transformation in eine Relation überführen, in der Faltungsintegrale vorkommen. Man kann auf diese einfache Art wichtige

§ 27. Integralrelationen

Integralrelationen für die in der Physik vorkommenden Funktionen aufstellen, die auf direktem Weg nur sehr schwierig zu beweisen sind. Wir zeigen das an einigen Beispielen.

Für die bei der Wärmeleitung auftretende *Doppelquellenfunktion* (siehe (24.8))

gilt:
$$\psi(x,t) = \frac{x}{2\sqrt{\pi}\, t^{3/2}}\, e^{-x^2/4t}$$

$$\psi(x,t) \circ\!\!-\!\!\bullet\ e^{-x\sqrt{s}} \quad (x>0).$$

Aus
$$e^{-x_1\sqrt{s}} \cdot e^{-x_2\sqrt{s}} = e^{-(x_1+x_2)\sqrt{s}} \quad (x_1>0,\ x_2>0)$$

folgt für ψ das Additionstheorem

(27.1) $$\psi(x_1,t) * \psi(x_2,t) = \psi(x_1+x_2, t),$$

das explizit hingeschrieben ziemlich kompliziert aussieht. Versucht man diese Relation durch direkte Ausrechnung zu bestätigen, so stellt man fest, daß dies eine sehr langwierige Arbeit ist.

Für die in der Physik häufig vorkommende *Besselsche Funktion*

$$J_0(t) = \sum_{n=0}^{\infty} \frac{(-1)^n}{(n!)^2} \left(\frac{t}{2}\right)^{2n}$$

gilt (TAB. 144):
$$J_0(t) \circ\!\!-\!\!\bullet\ \frac{1}{(s^2+1)^{1/2}}.$$

Zerlegt man die Bildfunktion in folgender Weise:

$$\frac{1}{(s^2+1)^{1/2}} = \frac{1}{(s+j)^{1/2}} \frac{1}{(s-j)^{1/2}}$$

und beachtet, daß (TAB. 147 und Regel IV)

$$\frac{\Gamma(1/2)}{(s+\alpha)^{1/2}} \bullet\!\!-\!\!\circ\ t^{-1/2} e^{-\alpha t} \quad (\Gamma(1/2) = \sqrt{\pi})$$

ist, so erhält man nach dem Faltungssatz:

$$J_0(t) = \frac{1}{\pi}\, (t^{-1/2}\, e^{-jt}) * (t^{-1/2}\, e^{jt}) = \frac{1}{\pi} \int_0^t \tau^{-1/2}\, e^{-j\tau}\, (t-\tau)^{-1/2}\, e^{j(t-\tau)}\, d\tau$$

$$= \frac{1}{\pi} e^{jt} \int_0^t \tau^{-1/2}\, (t-\tau)^{-1/2}\, e^{-2j\tau}\, d\tau = \frac{1}{\pi} e^{jt} \int_0^1 u^{-1/2}\, (1-u)^{-1/2}\, e^{-2jtu}\, du$$

$$= \frac{1}{\pi} \int_0^1 e^{jt(1-2u)}\, [u(1-u)]^{-1/2}\, du.$$

Setzt man

$$1-2u=v, \quad \text{also} \quad u=\frac{1-v}{2}, \quad 1-u=\frac{1+v}{2},$$

so ergibt sich folgende Formel:

(27.2) $$J_0(t)=\frac{1}{\pi}\int_{-1}^{+1}e^{jtv}(1-v^2)^{-1/2}\,dv,$$

die durch die Substitution

$$v=\cos\varphi, \quad 1-v^2=\sin^2\varphi$$

in das sogenannte Poissonsche Integral für J_0 übergeht:

(27.3) $$J_0(t)=\frac{1}{\pi}\int_0^\pi e^{jt\cos\varphi}\,d\varphi = \frac{2}{\pi}\int_0^{\pi/2}\cos(t\cos\varphi)\,d\varphi.$$

Diese Beispiele mögen genügen, um zu zeigen, daß man oft tiefliegende Eigenschaften einer Funktion auf dem Weg über die $\mathfrak{L}$-Transformation in sehr einfacher und übersichtlicher Weise finden kann.

KAPITEL 6

Berechnung der Originalfunktion aus der Bildfunktion

§ 28. Das komplexe Umkehrintegral

Die Lösung von Funktionalgleichungen (Differential-, Differenzen-, Integralgleichungen) vermittels $\mathfrak{L}$-Transformation vollzieht sich immer in der Weise, daß die Gleichung vom Original- in den Bildraum übersetzt und die entstehende Bildgleichung gelöst wird. Der letzte und meist schwierigste Schritt besteht in der Berechnung der Originalfunktion, die zu der gefundenen Bildfunktion gehört.

Das wichtigste Hilfsmittel hierbei ist die komplexe Umkehrformel (2.8):

$$(28.1) \qquad f(t) = \lim_{Y \to \infty} \frac{1}{2\pi j} \int_{\alpha-jY}^{\alpha+jY} e^{ts} F(s)\, ds \quad (t > 0),$$

wo α eine Abszisse in der Halbebene absoluter Konvergenz des Laplace-Integrals $\mathfrak{L}\{f\}$ ist. Diese Formel ist zwar für die unmittelbare Berechnung von $f(t)$ wenig geeignet, weil sie die Kenntnis von $F(s)$ für die komplexen Werte $s = \alpha + jy\,(-\infty < y < +\infty)$ erfordert. Ihre Bedeutung liegt aber darin, daß sie ein Integral mit komplexem Weg über eine *analytische* Funktion darstellt, so daß man die aus der komplexen Funktionentheorie bekannten Methoden, wie Verformung des Integrationsweges, Residuenrechnung usw., auf das Integral anwenden und dadurch seine Eigenschaften aufdecken kann.

Diese Methode sei an folgendem Beispiel gezeigt. Ein Wärmeleiter, wie er in § 24 betrachtet wurde, der sich von $x = 0$ bis $x = \infty$ erstreckt, habe die Anfangstemperatur 0. An das Ende $x = 0$ sei die Randtemperatur $\cos \omega t$ angelegt. Nach (24.9) ist dann die Temperatur u an der Stelle x zur Zeit t gegeben durch

$$u(x,t) = \cos \omega t * \psi(x,t).$$

Das ist ein sehr eleganter Ausdruck, der aber das Verhalten von $u(x,t)$ in keiner Weise erkennen läßt. Wir greifen daher auf die Bildfunktion (24.7) zurück, die wegen

$$\cos \omega t \circ\!\!-\!\!\bullet \frac{s}{s^2+\omega^2}$$

die Gestalt hat:

$$U(x,s) = \frac{s}{s^2+\omega^2} e^{-x\sqrt{s}}.$$

Nach der komplexen Umkehrformel ist

(28.2) $$u(x,t) = \lim_{Y \to \infty} \frac{1}{2\pi j} \int_{\alpha-jY}^{\alpha+jY} e^{ts} \frac{s}{s^2+\omega^2} e^{-x\sqrt{s}} ds.$$

$U(x,s)$ hat wegen des Nenners $s^2 + \omega^2$ einfache Pole in $s = \pm j\omega$ und wegen des Exponenten $\sqrt{s}$ eine Verzweigungsstelle in $s = 0$. Als Abszisse α ist jede reelle Zahl > 0 brauchbar.

Wir betrachten nun die in Bild 28.1 angegebene geschlossene Kurve $\mathfrak{C}$, bestehend aus einer Vertikalen bei $s = \alpha$, zwei Kreisbogen um 0 vom

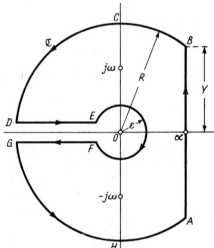

Bild 28.1 Eine Kurve, in deren Innerem die Funktion $U(x,s)$ eindeutig und bis auf Pole analytisch ist.

Radius ε und R und zwei Horizontalen über und unter der negativ reellen Achse. Im Innern dieser Kurve ist $U(x,s)$ eindeutig und analytisch bis auf die Pole $s = \pm j\omega$.

Nach dem Cauchyschen Residuensatz ist daher

$$\frac{1}{2\pi j} \int_{\mathfrak{C}} e^{ts} U(x,s) ds = \text{Summe der Residuen von } e^{ts} U(x,s) \text{ in } s = \pm j\omega.$$

Diese Residuen rechnet man aus nach folgendem (EINF. S. 167)

Satz 28.1. *$F_1(s)$ und $F_2(s)$ seien in der Umgebung von s_0 analytisch, und es sei $F_1(s_0) \neq 0$, während $F_2(s)$ in s_0 eine einfache Nullstelle habe. Dann ist das Residuum von $\frac{F_1(s)}{F_2(s)}$ in s_0 gleich $\frac{F_1(s_0)}{F_2'(s_0)}$.*

§ 28. Das komplexe Umkehrintegral

Schreiben wir $e^{ts} U(x, s)$ in der Form

$$\frac{e^{ts} s e^{-x\sqrt{s}}}{s^2 + \omega^2} = \frac{F_1(s)}{F_2(s)},$$

so ist $F_2'(s) = 2s$, also das Residuum

in $s_0 = j\omega$ gleich $\dfrac{e^{tj\omega} j\omega e^{-x\sqrt{j\omega}}}{2 j\omega}$,

in $s_0 = -j\omega$ gleich $\dfrac{e^{-tj\omega}(-j\omega) e^{-x\sqrt{-j\omega}}}{-2 j\omega}$.

Es ergibt sich daher:

$$\frac{1}{2\pi j} \int_{\mathfrak{C}} e^{ts} U(x,s)\, ds = \frac{1}{2}\left(e^{j\omega t - x\sqrt{j\omega}} + e^{-j\omega t - x\sqrt{-j\omega}}\right).$$

Wegen

$$\sqrt{j} = \cos\frac{\pi}{4} + j\sin\frac{\pi}{4} = \frac{1+j}{\sqrt{2}},$$

$$\sqrt{-j} = \cos\frac{\pi}{4} - j\sin\frac{\pi}{4} = \frac{1-j}{\sqrt{2}}$$

vereinfacht sich dies zu

$$(28.3) \quad \frac{1}{2\pi j} \int_{\mathfrak{C}} e^{ts} U(x,s)\, ds = \frac{1}{2} e^{-x\sqrt{\omega/2}}\left(e^{j(\omega t - x\sqrt{\omega/2})} + e^{-j(\omega t - x\sqrt{\omega/2})}\right)$$

$$= e^{-x\sqrt{\omega/2}} \cos(\omega t - x\sqrt{\omega/2}).$$

Wir wollen nun ε gegen 0 und R gegen ∞ streben lassen, wobei das Integral über AB nach (28.2) gegen $u(x, t)$ strebt. Das Verhalten der Integrale über die beiden Kreisbogen CD und GH ergibt sich aus einem Satz, den man bei derartigen Untersuchungen sehr häufig gut gebrauchen kann (EINF. S. 157).

Satz 28.2. $F(s) = F(r e^{j\varphi})$ *strebe in der linken Halbebene* $\Re s \leq 0$, *d. h.* $\dfrac{\pi}{2} \leq \varphi \leq \dfrac{3\pi}{2}$, *für* $r \to \infty$ *gleichmäßig in* φ *gegen 0. Bedeutet* $\mathfrak{H}$ *einen Halbkreis vom Radius* r *um 0 in der linken Halbebene, so gilt:*

$$\int_{\mathfrak{H}} e^{ts} F(s)\, ds \to 0 \quad \text{für } r \to \infty,$$

wenn $t > 0$ *ist. Dasselbe gilt, wenn es sich statt um volle Halbkreise um Teilbogen mit demselben Zentriwinkel handelt*[45]).

---

[45]) Dieser Satz, der oft als Jordansches Lemma bezeichnet wird, ist keineswegs selbstverständlich. Denn wenn auch in der linken Halbebene e^{ts} für $t > 0$ beschränkt ist und daher der Integrand gleichmäßig gegen 0 strebt, so wächst doch die Länge des Integrationsweges über alle Grenzen.

140 Kapitel 6: Berechnung der Originalfunktion aus der Bildfunktion

Für s in der linken Halbebene liegt $\sqrt{s}$ in der rechten, es ist also $\Re \sqrt{s} \geq 0$ und

$$\left|e^{-x\sqrt{s}}\right| = e^{-x\Re\sqrt{s}} \leq 1.$$

Ferner ist für große $|s|$

$$\frac{s}{s^2 + \omega^2} \sim \frac{1}{s},$$

so daß $U(x, s)$ in der linken Halbebene für $|s| \to \infty$ gleichmäßig in φ gegen 0 strebt. Nach dem angegebenen Satz streben somit die Integrale über die Bogen CD und GH für $R \to \infty$ gegen 0, wenn $t > 0$ ist, was ja in unserem Fall zutrifft.

Auf den Bogen BC und HA sind e^{ts} und $e^{-x\sqrt{s}}$ beschränkt, und der Faktor $\dfrac{s}{s^2 + \omega^2}$ sorgt dafür, daß der Integrand gleichmäßig gegen 0 strebt, so daß auch diese Integralbeiträge gegen 0 konvergieren, weil die Länge des Integrationsweges beschränkt ist.

Auf dem Kreisbogen EF ist der gesamte Integrand beschränkt und die Länge des Integrationsweges konvergiert gegen 0 für $\varepsilon \to 0$, daher verschwindet dieser Integralbeitrag.

Auf der linken Seite von (28.3) bleiben also nur übrig: das Integral über die Vertikale bei α, das gleich $u(x, t)$ ist, und die Integrale über die beiden horizontalen Strahlen, die nunmehr durch das obere und untere Ufer der negativ reellen Achse zu ersetzen sind. Aus (28.3) ergibt sich also:

$$u(x,t) = e^{-x\sqrt{\omega/2}} \cos(\omega t - x\sqrt{\omega/2}) - \frac{1}{2\pi j} \int_{-\infty}^{0} e^{ts} U(x,s)\, ds - \frac{1}{2\pi j} \int_{0}^{-\infty} e^{ts} U(x,s)\, ds.$$

In dem Integral über das obere Ufer ist $s = re^{j\pi}$, in dem über das untere Ufer $s = re^{-j\pi}$ zu setzen:

$$\int_{-\infty}^{0} e^{ts} U(x,s)\, ds = -\int_{0}^{\infty} e^{-tr} \frac{r}{r^2 + \omega^2} e^{-jx\sqrt{r}}\, dr,$$

$$\int_{0}^{-\infty} e^{ts} U(x,s)\, ds = \int_{0}^{\infty} e^{-tr} \frac{r}{r^2 + \omega^2} e^{+jx\sqrt{r}}\, dr.$$

Damit erhält man endgültig:

$$(28.4) \quad u(x,t) = e^{-x\sqrt{\omega/2}} \cos\left(\omega t - x\sqrt{\frac{\omega}{2}}\right) - \frac{1}{\pi} \int_{0}^{\infty} e^{-tr} \frac{r}{r^2 + \omega^2} \sin x\sqrt{r}\, dr.$$

Diese auf dem Weg über das komplexe Umkehrintegral gewonnene Form der Lösung gewährt einen viel tieferen Einblick in das Verhalten von $u(x, t)$ als die frühere. Das auftretende Integral ist ein Laplace-Integral, nur steht hier t an Stelle von s und r an Stelle von t. Es strebt für $t \to \infty$ gegen 0 (siehe Satz 32.1), stellt also einen mit wachsender Zeit abklingenden Ausgleichsvorgang dar, dessen Verhalten sich durch eine asymptotische Entwicklung noch genauer beschreiben läßt, wie in § 34 gezeigt wird. Den wesentlichen Bestandteil von $u(x, t)$ bildet der erste Term, der zeigt, daß die Temperatur an einer Stelle $x > 0$ dieselbe Schwingung vollführt wie die am Rand $x = 0$ angelegte, nur durch den Faktor $e^{-x\sqrt{\omega/2}}$ gedämpft und um $x\sqrt{\omega/2}$ phasenverschoben. Vgl. hierzu das Resultat (24.19). Dort war der Ausgleichsvorgang in Form eines Integrals von t bis ∞ abgespalten worden.

In ähnlicher Weise läßt sich bei vielen Problemen für die Originalfunktion ein praktisch brauchbarer Ausdruck gewinnen.

§ 29. Reihenentwicklungen

Eine naheliegende und in der Praxis außerordentlich häufig angewendete Methode, $f(t)$ aus $F(s)$ zu gewinnen, d. h. die $\mathfrak{L}$-Transformation umzukehren, besteht darin, daß man $F(s)$ in eine Reihe entwickelt: $F(s) = \sum_{n=0}^{\infty} F_n(s)$, deren Glieder $F_n(s)$ Bildfunktionen sind: $F_n(s) = \mathfrak{L}\{f_n(t)\}$, und diese Reihe gliedweise übersetzt: $f(t) = \sum_{n=0}^{\infty} f_n(t)$. Daß dies nicht immer richtig sein kann, ist klar, denn es läuft auf die Vertauschung einer unendlichen Reihe mit einem Integral (noch dazu einem uneigentlichen) hinaus. Immerhin gibt es gewisse Reihentypen, bei denen die Transformation unbedenklich gliedweise ausgeführt werden darf.

1. Entwicklung in Potenzreihen

Satz 29.1. *Wenn $F(s)$ in eine Reihe nach absteigenden Potenzen von s entwickelt werden kann*[46]:

(29.1) $$F(s) = \sum_{n=0}^{\infty} \frac{a_n}{s^{n+1}},$$

die für $|s| > R$ konvergiert, so darf man die Übersetzung gliedweise vornehmen:

(29.2) $$f(t) = \sum_{n=0}^{\infty} \frac{a_n}{n!} t^n.$$

Die Reihe für $f(t)$ konvergiert für alle reellen und komplexen t.

---

[46]) Man beachte, daß die Reihe mindestens mit $\dfrac{1}{s}$ anfängt und daß also kein von s freies Glied vorkommt. Dies rührt daher, daß jede $\mathfrak{L}$-Transformierte für $s \to +\infty$ gegen 0 strebt (siehe Satz 32.1).

Kapitel 6: Berechnung der Originalfunktion aus der Bildfunktion

Dieser Satz bezieht sich auf eine sehr spezielle Klasse von Funktionen, denn $F(s)$ ist dann eine in $s = \infty$ analytische und verschwindende Funktion, und $f(t)$ ist eine ganze Funktion vom »Exponentialtypus«, d. h. sie gestattet eine Abschätzung der Form $|f(t)| < C\, e^{c|t|}$ (EINF. S. 191).

Ein Beispiel wird geliefert durch die S. 135 behandelte Besselsche Funktion $J_0(t)$. Die Bildfunktion läßt sich so entwickeln:

$$\frac{1}{(s^2+1)^{1/2}} = \frac{1}{s}(1+s^{-2})^{-1/2} = \frac{1}{s}\sum_{n=0}^{\infty} \binom{-1/2}{n} s^{-2n} = \sum_{n=0}^{\infty} \binom{-1/2}{n}\frac{1}{s^{2n+1}},$$

also ist

$$J_0(t) = \sum_{n=0}^{\infty} \binom{-1/2}{n}\frac{t^{2n}}{(2n)!}.$$

Wegen

$$\binom{-1/2}{n} = \frac{(-1/2)(-3/2)\cdots(-n+1/2)}{n!} = \frac{(-1)^n\, 1\cdot 3\cdots(2n-1)}{n!\, 2^n}$$

$$= \frac{(-1)^n (2n)!}{n!\, 2^n\, 2\cdot 4\cdots 2n} = \frac{(-1)^n (2n)!}{n!\, 2^{2n}\, n!}$$

ergibt sich:

$$J_0(t) = \sum_{n=0}^{\infty} \frac{(-1)^n}{(n!)^2}\left(\frac{t}{2}\right)^{2n}.$$

Der vorige Satz läßt sich erweitern auf Reihen nach Potenzen mit nichtganzzahligen Exponenten (EINF. S. 188).

Satz 29.2. *Wenn $F(s)$ in eine für $|s| > R$ absolut konvergente Reihe der Form*

(29.3) $$F(s) = \sum_{n=0}^{\infty} \frac{a_n}{s^{\lambda_n}}$$

entwickelt werden kann, wo die λ_n eine beliebige aufsteigende Zahlenfolge bilden: $0 < \lambda_0 < \lambda_1 < \cdots \to \infty$, so darf die Übersetzung gliedweise vorgenommen werden:

(29.4) $$f(t) = \sum_{n=0}^{\infty} a_n \frac{t^{\lambda_n - 1}}{\Gamma(\lambda_n)}.$$

Die Reihe für $f(t)$ konvergiert für alle reellen und komplexen $t \neq 0$.

Dieser Satz ist z. B. bei der Besselschen Funktion $J_\nu(t)$ beliebiger Ordnung $\nu > -1/2$ anwendbar. Es ist

$$\mathfrak{L}\{t^\nu J_\nu(t)\} = \frac{\Gamma(2\nu+1)}{\Gamma(\nu+1)\, 2^\nu}\frac{1}{(s^2+1)^{\nu+1/2}} = \frac{\Gamma(2\nu+1)}{\Gamma(\nu+1)\, 2^\nu}\frac{1}{s^{2\nu+1}}(1+s^{-2})^{-\nu-1/2}$$

$$= \frac{\Gamma(2\nu+1)}{\Gamma(\nu+1)\, 2^\nu}\sum_{n=0}^{\infty} \binom{-\nu-1/2}{n}\frac{1}{s^{2n+2\nu+1}}.$$

Hieraus erhält man durch gliedweise Übersetzung:

$$J_\nu(t) = \sum_{n=0}^{\infty} \frac{(-1)^n}{n!\,\Gamma(\nu+n+1)} \left(\frac{t}{2}\right)^{2n+\nu}$$

2. Reihenentwicklung nach Exponentialfunktionen

Wenn $F(s)$ eine *gebrochen rationale Funktion* ist:

$$F(s) = \frac{r_1(s)}{r_2(s)},$$

deren *Zähler r_1 niedrigeren Grad als der Nenner r_2* hat, so läßt sich $F(s)$ in endlich viele Partialbrüche zerlegen. Hat der Nenner die einfachen Nullstellen $\alpha_1, \ldots, \alpha_n$:

$$r_2(s) = (s-\alpha_1)\cdots(s-\alpha_n),$$

so stellen sich als Koeffizienten die Residuen von $f(s)$ in den Polen α_ν von $F(s)$ ein, die nach Satz 28.1 gleich $\frac{r_1(\alpha_\nu)}{r_2'(\alpha_\nu)}$ sind. (Wenn $r_1(\alpha_\nu) = 0$ ist, so enthält $r_1(s)$ auch den Faktor $s-\alpha_\nu$, dieser hebt sich also in $\frac{r_1(s)}{r_2(s)}$ weg, und es tritt in α_ν gar kein Pol und kein Residuum auf.) Es ist also

(29.5) $$F(s) = \sum_{\nu=1}^{n} \frac{r_1(\alpha_\nu)}{r_2'(\alpha_\nu)} \frac{1}{s-\alpha_\nu}.$$

Da es sich nur um endlich viele Glieder handelt, kann man die Übersetzung gliedweise vornehmen und erhält:

(29.6) $$f(t) = \sum_{\nu=1}^{n} \frac{r_1(\alpha_\nu)}{r_2'(\alpha_\nu)}\, e^{\alpha_\nu t}.$$

Im Fall mehrfacher Nullstellen sind die Exponentialfunktionen noch mit Polynomen multipliziert, vgl. (12.14). Diese Darstellung kam bei der Lösung von gewöhnlichen Differentialgleichungen und Systemen von solchen vor und wurde dort an mehreren Beispielen vorgeführt (siehe §§ 11, 12).

Bei partiellen Differentialgleichungen treten an die Stelle der rationalen Funktionen häufig *meromorphe Funktionen*, das sind Funktionen, die wie jene in der ganzen Ebene bis auf isoliert liegende Pole analytisch sind. Die Anzahl der Pole kann hier endlich oder unendlich sein. So ergab sich z. B. bei der Wärmeleitung (S. 116) die Funktion $U_0(x, s)$, die, wenn wir $l = \pi$ nehmen, die Gestalt hat:

$$U_0(x,s) = \frac{e^{(\pi-x)\sqrt{s}} - e^{-(\pi-x)\sqrt{s}}}{e^{\pi\sqrt{s}} - e^{-\pi\sqrt{s}}}.$$

Diese Funktion ist nur scheinbar in der Umgebung von $s = 0$ wegen der vorkommenden $\sqrt{s}$ zweideutig. Denn wenn nach einmaligem Umlauf $\sqrt{s}$ in

— $\sqrt{s}$ übergegangen ist, so ist trotzdem $U_0(x, s)$ zu

$$\frac{e^{-(\pi-x)\sqrt{s}} - e^{(\pi-x)\sqrt{s}}}{e^{-\pi\sqrt{s}} - e^{\pi\sqrt{s}}} = \frac{e^{(\pi-x)\sqrt{s}} - e^{-(\pi-x)\sqrt{s}}}{e^{\pi\sqrt{s}} - e^{-\pi\sqrt{s}}},$$

also zu seinem ursprünglichen Wert zurückgekehrt.

Die einzigen Singularitäten sind die (einfachen) Nullstellen des Nenners. Aus

$$e^{\pi\sqrt{s}} - e^{-\pi\sqrt{s}} = 0 \quad \text{oder} \quad e^{2\pi\sqrt{s}} = 1$$

folgt

$$2\pi\sqrt{s} = \nu \cdot 2\pi j \quad (\nu = 0, \pm 1, \pm 2, \ldots),$$

d. h.

$$s = -\nu^2.$$

Da die negativen ν dieselben Werte wie die positiven ergeben, kann man sie weglassen. Ferner verschwindet für $s = 0$ auch der Zähler von $U_0(x, s)$, so daß hier gar keine Singularität vorliegt. Wir haben also nur die Pole

$$\alpha_\nu = -\nu^2, \quad \nu = 1, 2, \ldots,$$

zu berücksichtigen.

Das Residuum von $U_0(x, s)$ in α_ν ist nach Satz 28.1 gleich

$$\frac{e^{(\pi-x)\sqrt{s}} - e^{-(\pi-x)\sqrt{s}}}{\frac{\pi}{2\sqrt{s}}(e^{\pi\sqrt{s}} + e^{-\pi\sqrt{s}})}\bigg|_{s=\alpha_\nu} = \frac{e^{(\pi-x)\nu j} - e^{-(\pi-x)\nu j}}{\frac{\pi}{2\nu j}(e^{\pi\nu j} + e^{-\pi\nu j})} = \frac{2j \sin(\pi-x)\nu}{\frac{\pi}{\nu j}\cos\pi\nu}$$

$$= \frac{2}{\pi} \nu \sin \nu x.$$

Der sogenannte Hauptteil von $U_0(x, s)$ in dem Pol $\alpha_\nu = -\nu^2$ ist also der Partialbruch

$$\frac{2}{\pi} \nu \sin \nu x \frac{1}{s + \nu^2}.$$

Wer rein formal denkt, könnte glauben, daß die meromorphe Funktion $U_0(x, s)$ sich wie eine rationale aus diesen Partialbrüchen aufbauen lasse:

(29.7) $$U_0(x, s) = \frac{2}{\pi} \sum_{\nu=1}^{\infty} \nu \sin \nu x \frac{1}{s + \nu^2},$$

und daß die Originalfunktion durch gliedweise Übersetzung hervorgehe:

(29.8) $$u_0(x, t) = \frac{2}{\pi} \sum_{\nu=1}^{\infty} \nu \sin \nu x \, e^{-\nu^2 t}.$$

Diese in technischen Publikationen oft angewendete Methode ist zwar im vorliegenden Fall zufälligerweise richtig, kann aber auch zu falschen Ergebnissen führen. Zunächst einmal ist schon die Entwicklung (29.7) zweifelhaft, denn man kann nur soviel sagen: Wenn man von $U_0(x, s)$ alle Hauptteile subtrahiert, so bleibt eine Funktion übrig, die keine Singularitäten mehr hat, also eine ganze Funktion ist. Die Bestimmung dieser ganzen Funktion, die hier zufälligerweise 0 ist, ist aber meist überaus schwierig.

Es kann vorkommen, daß diese ganze Funktion der wichtigste Bestandteil der Bildfunktion ist. Wenn diese z. B. als Summanden eine endliche $\mathfrak{L}$-Transformierte enthält wie

$$\int_0^1 e^{-st} dt = \frac{1 - e^{-s}}{s}$$

(die Funktion ist auch in $s = 0$ analytisch definierbar), so stellt diese eine ganze Funktion dar, besitzt demnach überhaupt keine Singularitäten im Endlichen. Ihr Anteil an der Bildfunktion bleibt daher bei dem obigen Verfahren völlig unberücksichtigt.

Besonders augenfällig wird die Fraglichkeit einer Partialbruchentwicklung, wenn die meromorphe Funktion nur endlich viele Pole hat, ohne eine rationale Funktion zu sein, was durchaus vorkommen kann. Schreibt man dann einfach die Partialbruchentwicklung hin, so würde das besagen, daß die Funktion doch eine rationale wäre. Ebenso fragwürdig ist, wie schon zu Anfang dieses Paragraphen erwähnt, der Übergang von (29.7) zu (29.8), d. h. die gliedweise Übersetzung.

Man kann nun diese Methode mit Hilfe des komplexen Umkehrintegrals *auf eine solide Grundlage stellen*, wobei die (auch oben nur als Zwischenstadium gebrauchte) Entwickelbarkeit von $U_0(x, s)$ in eine Partialbruchreihe überhaupt keine Rolle mehr spielt und sofort eine Entwicklung der Art (29.8) angestrebt wird, und zwar durch Anwendung des Cauchyschen Residuenkalküls. Zu diesem Zweck setzt man, nachdem $u(x, t)$ in der Form

(29.9) $$u(x, t) = \lim_{Y \to \infty} \frac{1}{2\pi j} \int_{\alpha - jY}^{\alpha + jY} e^{ts} U(x, s) \, ds$$

dargestellt ist, an die Vertikale mit der Abszisse α auf der linken Seite Hilfskurven $\mathfrak{C}_1, \mathfrak{C}_2, \ldots$ an, die in den Höhen $Y_1, Y_2, \ldots$ beginnen und $-Y_1, -Y_2, \ldots$ enden und der Reihe nach die Pole $\alpha_1, \alpha_2, \ldots$ einschließen. Das können Halbkreise, Rechtecke oder ähnliche Kurven sein (siehe Bild 29.1, S. 146). Dann ist

$$\frac{1}{2\pi j} \int_{\alpha - jY_n}^{\alpha + jY_n} e^{ts} U(x, s) \, ds + \frac{1}{2\pi j} \int_{\mathfrak{C}_n} e^{ts} U(x, s) \, ds$$
$$= \text{Summe der Residuen von } e^{ts} U(x, s) \text{ in } \alpha_1, \ldots, \alpha_n.$$

Wenn $U(x, s)$ in α_ν einen einfachen Pol hat, so hat sein Hauptteil die Gestalt $\dfrac{b_\nu}{s - \alpha_\nu}$, wobei b_ν von x abhängen wird, und das Residuum von

146 Kapitel 6: Berechnung der Originalfunktion aus der Bildfunktion

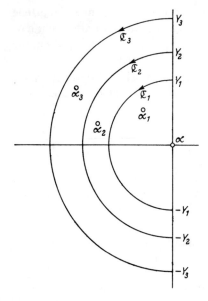

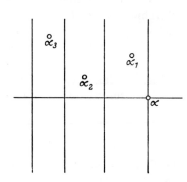

Bild 29.2 Ersatz der Integrationsgeraden durch parallele Gerade.

Bild 29.1 Hilfskurven $\mathfrak{C}_n$, die die Pole $\alpha_1, \ldots, \alpha_n$ einschließen.

$e^{ts} U(x, s)$ ist gleich

$$b_\nu \, e^{\alpha_\nu t}.$$

Hat $U(x, s)$ in α_ν etwa einen Pol der Ordnung 3, so ist der Hauptteil von der Form

$$\frac{b_\nu}{s - \alpha_\nu} + \frac{c_\nu}{(s - \alpha_\nu)^2} + \frac{d_\nu}{(s - \alpha_\nu)^3},$$

und das Residuum von $e^{ts} U(x, s)$ ist gleich

$$\left(b_\nu + \frac{c_\nu}{1!} t + \frac{d_\nu}{2!} t^2\right) e^{\alpha_\nu t}.$$

Wir legen in der Folge zwecks einfacherer Schreibweise den Fall zugrunde, daß alle Pole einfach sind. Dann ist

$$(29.10) \quad \frac{1}{2\pi j} \int_{\alpha - jY_n}^{\alpha + jY_n} e^{ts} U(x, s) \, ds = \sum_{\nu=1}^{n} b_\nu(x) \, e^{\alpha_\nu t} - \frac{1}{2\pi j} \int_{\mathfrak{C}_n} e^{ts} U(x, s) \, ds.$$

Wenn nun bei wachsendem n gilt: $Y_n \to \infty$ und

$$(29.11) \quad \frac{1}{2\pi j} \int_{\mathfrak{C}_n} e^{ts} U(x, s) \, ds \to 0,$$

so erhält man wegen (29.9):

$$(29.12) \quad u(x, t) = \sum_{\nu=1}^{\infty} b_\nu(x) \, e^{\alpha_\nu t}.$$

Damit hat man die gewünschte Entwicklung hergestellt. *Entscheidend für die Gültigkeit ist die Bedingung* (29.11). Dabei hängt viel davon ab, wie die Kurven $\mathfrak{C}_n$ gewählt sind. Sie müssen sich dem Charakter der Funktion $U(x, s)$ in der Weise anpassen, daß das Verhalten der Funktion längs der Kurven leicht überschaubar wird. So läßt sich z. B. für die Entwicklung (29.8) der Beweis von (29.11) am einfachsten führen, wenn die $\mathfrak{C}_n$ als Parabeln gewählt werden[47]). — Natürlich gelingt es nicht immer, (29.11) zu beweisen. Dann muß die Richtigkeit von (29.12) in der Schwebe bleiben.

Eine *Variante* des geschilderten Verfahrens ersetzt die Integrationsgerade mit der Abszisse α sukzessive durch vertikale Gerade mit nach links wandernder Abszisse, die zwischen den Polen α_ν verlaufen (Bild 29.2, siehe S. 146). Das ist dann möglich, wenn $U(x, s)$ in den Streifen zwischen diesen Geraden und der ursprünglichen Integrationsgeraden gleichmäßig gegen 0 strebt, wenn s nach oben oder unten wandert. Als »Restglied« erhält man dann das Integral, dessen Weg zwischen dem n-ten und $(n + 1)$-ten Pol verläuft. Damit die Entwicklung (29.12) gesichert ist, muß nun dieses Integral für $n \to \infty$ gegen 0 streben.

Die Methode ist nur brauchbar, wenn $U(x, s)$ eine *eindeutige* Funktion ist, weil nur dann der Cauchysche Residuensatz anwendbar ist. Wenn unter den Singularitäten von $U(x, s)$ nichteindeutige vorkommen, muß man zu solchen Verformungen des Integrationswegs greifen, wie sie in § 28 vorgenommen wurden, oder die Methode von § 35 anwenden.

Aus Raumgründen bringen wir hier kein spezielles Beispiel, sondern verweisen diejenigen Leser, die sich darüber orientieren wollen, wie das Verfahren in komplizierteren Fällen abläuft, auf die in Fußnote 47 genannte Literatur.

Bei *gebrochen rationalen Funktionen,* wo die Methode manchmal in technischen Arbeiten auch angewendet wird, ist sie überflüssig, weil man dann einfach die endliche Partialbruchzerlegung aufstellen und gliedweise übersetzen kann. Bei *meromorphen Funktionen* ist der Beweis von (29.11) meist sehr langwierig, weshalb er in der technischen Literatur selten erbracht wird. Man beschränkt sich meistens darauf, die Anfangsschritte des Verfahrens bis zur Gleichung (29.10) durchzuführen, während die Hauptsache, nämlich der Beweis von (29.11), unterbleibt. Dann kann aber dem Resultat (29.12) nur heuristische Bedeutung beigemessen werden. Ohne den Beweis von (29.11) ist die Methode nicht exakter als das S. 144 geschilderte, einfachere Verfahren, das die Bildfunktion als unendliche Partialbruchreihe

---

[47]) Siehe hierzu G. DOETSCH: *Handbuch der Laplace-Transformation,* 1. Band, Birkhäuser Verlag, Basel 1950, S. 277—281. Ein Beispiel, bei dem man die $\mathfrak{C}_n$ als Kreisbogen wählen kann, ist in EINF. S. 169 durchgeführt. Weitere Beispiele findet man in H. S. CARSLAW and J. C. JAEGER: *Operational methods in applied mathematics.* Oxford University Press 1941, und R. V. CHURCHILL: *Operational mathematics.* McGraw-Hill Book Company, New York 1958.

(Summe der Hauptteile) ansetzt und gliedweise transformiert. Wenn man die Richtigkeit von (29.11) nicht beweisen kann oder will, so kann man sich den gelehrten Aufwand des Residuenkalküls vollständig sparen, weil dann die größere Exaktheit nur vorgetäuscht, aber nicht real vorhanden ist.

Da es durchaus vorkommen kann, daß die Gleichungen (29.11, 12) überhaupt nicht zutreffen, sollte jeder Autor, der den Beweis von (29.11) nicht führt, ausdrücklich bemerken: Das Resultat ist gesichert nur unter dem Vorbehalt, daß die Gleichung (29.11) sich beweisen läßt.

3. Entwicklung in Reihen nach beliebigen Funktionen

Die vorigen Entwicklungen schritten nach speziellen Funktionen, nämlich Potenzen und Exponentialfunktionen fort. Es seien noch zwei Sätze angeführt, die sich auf Entwicklungen nach beliebigen Funktionen beziehen und in vielen praktischen Fällen als brauchbar erwiesen haben (EINF. S. 186).

Satz 29.3. *Eine Funktion $F(s)$ sei als unendliche Reihe von $\mathfrak{L}$-Transformierten in $\mathfrak{R}s \geq x_0$ darstellbar:*

$$F(s) = \sum_{n=0}^{\infty} F_n(s), \quad F_n(s) \multimap f_n(t).$$

Dabei sollen naturgemäß alle Integrale

$$\int_0^{\infty} e^{-st} f_n(t)\, dt = F_n(s) \qquad (n = 0, 1, \ldots)$$

in einer gemeinsamen Halbebene $\mathfrak{R}s \geq x_0$ existieren. Es wird nun zusätzlich zweierlei verlangt:

a) *Auch die Integrale*

$$\int_0^{\infty} e^{-st} |f_n(t)|\, dt = \Phi_n(s) \qquad (n = 0, 1, \ldots)$$

sollen in dieser Halbebene $\mathfrak{R}s \geq x_0$ existieren.

b) *Die Reihe*

$$\sum_{n=0}^{\infty} \Phi_n(x_0)$$

soll konvergieren.

Dann konvergiert $\sum_{n=0}^{\infty} f_n(t)$, sogar absolut, gegen eine Funktion $f(t)$ für fast alle $t \geq 0$, und es ist $\mathfrak{L}\{f\} = F(s)$, d. h.

$$\sum_{n=0}^{\infty} F_n(s) \multimap \sum_{n=0}^{\infty} f_n(t).$$

Dabei bedeutet der aus der Lebesgueschen Integrationstheorie stammende Ausdruck »fast alle t«: alle t mit Ausnahme höchstens einer Nullmenge. Letztere ist eine Menge, deren Punkte sich in abzählbar unendlich viele Intervalle von beliebig kleiner Gesamtlänge einfassen lassen. In praktischen Fällen konvergiert die Reihe meist für alle t.

Anstatt für eine einzelne Reihe wollen wir die Anwendbarkeit dieses Satzes gleich für eine ganze Klasse von Reihen zeigen.

Eine für die Integration von Differential- und Differenzengleichungen wichtige Klasse von Reihen wird von den *Fakultätenreihen*

(29.13) $$\sum_{n=0}^{\infty} \frac{a_n n!}{s(s+1)\cdots(s+n)}$$

gebildet. Jedes Glied ist eine $\mathfrak{L}$-Transformierte, es ist nämlich

$$\frac{n!}{s(s+1)\cdots(s+n)} \,\bullet\!\!-\!\!\circ\, (1-e^{-t})^n \text{ für } \Re s > 0.$$

Da die Originalfunktion positiv ist, ergibt sich:

$$\int_0^\infty e^{-st}|f_n(t)|\,dt = \int_0^\infty e^{-st}|a_n|(1-e^{-t})^n\,dt = |a_n|\frac{n!}{s(s+1)\cdots(s+n)} = \Phi_n(s) \text{ für } \Re s > 0.$$

Die Bedingung b) des vorigen Satzes verlangt also, daß die Reihe

(29.14) $$\sum_{n=0}^{\infty} \frac{|a_n|\,n!}{x_0(x_0+1)\cdots(x_0+n)}$$

für ein gewisses $x_0 > 0$ konvergiert. Das ist nichts anderes als die Reihe (29.13) mit $s = x_0 > 0$, bei der jedes Glied absolut genommen ist. Nun gilt aber ganz allgemein der Satz, daß eine Fakultätenreihe stets in einer Halbebene $\Re s > \lambda$ konvergiert (wenn sie überhaupt einen Konvergenzpunkt hat), und daß sie mindestens für $\Re s > \lambda + 1$ absolut konvergiert. Wählt man nun x_0 sowohl > 0 als auch $> \lambda + 1$, so ist für (29.14) die Voraussetzung b) erfüllt. Eine Fakultätenreihe (29.13) ist somit stets eine $\mathfrak{L}$-Transformierte (falls sie irgendwo konvergiert), und ihre Originalfunktion ist fast überall gleich

(29.15) $$\sum_{n=0}^{\infty} a_n(1-e^{-t})^n.$$

Nun ist das aber eine Potenzreihe in $1-e^{-t}$. Wenn eine Reihe $\sum_{n=0}^{\infty} a_n z^n$ für ein $z_0 > 0$ konvergiert, so konvergiert sie für $0 \leq z \leq z_0$ erst recht. Da $0 \leq 1-e^{-t} \leq 1-e^{-t_0}$ für $0 \leq t \leq t_0$ ist, folgt aus der Konvergenz von (29.15) in $t_0 > 0$ die Konvergenz in $0 \leq t \leq t_0$. Die Reihe ist also für alle t und nicht bloß für fast alle t konvergent.

Kapitel 6: Berechnung der Originalfunktion aus der Bildfunktion

Eine $\mathfrak{L}$-Transformierte ist unter sehr allgemeinen Voraussetzungen in eine Fakultätenreihe entwickelbar; die Koeffizienten bestimmen sich folgendermaßen:

$$sF(s) \to a_0, \quad \frac{1}{1!} s(s+1) \left[F(s) - \frac{a_0}{s} \right] \to a_1,$$

$$\frac{1}{2!} s(s+1)(s+2) \left[F(s) - \frac{a_0}{s} - \frac{a_1 1!}{s(s+1)} \right] \to a_2, \ldots \text{ für } s \to \infty.$$

Falls sich diese Werte leicht berechnen lassen, liefert (29.15) eine bequeme Formel zur Bestimmung der Originalfunktion.

Diese Methode, die in der Theorie eine wichtige Rolle spielt[48]), verdiente es, auch in der Praxis angewendet zu werden, was bisher kaum geschehen sein dürfte.

Satz 29.4. *Es seien* $\mathfrak{L}\{f_1\} = F_1(s)$, $\mathfrak{L}\{f_2\} = F_2(s)$ *absolut konvergent.* $\varphi(z_1, z_2)$ *sei eine in der Umgebung von* $z_1 = z_2 = 0$ *analytische und in* $z_1 = z_2 = 0$ *verschwindende Funktion von zwei Variablen, d. h.*

$$\varphi(z_1, z_2) = \sum_{n_1, n_2 = 0}^{\infty} a_{n_1 n_2} z_1^{n_1} z_2^{n_2} \quad \text{mit } a_{00} = 0$$

konvergiere in einem Kreispaar $|z_1| < r$, $|z_2| < r$. *Dann ist* $\varphi(F_1(s), F_2(s))$ *eine* $\mathfrak{L}$-*Transformierte, deren Originalfunktion sich durch gliedweise Übersetzung von*

$$\sum_{n_1, n_2 = 0}^{\infty} a_{n_1 n_2} F_1(s)^{n_1} F_2(s)^{n_2}$$

ergibt. Ein entsprechender Satz gilt, wenn φ *von einer Variablen oder von mehr als zwei Variablen abhängt.*

Mit diesem Satz (EINF. S. 191) kann man z. B. die Entwicklung (24.12) für $u_0(x, t)$ auf überaus einfache Weise legitimieren. Es war

$$U_0(x, s) = \frac{\sinh(l-x)\sqrt{s}}{\sinh l\sqrt{s}} = \frac{e^{(l-x)\sqrt{s}} - e^{-(l-x)\sqrt{s}}}{e^{l\sqrt{s}} - e^{-l\sqrt{s}}} = \frac{e^{-x\sqrt{s}} - e^{-(2l-x)\sqrt{s}}}{1 - e^{-2l\sqrt{s}}}.$$

Mit

$$F_1(s) = e^{-x\sqrt{s}}, \quad F_2(s) = e^{-(2l-x)\sqrt{s}}$$

ist

$$U_0(x, s) = \frac{F_1(s) - F_2(s)}{1 - F_1(s) F_2(s)}.$$

Setzt man

$$\varphi(z_1, z_2) = \frac{z_1 - z_2}{1 - z_1 z_2} = (z_1 - z_2) \sum_{n=0}^{\infty} z_1^n z_2^n \quad (|z_1 z_2| < 1)$$

$$= \sum_{n=0}^{\infty} (z_1^{n+1} z_2^n - z_1^n z_2^{n+1}),$$

---

[48]) Siehe G. DOETSCH: *Handbuch der Laplace-Transformation*, 2. Band, 11. Kap., Birkhäuser Verlag, Basel 1955.

so erfüllt diese Funktion die Voraussetzungen des Satzes. Also ist $U_0(x, s)$ eine $\mathfrak{L}$-Transformierte, deren Reihenentwicklung

$$\sum_{n=0}^{\infty} [e^{-(n+1)x\sqrt{s}} e^{-n(2l-x)\sqrt{s}} - e^{-nx\sqrt{s}} e^{-(n+1)(2l-x)\sqrt{s}}]$$
$$= \sum_{n=0}^{\infty} [e^{-(2nl+x)\sqrt{s}} - e^{-(2(n+1)l-x)\sqrt{s}}]$$

gliedweise übersetzt werden darf, wobei die Entwicklung (24.12) entsteht.

§ 30. Numerische Berechnung der Originalfunktion

Die Methoden von § 29 zur Bestimmung der Originalfunktion aus der Bildfunktion setzen voraus, daß man die Bildfunktion theoretisch so weit beherrscht, daß man z. B. ihre Singularitäten feststellen oder sie in eine Reihe von bestimmter Gestalt entwickeln kann. Für die Originalfunktion bekommt man dann eine Darstellung in allgemeiner Form, die für theoretische Zwecke wie z. B. die Beurteilung des Verhaltens für kleine oder große t nützlich ist. In vielen Fällen will man aber nur die numerischen Werte der Originalfunktion in gewissen Intervallen kennen. Natürlich kann man die in § 29 gewonnenen Darstellungen auch zur numerischen Berechnung benutzen, doch stellt dies vom Standpunkt der Praxis aus einen Umweg dar. Am idealsten wäre es, wenn man unmittelbar *aus einer Anzahl von Werten der Bildfunktion $F(s)$ die Originalfunktion $f(t)$ numerisch nach einem festen Schema berechnen* könnte. Man muß sich aber darüber im Klaren sein, daß eine solche Berechnung wesensmäßig mit Unsicherheit verbunden ist. Einer kleinen Änderung in den Werten der Bildfunktion $F(s)$ kann nämlich eine beträchtliche Änderung der Originalfunktion $f(t)$ entsprechen (die Umkehrung der $\mathfrak{L}$-Transformation ist nicht »stabil«). Das erkennt man an folgendem Beispiel:

$$\mathfrak{L}\{\sin \omega t\} = \frac{\omega}{s^2 + \omega^2}.$$

Hier ist $|F(s)| < \dfrac{1}{\omega}$ für $s > 0$, also strebt $F(s)$ für $\omega \to \infty$ gleichmäßig gegen 0. $f(t) = \sin \omega t$ dagegen oszilliert für $\omega \to \infty$ immer schneller und behält dabei seine Maximalamplitude 1 stets bei. Wird daher der Bildfunktion die kleine Störung $\omega/(s^2 + \omega^2)$ mit großem ω zugefügt, so wird die Originalfunktion um die beträchtliche Abweichung $\sin \omega t$ verfälscht.

Numerische Methoden für die Umkehrung der $\mathfrak{L}$-Transformation sind in so großer Zahl angegeben worden, daß es unmöglich ist, sie sämtlich anzuführen. Wir beschränken uns auf die Wiedergabe einer Methode, die mit

152 Kapitel 6: Berechnung der Originalfunktion aus der Bildfunktion

allgemein bekannten Mitteln arbeitet und ziemlich rasch einen numerisch brauchbaren Ausdruck für $f(t)$ liefert[49]).

Es werden zwei Voraussetzungen gemacht, die aber die Allgemeinheit des Verfahrens nicht einschränken. 1. $F(s)$ existiere für $\Re s > 0$. Dies kann man immer dadurch erreichen, daß man $F(s+a)$ bei genügend großem a an Stelle von $F(s)$ betrachtet, was eine Multiplikation von $f(t)$ mit e^{-at} bewirkt. 2. Es sei $f(+0) = 0$. Wenn dies nicht der Fall ist, bestimmt man $f(+0)$ nach Satz 32.2 und subtrahiert diesen Wert von $f(t)$, wodurch $F(s)$ in $F(s) - f(+0)/s$ übergeht.

Das Verfahren erzeugt einen Ausdruck für $f(t)$, der nur die Werte von $F(s)$ in den äquidistanten Punkten $s = (2n+1)\sigma$ (σ beliebig > 0, $n = 0,1,\ldots$) benutzt[50]). Dazu wird zunächst das $\mathfrak{L}$-Integral

$$F(s) = \int_0^\infty e^{-st} f(t)\, dt$$

durch die Substitution

(30.1) $\qquad e^{-\sigma t} = \cos \vartheta, \quad f(t) = f\left(-\frac{1}{\sigma}\log\cos\vartheta\right) = \varphi(\vartheta)$

übergeführt in

(30.2) $\qquad \sigma F(s) = \int_0^{\pi/2} (\cos\vartheta)^{s/\sigma - 1} \sin\vartheta\, \varphi(\vartheta)\, d\vartheta.$

Dann ist

(30.3) $\qquad \sigma f((2n+1)\sigma) = \int_0^{\pi/2} \cos^{2n}\vartheta \sin\vartheta\, \varphi(\vartheta)\, d\vartheta.$

Diese Darstellung legt es nahe, $\varphi(\vartheta)$ als Fourier-Reihe nach den Funktionen $\sin(2\nu+1)\vartheta$ anzusetzen, die im Intervall $(0, \pi/2)$ ein vollständiges Orthogonalsystem bilden:

(30.4) $\qquad \varphi(\vartheta) = \sum_{\nu=0}^\infty c_\nu \sin(2\nu+1)\vartheta.$

Der Kern in dem Integral (30.3) läßt sich nämlich als lineare Kombination der Funktionen $\sin(2\nu+1)\vartheta$ darstellen:

(30.5) $\quad \cos^{2n}\vartheta \sin\vartheta$

$$= 2^{-2n} \sum_{k=0}^{n} \left[\binom{2n}{k} - \binom{2n}{k-1}\right] \sin(2(n-k)+1)\vartheta \quad \text{mit} \quad \binom{2n}{-1} = 0.$$

---

[49]) Dieses Verfahren stammt von A. PAPOULIS: *A new method of inversion of the Laplace transform.* Quarterly of applied mathematics *14* (1957) S. 405—414. Hier sind noch zwei weitere Verfahren angegeben, die auf Entwicklungen nach Legendreschen und Laguerreschen Funktionen basieren. Für solche Entwicklungen vgl. das in Fußnote 47 genannte Handbuch, 1. Band, S. 301.

[50]) Eine $\mathfrak{L}$-Transformierte ist bereits durch ihre Werte in einer äquidistanten Punktfolge parallel zur Achse des Reellen eindeutig bestimmt (EINF. S. 32).

Setzt man (30.4, 5) in (30.3) ein, so bleiben wegen

$$\int_0^{\pi/2} \sin(2\mu+1)\vartheta \sin(2\nu+1)\vartheta\, d\vartheta = \begin{cases} 0 & \text{für } \mu \neq \nu \\ \pi/4 & \text{für } \mu = \nu \end{cases}$$

bei festem n nur die Glieder mit $\nu = n - k$ ($k = 0, \ldots, n$) stehen:

$$\sigma F((2n+1)\sigma) = 2^{-2n}\frac{\pi}{4}\sum_{k=0}^{n}\left[\binom{2n}{k} - \binom{2n}{k-1}\right]c_{n-k}$$

oder

(30.6) $\left[\binom{2n}{n} - \binom{2n}{n-1}\right]c_0 + \cdots + \left[\binom{2n}{k} - \binom{2n}{k-1}\right]c_{n-k} + \cdots + c_n$

$$= \frac{4^{n+1}}{\pi}\sigma F((2n+1)\sigma).$$

Setzt man der Reihe nach $n = 0, 1, \ldots$, so erhält man ein lineares rekursives Gleichungssystem für die c_ν:

$$c_0 = \frac{4}{\pi}\sigma F(\sigma)$$

$$c_0 + c_1 = \frac{4^2}{\pi}\sigma F(3\sigma)$$

$$2c_0 + 3c_1 + c_2 = \frac{4^3}{\pi}\sigma F(5\sigma)$$

$$\cdots\cdots\cdots\cdots$$

Hieraus lassen sich die c_ν leicht berechnen. Die Koeffizienten der $c_0, \ldots, c_n$ sind in Tabelle 30.1 für $n = 0$ bis 6 angegeben[51]).

Tabelle 30.1. Die Koeffizienten der c_ν in Gleichung (30.6)

n	c_0	c_1	c_2	c_3	c_4	c_5	c_6
0	1						
1	1	1					
2	2	3	1				
3	5	9	5	1			
4	14	28	20	7	1		
5	42	90	75	35	9	1	
6	132	297	275	154	54	11	1

Mit einer endlichen Anzahl von Koeffizienten c_ν erhält man eine Partialsumme von (30.4) und damit eine Näherung für $\varphi(\vartheta)$. Wenn man $f(t)$ für

---

[51]) Die Tabelle ist der in Fußnote 49 zitierten Arbeit entnommen. Dort sind die Koeffizienten bis $n = 10$ angegeben. Für $n = 4$ ist der falsche Wert $c_0 = 19$ durch 14 zu ersetzen.

gewisse Werte t braucht, so hat man $\varphi(\vartheta)$ für $\vartheta = \arccos e^{-\sigma t}$ zu berechnen. Bei der Wahl von σ kann man Rücksicht auf das Intervall nehmen, in dem $f(t)$ berechnet werden soll: Für kleine t wird man σ groß, für große t dagegen σ klein wählen in Anbetracht der Tatsache, daß $t \to 0$ mit $s \to \infty$, bzw. $t \to \infty$ mit $s \to 0$ korrespondiert, siehe die Sätze 32.2 und 3.

§ 31. Bestimmung des Maximums der Originalfunktion vermittels der Bildfunktion

In manchen Fällen interessiert man sich nicht für den ganzen Verlauf der Zeitfunktion $f(t)$, sondern nur für ihr absolutes Maximum, z. B. wenn man lediglich wissen will, ob eine Spannung ein gewisses Maß nicht überschreitet. Es wäre vorteilhaft, wenn man das Maximum unmittelbar aus der Bildfunktion entnehmen könnte, ohne die Originalfunktion zu berechnen. Dieses Problem ist aber bisher nicht gelöst. Das ist nicht verwunderlich, weil das Ziel reichlich hoch gesteckt ist. Denn selbst wenn ein expliziter Ausdruck für $f(t)$ bekannt ist, kann man nicht das absolute Maximum direkt bestimmen. Man muß vielmehr nach den Regeln der Differentialrechnung die Nullstellen von $f'(t)$ aufsuchen, wodurch diejenigen Stellen t bestimmt sind, in denen $f(t)$ ein relatives Extremum (Maximum oder Minimum) oder einen Wendepunkt mit horizontaler Tangente besitzt. Dann muß man die Funktionswerte an den fraglichen Stellen berechnen; der größte von ihnen liefert das absolute Maximum.

Die bescheidenere Aufgabe, die Stellen der relativen Extrema zu bestimmen, kann man nun tatsächlich auch vermittels der $\mathfrak{L}$-Transformierten $F(s)$ lösen, indem man den folgenden Satz[52] benutzt:

Satz 31.1. *$f(t)$ sei reell und habe n Zeichenwechsel für >0. Dann besitzen die Ableitungen $F^{(k)}(s)$ für alle hinreichend großen k genau n reelle Nullstellen. Wenn $f(t)$ in t_0 einen Zeichenwechsel hat, so besitzt $F^{(k)}(s)$ eine Nullstelle s_k mit*

$$\lim_{k \to \infty} \frac{k}{s_k} = t_0.$$

Es ist zu beachten, daß bei einer stetigen Funktion eine Stelle, wo ein Zeichenwechsel stattfindet, eine Nullstelle ist, daß dagegen bei einer Nullstelle kein Zeichenwechsel stattzufinden braucht.

Den Satz wenden wir für unsere Zwecke auf f' statt auf f an. Es ist

$$\mathfrak{L}\{f'\} = s F(s) - f(+0) = F_1(s),$$

---

[52] Der Beweis des Satzes findet sich in D. V. WIDDER: *The inversion of the Laplace integral and the related moment problem.* Trans. Amer. Math. Soc. 36 (1934) S. 107—200 [S. 156].

wobei $f(+0)$ nach Satz 32.2 aus $F(s)$ als $\lim\limits_{s\to\infty} sF(s)$ bestimmt werden kann.

$F_1(s)$ ist also bekannt. Man hat nun eine Anzahl von Ableitungen $F_1^{(k)}(s)$ zu berechnen und von jeder Ableitung die Nullstellen $s_k^{(1)}$, ..., $s_k^{(n)}$ aufzusuchen. Die Grenzwerte von $k/s_k^{(1)}$, ..., $k/s_k^{(n)}$ ergeben dann die Stellen $t_1, \ldots, t_n$, wo $f'(t)$ einen Zeichenwechsel, also auch eine Nullstelle hat. Dies sind die Stellen, wo $f(t)$ ein relatives Maximum oder Minimum besitzt. (Ein Wendepunkt mit horizontaler Tangente kann dort nicht vorliegen.) Die Funktionswerte selbst müssen dann etwa nach der Methode von § 30 berechnet werden.

Das Verfahren erfordert viel Rechenarbeit und konvergiert bei manchen Funktionen sehr langsam. Es gibt auch Fälle, wo es gut konvergiert. Als Beispiel sei

$$f(t) = t\,e^{-t}$$

betrachtet. Die Ableitung $f'(t) = e^{-t}(1-t)$ zeigt, daß das einzige Maximum bei $t_0 = 1$ liegt. Wenn $f(t)$ selbst nicht bekannt wäre, sondern nur seine $\mathfrak{L}$-Transformierte

$$F(s) = \frac{1}{(s+1)^2},$$

so würde man zunächst

$$f(+0) = \lim_{s\to\infty} \frac{s}{(s+1)^2} = 0$$

bestimmen und dann

$$F_1(s) = \frac{s}{(s+1)^2}$$

betrachten. Nach der Leibnizschen Regel ist

$$F_1^{(k)} = s\frac{d^k}{ds^k}(s+1)^{-2} + k\frac{d^{k-1}}{ds^{k-1}}(s+1)^{-2}.$$

Wegen

$$\frac{d^k}{ds^k}(s+1)^{-2} = (-1)^k (k+1)!\,(s+1)^{-(k+2)}$$

ergibt sich:

$$F_1^{(k)} = s(-1)^k(k+1)!\,(s+1)^{-(k+2)} + k(-1)^{k-1}k!\,(s+1)^{-(k+1)}$$

$$= (-1)^{k-1}k!\,\frac{k-s}{(s+1)^{k+2}}.$$

Jede k-te Ableitung hat also die einzige Nullstelle $s_k = k$, und es ist $k/s_k = 1$. Hier ist sogar dauernd $k/s_k = t_0$.

KAPITEL 7

Asymptotisches Verhalten von Funktionen und die Frage der Stabilität

§ 32. Einige Grenzwertsätze

Häufig interessiert den Praktiker gar nicht der explizite Ausdruck für die Lösung $y(t)$ einer Differentialgleichung, d. h. der *vollständige* Verlauf eines Vorgangs, sondern nur gewisse *Eigenschaften* wie z. B. das Verhalten von $y(t)$ in der Nähe von $t = 0$, d. h. unmittelbar nach dem »Einschalten«, oder in der Nähe von $t = \infty$, d. h. für große t, wo insbesondere die Frage auftritt, ob der Ablauf stabil ist oder nicht. Es ist wünschenswert, auf derartige Fragen eine Antwort geben zu können rein aus der Betrachtung der *Bildfunktion* heraus, also ohne die Originalfunktion explizit herstellen zu müssen. Aber auch umgekehrt möchte man manchmal von der Originalfunktion unmittelbar auf das Verhalten der Bildfunktion schließen können. So hat sich z. B. in § 28 bei der Auswertung des komplexen Umkehrintegrals durch Deformation des Integrationswegs in Formel (28.4) ein $\mathfrak{L}$-Integral ergeben, dessen Verhalten hauptsächlich für große Werte der Variablen interessiert.

Mathematisch ausgedrückt handelt es sich also darum, von der einen Funktion auf das *»asymptotische Verhalten«* der korrespondierenden Funktion bei Annäherung an eine Stelle wie 0 oder ∞ zu schließen. Mit diesem Problem beschäftigen wir uns im vorliegenden Kapitel und schicken zunächst einige besonders einfache Sätze voraus, die oft in der Praxis von Nutzen sind.

Satz 32.1. *Es ist eine allgemeine Eigenschaft aller $\mathfrak{L}$-Transformierten $F(s)$, daß sie gegen 0 konvergieren, wenn s durch reelle Werte gegen $+\infty$ strebt, ja sogar wenn s auf einem Strahl der komplexen Ebene, der eine Neigung $< \pi/2$ gegen die positiv reelle Achse hat, gegen ∞ strebt* (EINF. S. 138).

Dieser Satz stellt eine notwendige Bedingung dar, der jede Bildfunktion genügen muß, und gestattet oft, von einer Funktion unmittelbar festzustellen, daß sie *keine* $\mathfrak{L}$-Transformierte sein kann. So ist z. B. sofort klar, daß eine Konstante $c \neq 0$ oder eine Potenz s^α mit positivem α keine Bildfunktion ist.

Die Bedingung $F(s) \to 0$ für $s \to +\infty$ ist keineswegs hinreichend dafür, daß $F(s)$ eine Bildfunktion ist. So strebt z. B. e^{-s} auf jedem Strahl gegen 0, der eine Neigung $< \pi/2$ gegen die positiv reelle Achse hat, ist aber keine Bildfunktion (EINF. S. 35).

Satz 32.2 (Anfangswertsatz). *Wenn* $\lim_{t \to 0} y(t)$ *existiert, so ist* (EINF. S. 219)

$$\lim_{t \to 0} y(t) = \lim_{s \to \infty} s\, Y(s).$$

Diesen Satz kann man dazu benutzen, um $\lim_{t \to 0} y(t) = y(+0)$ allein aus der Kenntnis von $Y(s)$ zu bestimmen, aber wohlgemerkt nur dann, wenn man bereits weiß, daß $y(+0)$ existiert (ohne seinen Wert zu kennen).

Es gibt Fälle, wo $\lim_{s \to \infty} s\,Y(s)$ existiert, $\lim_{t \to 0} y(t)$ aber nicht, z. B.

$$y(t) = \frac{1}{\sqrt{t}} \cos \frac{1}{t}, \quad Y(s) = \sqrt{\frac{\pi}{s}}\, e^{-\sqrt{2s}} \cos \sqrt{2s}.$$

Hier ist $\lim_{s \to \infty} s\,Y(s) = 0$, aber $\lim_{t \to 0} y(t)$ existiert nicht.

Satz 32.3 (Endwertsatz). *Wenn* $\lim_{t \to \infty} y(t)$ *existiert, so ist*

$$\lim_{t \to \infty} y(t) = \lim_{s \to 0} s\, Y(s).$$

Mit Hilfe dieses Satzes kann man $\lim_{t \to \infty} y(t) = y(+\infty)$ aus $Y(s)$ bestimmen, wenn die Existenz von $y(+\infty)$ bekannt ist.

Hier ist dieselbe Vorsicht am Platz wie bei Satz 32.2. Denn z. B. für

$$y(t) = \sin t, \quad Y(s) = \frac{1}{s^2 + 1}$$

ist $\lim_{s \to 0} s\,Y(s) = 0$, während $y(+\infty)$ nicht existiert.

§ 33. Allgemeiner Begriff der asymptotischen Darstellung und asymptotischen Entwicklung von Funktionen

Wenn eine Funktion $\varphi(z)$ bei Annäherung an eine Stelle z_0 (die auch der unendlich ferne Punkt sein kann) gegen einen Grenzwert l strebt, so kann man sagen, sie verhalte sich in der Nähe von z_0 wie die Konstante l. Häufig will man aber das Verhalten von $\varphi(z)$ noch genauer beschreiben. So strebt $\sin z$ gegen 0 für $z \to 0$, aber viel aufschlußreicher ist, daß $\sin z$ sich für

$z \to 0$ wie z verhält, was bedeutet, daß

$$\lim_{z \to 0} \frac{\sin z}{z} = 1$$

ist. Manchmal hat $\varphi(z)$ überhaupt keinen Grenzwert für $z \to z_0$, sein Verhalten kann aber trotzdem durch eine andere (einfachere) Funktion beschrieben werden. So hat z. B. die Funktion

$$\frac{2z^2 + 3z + 4}{5z + 6}$$

für $z \to \infty$ keinen Grenzwert, aber sie verhält sich wie $\frac{2}{5}z$ (wird unendlich wie $\frac{2}{5}z$), d. h. es ist

$$\lim_{z \to \infty} \frac{2z^2 + 3z + 4}{5z + 6} : \frac{2}{5}z = 1.$$

Man sagt nun ganz allgemein:

Die Funktion $\varphi(z)$ verhält sich für $z \to z_0$ wie die Vergleichsfunktion $\psi(z)$ (oder $\varphi(z)$ wird asymptotisch für $z \to z_0$ durch $\psi(z)$ dargestellt), in Zeichen

wenn gilt:
$$\varphi(z) \sim \psi(z) \quad \text{für } z \to z_0,$$

$$\frac{\varphi(z)}{\psi(z)} \to 1 \quad \text{für } z \to z_0.$$

In manchen Fällen ist es möglich, für $\varphi(z)$ nicht bloß eine, sondern eine ganze Folge von Vergleichsfunktionen anzugeben, die die Gestalt

$$\psi_0(z), \quad \psi_0(z) + \psi_1(z), \quad \psi_0(z) + \psi_1(z) + \psi_2(z), \quad \ldots$$

haben und die Funktion $\varphi(z)$ mit wachsender Gliederzahl immer »besser« darstellen. Das soll exakt ausgedrückt folgendes bedeuten:

Wenn man bis zu n Gliedern fortgeschritten ist, d. h. bis zu

$$\sum_{\nu=0}^{n-1} \psi_\nu(z),$$

so soll die Differenz zwischen $\varphi(z)$ und dieser Summe sich wie das nächste Glied $\psi_n(z)$ verhalten (im Sinne der vorigen Definition):

(33.1) $$\varphi(z) - \sum_{\nu=0}^{n-1} \psi_\nu(z) \sim \psi_n(z) \quad \text{für } z \to z_0.$$

Das entspricht dem einleuchtenden Bestreben, nach Erreichen einer gewissen Vergleichsfunktion den »Rest«, d. h. die Differenz zwischen Funktion

§ 33. Asymptotische Darstellung und Entwicklung

und Vergleichsfunktion, zu betrachten und nun für diesen eine Vergleichsfunktion zu suchen, die dann als nächste Verbesserung benutzt wird.

(33.1) bedeutet explizit:

d. h.
$$\frac{\varphi(z) - \sum_{\nu=0}^{n-1} \psi_\nu(z)}{\psi_n(z)} \to 1 \quad \text{oder} \quad \frac{\varphi(z) - \sum_{\nu=0}^{n-1} \psi_\nu(z)}{\psi_n(z)} - \frac{\psi_n(z)}{\psi_n(z)} \to 0,$$

$$\frac{\varphi(z) - \sum_{\nu=0}^{n} \psi_\nu(z)}{\psi_n(z)} \to 0.$$

Wenn $\frac{f_1(z)}{f_2(z)}$ gegen 0 strebt, so schreibt man: $f_1(z) = o(f_2(z))$; das soll bedeuten: $f_1(z)$ ist von geringerer Größenordnung als $f_2(z)$. Mit diesem Symbol kann man (33.1) ersetzen durch:

(33.2) $$\varphi(z) - \sum_{\nu=0}^{n} \psi_\nu(z) = o(\psi_n(z)) \quad \text{für } z \to z_0.$$

Der »Rest« oder »Fehler« beim Ersatz von φ durch die Summe der ψ_ν ist also von geringerer Größenordnung als das letzte mitgeführte Glied.

Wenn sich beliebig viele ψ_ν mit der Eigenschaft (33.1) oder (33.2) finden lassen, so sagt man:

$\varphi(z)$ hat für $z \to z_0$ die asymptotische Entwicklung $\sum_{\nu=0}^{\infty} \psi_\nu(z)$,

in Zeichen

$$\varphi(z) \approx \sum_{\nu=0}^{\infty} \psi_\nu(z) \quad \text{für } z \to z_0.$$

Die am häufigsten vorkommenden asymptotischen Entwicklungen sind: bei *endlichem* z_0 Reihen nach *aufsteigenden Potenzen* von $z - z_0$ mit beliebigen, auch nichtganzzahligen Exponenten:

(33.3) $$\varphi(z) \approx \sum_{\nu=0}^{\infty} c_\nu (z - z_0)^{\lambda_\nu}, \quad -N < \lambda_0 < \lambda_1 < \cdots \to +\infty;$$

bei $z_0 = \infty$ Reihen nach *absteigenden Potenzen* von z mit beliebigen Exponenten:

(33.4) $$\varphi(z) \approx \sum_{\nu=0}^{\infty} \frac{c_\nu}{z^{\lambda_\nu}}, \quad -N < \lambda_0 < \lambda_1 < \cdots \to +\infty.$$

Bei ihnen kann man besonders deutlich sehen, welchen Sinn eine asymptotische Entwicklung hat. So bedeutet z. B. (33.4):

$$\varphi(z) - \sum_{\nu=0}^{n} \frac{c_\nu}{z^{\lambda_\nu}} = o\left(\frac{1}{z^{\lambda_n}}\right)$$

oder

$$z^{\lambda_n}\left[\varphi(z) - \sum_{\nu=0}^{n} \frac{c_\nu}{z^{\lambda_\nu}}\right] \to 0 \quad \text{für } z \to \infty,$$

d. h. der Fehler $\varphi(z) - \sum_{\nu=0}^{n}$ strebt nicht nur schlechtweg gegen 0, sondern er strebt so stark gegen 0, daß sogar sein Produkt mit z^{λ_n} noch gegen 0 strebt.

Satz. 33.1 *Wenn die Reihen (33.3) und (33.4) innerhalb bzw. außerhalb eines Kreises absolut konvergieren, so sind sie zugleich auch asymptotische Entwicklungen.*

Es gehört nun zu den grundlegenden Eigenschaften der $\mathfrak{L}$-Transformation, daß einer asymptotischen Entwicklung der Originalfunktion bei $t = 0$ eine gewisse asymptotische Entwicklung der Bildfunktion bei $s = \infty$ entspricht, und umgekehrt einer asymptotischen Entwicklung der Bildfunktion bei einer endlichen Stelle s_0 eine gewisse asymptotische Entwicklung der Originalfunktion bei $t = \infty$[53]). Hierauf beziehen sich die Sätze der zwei folgenden Paragraphen. In der Praxis ist es gewöhnlich so, daß die Reihe, von der man ausgeht, nicht bloß asymptotisch gilt, sondern sogar konvergiert. Wir beschränken uns daher in den folgenden Sätzen auf diesen Fall.

§ 34. Asymptotische Entwicklung der Bildfunktion

Wir beginnen mit der Aufstellung einer asymptotischen Entwicklung der Bildfunktion, weil diese sich ganz besonders einfach bewerkstelligen läßt (EINF. S. 222).

Satz 34.1. $\mathfrak{L}\{f\} = F(s)$ *konvergiere irgendwo. Wenn $f(t)$ in einer Umgebung von $t = 0$ in eine absolut konvergente Reihe der Form*

$$f(t) = \sum_{\nu=0}^{\infty} c_\nu t^{\lambda_\nu} \quad (-1 < \lambda_0 < \lambda_1 < \cdots \to \infty)$$

entwickelbar ist, so besitzt $F(s)$ für $s \to \infty$ die asymptotische Entwicklung

$$F(s) \approx \sum_{\nu=0}^{\infty} c_\nu \frac{\Gamma(\lambda_\nu + 1)}{s^{\lambda_\nu + 1}}.$$

Die Reihe für $F(s)$ ist einfach die gliedweise Übersetzung der Reihe für $f(t)$. Daher liefert der Satz einen interessanten Beitrag zu der Frage, wie es mit der *gliedweisen Übersetzung von Reihen* durch die $\mathfrak{L}$-Transformation bestellt

---

[53]) Die Sätze 32.2 und 3 stellen die einfachsten Fälle dieses Zusammenhangs dar. Denn man kann sie in unserer jetzigen Terminologie so aussprechen: Aus $y(t) \sim l$ für $t \to 0$ $(t \to \infty)$ folgt $Y(s) \sim \dfrac{l}{s}$ für $s \to \infty$ $(s \to 0)$.

§ 34. Asymptotische Entwicklung der Bildfunktion

ist. Wenn man Reihen nur vom Standpunkt der Konvergenz aus betrachtet, so zeigen schon einfachste Beispiele, daß die gliedweise Übersetzung nicht immer möglich ist. So existiert für $f(t) = e^{-t^2}$ das $\mathfrak{L}$-Integral in der ganzen s-Ebene und die Potenzreihe

$$e^{-t^2} = \sum_{\nu=0}^{\infty} (-1)^\nu \frac{t^{2\nu}}{\nu!}$$

ist für alle t konvergent. Aber die durch gliedweise Transformation gewonnene Reihe

$$\sum_{\nu=0}^{\infty} (-1)^\nu \frac{(2\nu)!}{\nu!} \frac{1}{s^{2\nu+1}}$$

konvergiert für kein s, da die Glieder, absolut genommen, für jedes s von einer Stelle an zunehmen. Der obige Satz zeigt nun, daß die Reihe trotzdem nicht ganz sinnlos ist, sondern daß sie die asymptotische Entwicklung von $F(s)$ für $s \to \infty$ liefert. Übrigens ist $F(s)$ die in den Anwendungen häufig vorkommende Funktion

$$F(s) = e^{(s/2)^2} \int_{s/2}^{\infty} e^{-x^2} dx.$$

Auf ein *Beispiel*, wo die asymptotische Entwicklung der Bildfunktion erwünscht ist, waren wir bei der Auswertung der komplexen Umkehrformel durch Deformation des Integrationsweges gestoßen. Wir hatten in Formel (28.4) die Temperatur in einem Wärmeleiter zerlegt in eine Dauerschwingung von derselben Frequenz wie die am Rand angelegte cos-Schwingung, und in einen Ausgleichsvorgang, der durch ein $\mathfrak{L}$-Integral dargestellt wird und in der sonst üblichen Bezeichnung die Gestalt hat:

$$(34.1) \qquad F(s) = -\frac{1}{\pi} \int_0^{\infty} e^{-st} \frac{t}{t^2 + \omega^2} \sin x \sqrt{t}\, dt.$$

Auf Grund von Satz 32.1 weiß man, daß $F(s)$ gegen 0 strebt für $s \to \infty$. Wenn man nun noch genauer wissen will, wie stark diese Konvergenz gegen 0 ist, so kann man den obigen Satz anwenden. Es ist

$$\frac{t}{t^2 + \omega^2} = \frac{t}{\omega^2} \frac{t}{1 + \left(\frac{t}{\omega}\right)^2} = \sum_{n=0}^{\infty} (-1)^n \frac{t^{2n+1}}{\omega^{2n+2}}$$

$$= \frac{t}{\omega^2} - \frac{t^3}{\omega^4} + \frac{t^5}{\omega^6} - + \cdots \qquad \text{für } |t| < \omega,$$

$$\sin x \sqrt{t} = \frac{x}{1!} t^{1/2} - \frac{x^3}{3!} t^{3/2} + \frac{x^5}{5!} t^{5/2} - + \cdots \qquad \text{für alle } t,$$

also

(34.2) $$\frac{t}{t^2+\omega^2}\sin x\sqrt{t}=\frac{x}{\omega^2}t^{3/2}-\frac{x^3}{3!\,\omega^2}t^{5/2}+\left(\frac{x^5}{5!\,\omega^2}-\frac{x}{\omega^4}\right)t^{7/2}+\cdots$$

für $|t|<\omega$.

Folglich hat $F(s)$ die asymptotische Entwicklung für $s\to\infty$:

(34.3) $$F(s)\approx\frac{1}{\pi}\left\{\frac{x}{\omega^2}\frac{\Gamma(5/2)}{s^{5/2}}-\frac{x^3}{3!\,\omega^2}\frac{\Gamma(7/2)}{s^{7/2}}+\left(\frac{x^2}{5!\,\omega^2}-\frac{x}{\omega^4}\right)\frac{\Gamma(9/2)}{s^{9/2}}+\cdots\right\}.$$

Hieraus ergibt sich, was man der Definition von $F(s)$ nicht ansehen konnte, daß $F(s)$ wie $\frac{\text{const}}{s^{5/2}}$ gegen 0 strebt; daß der bei Verwendung dieser Vergleichsfunktion verbleibende Rest wie $\frac{\text{const}}{s^{7/2}}$ gegen 0 strebt, usw.

§ 35. Asymptotische Entwicklung der Originalfunktion

Die Bestimmung der Originalfunktion aus der Bildfunktion kommt viel häufiger vor als die umgekehrte Aufgabe, weil bei der Behandlung aller Funktionalgleichungen mit $\mathfrak{L}$-Transformation immer zuerst die Bildfunktion der Lösung gefunden wird und dann hierzu die Originalfunktion herzustellen ist. Mit diesem Problem haben wir uns ausführlich in Kapitel 6 beschäftigt. Wenn nun die dort angegebenen Methoden versagen, muß man schon zufrieden sein, wenn man wenigstens die asymptotische Entwicklung der Originalfunktion angeben kann. In sehr vielen Fällen ist der Praktiker auch gar nicht an der vollständigen Lösung interessiert, sondern es genügt, wenn er weiß, wie die Lösung sich für große t verhält, z. B. ob sie beschränkt bleibt (Stabilität). Bei komplizierteren Bildfunktionen, wie sie bei Randwertproblemen für partielle Differentialgleichungen auftreten, bietet der im folgenden angegebene Satz, dessen Voraussetzungen relativ einfach sind, oft das einzige Mittel, überhaupt eine Aussage über die Lösung zu machen, und er sollte daher viel häufiger in der Praxis angewendet werden, als es bisher geschehen ist.

Wenn man von $Y(s)$ auf $y(t)$ schließen will, so muß man zunächst $y(t)$ vermittels $Y(s)$ durch die komplexe Umkehrformel darstellen:

(35.1) $$y(t)=\lim_{\omega\to\infty}\frac{1}{2\pi\mathrm{j}}\int_{x-\mathrm{j}\omega}^{x+\mathrm{j}\omega}e^{ts}Y(s)\,ds.$$

Dies sei also bereits geschehen. $Y(s)$ ist als $\mathfrak{L}$-Transformierte in einer rechten Halbebene analytisch, in der auch der Integrationsweg verläuft. Die singulären Stellen von $Y(s)$ liegen sämtlich in der entsprechenden linken Halbebene, die am weitesten rechts gelegene sei α_0 (wir nehmen zunächst an, daß es nur eine solche gibt, d. h. daß nicht mehrere singuläre Stellen mit größtem Realteil existieren).

Es soll nun möglich sein, den geradlinigen Integrationsweg mit der Abszisse x durch einen winkelförmigen Weg $\mathfrak{C}$ zu ersetzen, der aus einem den singulären Punkt α_0 auf der rechten Seite umlaufenden Kreisbogen und zwei Strahlen besteht, die unter den Winkeln $\pm \vartheta \left(\dfrac{\pi}{2} < \vartheta \leq \pi \right)$ gegen die positiv reelle Achse geneigt sind (Bild 35.1), Dies ist sicher möglich, wenn $Y(s)$ in dem

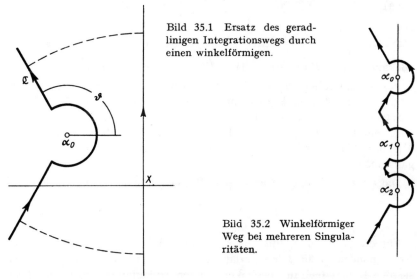

Bild 35.1 Ersatz des geradlinigen Integrationswegs durch einen winkelförmigen.

Bild 35.2 Winkelförmiger Weg bei mehreren Singularitäten.

Gebiet zwischen dem alten und neuen Integrationsweg für $s \to \infty$ gleichmäßig gegen 0 strebt. Denkt man sich nämlich die beiden Wege durch zwei große Kreisbogen oben und unten verbunden, so ist die Funktion $e^{ts} Y(s)$ in dem so entstandenen Gebiet analytisch, ihr Integral über den Rand ist also 0. Wenn nun die Radien der eingeschalteten Kreisbogen gegen ∞ wandern, so streben die Integrale über diese Bogen nach Satz 28.2 gegen 0. Es bleibt also übrig:

Das Integral über den alten Weg, von unten nach oben durchlaufen, plus dem Integral über den neuen Weg, von oben nach unten durchlaufen, ist gleich 0.

Das bedeutet: Die Integrale sind gleich, wenn in beiden die Wege von unten nach oben durchlaufen werden.

Wir setzen also nunmehr voraus, daß $y(t)$ statt durch (35.1) auch durch

(35.2) $$y(t) = \frac{1}{2\pi j} \int_{\mathfrak{C}} e^{ts} Y(s) \, ds$$

dargestellt werden kann. Dann gilt folgender Satz (EINF. S. 237):

Satz 35.1. *Wenn $Y(s)$ in einer Umgebung von α_0 in eine absolut konvergente Potenzreihe mit beliebigen (auch nichtganzzahligen) Exponenten entwickelbar ist:*

(35.3) $\qquad Y(s) = \sum_{\nu=0}^{\infty} c_\nu (s - \alpha_0)^{\lambda_\nu}, \quad -N < \lambda_0 < \lambda_1 < \cdots \to \infty,$

so gilt für das durch (35.2) dargestellte $y(t)$ folgende asymptotische Entwicklung für $t \to \infty$:

(35.4) $\qquad\qquad y(t) \approx e^{\alpha_0 t} \sum_{\nu=0}^{\infty} \frac{c_\nu}{\Gamma(-\lambda_\nu)} t^{-\lambda_\nu - 1}.$

Dabei ist $\dfrac{1}{\Gamma(-\lambda_\nu)} = 0$ zu setzen, wenn λ_ν einen der Werte $0, 1, 2, \ldots$ annimmt.
(Bekanntlich ist $\Gamma(0) = \Gamma(-1) = \Gamma(-2) = \cdots = \infty$.)

Positiv ganzzahlige Exponenten in der Entwicklung von $Y(s)$ tragen also zu der asymptotischen Entwicklung von $y(t)$ überhaupt nichts bei, was sich daraus erklärt, daß die ihnen entsprechenden Potenzen in ihrer Gesamtheit eine analytische Funktion darstellen, die an dem singulären Verhalten von $Y(s)$ in α_0 (das ja die Quelle des asymptotischen Verhaltens von $y(t)$ darstellt) ganz unbeteiligt ist.

Die ersten λ_ν können negativ sein, für sie gilt nach (3.11) und Regel IV

$$(s - \alpha_0)^{\lambda_\nu} \multimap \frac{t^{-\lambda_\nu - 1}}{\Gamma(-\lambda_\nu)} e^{\alpha_0 t}.$$

Für die positiven λ_ν (die hier hauptsächlich interessieren) besteht diese Korrespondenz nicht ($t^{-\lambda_\nu - 1}$ ist dann bei $t = 0$ nicht integrierbar). Läßt man sie aber formal auch für diese Werte gelten, so kann man sagen, daß (35.4) die gliedweise Übersetzung von (35.3) ist.

In dem in den Anwendungen besonders häufigen Fall, daß die λ_ν Multipla von $1/2$ sind, kann man zwecks leichterer Berechnung der Koeffizienten in (35.4) für $\lambda_\nu = \nu - 1/2$ die Formel benutzen:

(35.5) $\qquad \dfrac{1}{\Gamma\left(\dfrac{1}{2} - \nu\right)} = \dfrac{(-1)^\nu}{\pi} \Gamma\left(\nu + \dfrac{1}{2}\right) = \dfrac{(-1)^\nu (2\nu)!}{4^\nu \nu! \sqrt{\pi}}.$

Es ist noch der Fall zu erledigen, daß es *mehrere singuläre Stellen von $Y(s)$ mit größtem Realteil* gibt, z. B. $\alpha_0, \alpha_1, \alpha_2$. Dann ist zunächst zu prüfen, ob sich der geradlinige Integrationsweg in (35.1) durch einen winkelförmigen ersetzen läßt, der diese singulären Stellen in kleinen Kreisbogen umläuft (Bild 35.2). Dazu ist natürlich wie früher die Bedingung hinreichend, daß $Y(s)$ zwischen den beiden Wegen für $s \to \infty$ gleichmäßig gegen 0 strebt. Wenn nun $Y(s)$ bei α_0 in eine Reihe nach Potenzen von $s - \alpha_0$, bei α_1 von $s - \alpha_1$, bei α_2 von $s - \alpha_2$ entwickelbar ist, so hat man diese Reihen wie im obigen Satz einzeln zu übersetzen und dann zu superponieren, um die asymptotische Entwicklung von $y(t)$ für $t \to \infty$ zu erhalten. Dabei ist zu bemerken, daß die Exponentialfaktoren $e^{\alpha_0 t}$, $e^{\alpha_1 t}$, $e^{\alpha_2 t}$, die vor den Reihen stehen, zwar verschieden sind, aber denselben Absolutbetrag haben, weil $\Re \alpha_0 = \Re \alpha_1 = \Re \alpha_2$ ist. Diese Exponentialfaktoren wachsen oder fallen für $t \to +\infty$, je nachdem $\Re \alpha_0 > 0$ oder < 0 ist, und zwar viel stärker, als die Potenzen $t^{-\lambda_\nu - 1}$ wachsen ($\lambda_\nu < -1$) oder fallen ($\lambda_\nu > -1$). Sie sind also für das Verhalten von $y(t)$ ausschlaggebend.

Besitzt $Y(s)$ noch andere, weiter links liegende Singularitäten, so spielen diese für die asymptotische Entwicklung von $y(t)$ für $t \to +\infty$ keine Rolle[54].

Zur Demonstration dieser Methode verwenden wir wieder das Beispiel des einseitig unendlich langen Wärmeleiters, an dessen Rand die Temperatur cos ωt angelegt ist. Nach (28.2) ist seine Temperatur

$$u(x,t) = \frac{1}{2\pi j} \int_{\alpha - j\infty}^{\alpha + j\infty} e^{ts} \frac{s}{s^2 + \omega^2} e^{-x\sqrt{s}} \, ds \qquad (x > 0).$$

Wenn man einen schmalen Winkelraum um die negativ reelle Achse aus der s-Ebene herausnimmt, so strebt bei $x > 0$ die Funktion $e^{-x\sqrt{s}}$ in der übrigen Ebene für $s \to \infty$ gleichmäßig gegen 0, weil dort $\Re \sqrt{s} > 0$ ist. Der andere Faktor $\frac{s}{s^2 + \omega^2}$ strebt in der ganzen Ebene gleichmäßig gegen 0. Also kann man ohne weiteres den geradlinigen Integrationsweg durch einen winkelförmigen ersetzen, der die drei singulären Stellen von $y(s)$, nämlich die beiden Pole in $s = \pm j\omega$ und den Verzweigungspunkt $s = 0$, die sämtlich den gleichen Realteil 0 haben, auf Kreisbogen umgeht. In der Umgebung dieser Stellen läßt sich $Y(s)$ in Potenzreihen entwickeln. Betrachten wir zunächst die Stelle $s = j\omega$ und setzen

$$Y(s) = \frac{s}{s^2 + \omega^2} e^{-x\sqrt{s}} = \frac{1}{s - j\omega} \frac{s}{s + j\omega} e^{-x\sqrt{s}} = \frac{1}{s - j\omega} Z(s),$$

so ist $Z(s)$ in der Umgebung von $s = j\omega$ analytisch, also in die Taylorreihe entwickelbar:

$$Z(s) = Z(j\omega) + \frac{Z'(j\omega)}{1!}(s - j\omega) + \frac{Z''(j\omega)}{2!}(s - j\omega)^2 + \cdots.$$

Dividiert man diese durch $s - j\omega$, um $Y(s)$ zu bekommen, so haben alle Summanden außer dem ersten einen ganzzahligen Exponenten ≥ 0. Bei der Übersetzung gemäß (35.4) fallen sie sämtlich weg, so daß wir bloß das erste Glied

$$\frac{Z(j\omega)}{s - j\omega} = \frac{j\omega}{j\omega + j\omega} e^{-x\sqrt{j\omega}} \frac{1}{s - j\omega} = \frac{e^{-x\sqrt{j\omega}}}{2(s - j\omega)}$$

---

[54] In der Literatur wird manchmal fälschlich das Gegenteil behauptet.

zu berücksichtigen brauchen. Das ergibt ($\lambda_0 = -1$)

(35.6) $$\frac{1}{2} e^{-x\sqrt{j\omega}} e^{j\omega t}.$$

Analog liefert die Entwicklung bei $s = -j\omega$:

(35.7) $$\frac{1}{2} e^{-x\sqrt{-j\omega}} e^{-j\omega t}.$$

Bei $s = 0$ ist (vgl. S. 161)

$$\frac{s}{s^2+\omega^2} = \frac{s}{\omega^2} - \frac{s^3}{\omega^4} + \frac{s^5}{\omega^6} - + \cdots,$$

$$e^{-x\sqrt{s}} = 1 - \frac{x}{1!} s^{1/2} + \frac{x^2}{2!} s - \frac{x^3}{3!} s^{3/2} + \frac{x^4}{4!} s^2 - + \cdots,$$

also

$$\frac{s}{s^2+\omega^2} e^{-x\sqrt{s}} = \frac{1}{\omega^2} s - \frac{x}{1!\,\omega^2} s^{3/2} + \frac{x^2}{2!\,\omega^2} s^2 - \frac{x^3}{3!\,\omega^2} s^{5/2} + \left(\frac{x^4}{4!\,\omega^2} - \frac{1}{\omega^4}\right) s^3 + \cdots.$$

Bei der Übersetzung fallen alle Glieder mit ganzzahligen Exponenten weg, und es entsteht

$$-\frac{x}{1!\,\omega^2} \frac{1}{\Gamma(-3/2)} t^{-5/2} - \frac{x^3}{3!\,\omega^2} \frac{1}{\Gamma(-5/2)} t^{-7/2} + \cdots,$$

wofür man nach Formel (35.5) schreiben kann:

(35.8) $$-\frac{1}{\pi} \left\{ \frac{x}{\omega^2} \frac{\Gamma(5/2)}{t^{5/2}} - \frac{x^3}{3!\,\omega^2} \frac{\Gamma(7/2)}{t^{7/2}} + \cdots \right\}.$$

Die Superposition von (35.6, 7, 8) ergibt die vollständige asymptotische Entwicklung von $u(x, t)$ für $t \to \infty$. Die Funktionen (35.6) und (35.7) lassen sich wie S. 139 zu der reellen Funktion

$$e^{-x\sqrt{\omega/2}} \cos(\omega t - x\sqrt{\omega/2})$$

zusammenfassen, und man erhält somit dieselbe Darstellung der Lösung $u(x, t)$ wie früher durch die Formeln (28.4) und (34.3). Die jetzige Ableitung ist aber viel einheitlicher und einfacher.

§ 36. Untersuchung der Stabilität

Wenn ein physikalisches System durch gewisse Funktionalgleichungen (Differential-, Differenzengleichungen, Kombinationen von solchen) regiert wird, so steht in vielen Gebieten (z. B. in der Regelungstechnik) die Frage im Vordergrund, ob die Lösung *stabil* ist, d. h. ob sie sich mit wachsender Zeit t einem endlichen Grenzwert nähert oder wenigstens beschränkt bleibt. Diese Frage wird beantwortet durch das asymptotische Verhalten der Lösungsfunktion für $t \to \infty$. Wenn man das Problem vermittels $\mathfrak{L}$-Transformation behandelt, so wird man danach streben, das asymptotische Verhalten der Originalfunktion unmittelbar aus der Bildfunktion ablesen zu können, ohne die Originalfunktion explizit aufzustellen. Dazu ist nun der im vorigen Paragraphen aufgestellte Satz 35.1 sehr brauchbar, und es würde genügen, einfach auf ihn zu verweisen. Da aber in der Literatur die Beurteilung der Stabilität auf Grund der Bildfunktion meist ziemlich sorglos vorgenommen wird, seien hier noch einige Worte hinzugefügt.

Wenn das physikalische System durch eine *gewöhnliche* Differentialgleichung regiert wird, so liegen die Dinge denkbar einfach. Nehmen wir, um etwas Bestimmtes vor Augen zu haben, an, daß das System zunächst in Ruhe ist, d. h. daß alle Anfangswerte $y(+0)$, $y'(+0)$, ..., $y^{(n-1)}(+0)$ verschwinden, und daß die Erregungs- oder Eingangsfunktion der Einheitssprung $u(t)$ ist (die Lösung ist dann die Sprungantwort oder Übergangsfunktion). Nach (13.2) ist

$$Y(s) = \frac{1}{s} \frac{1}{p(s)},$$

wo $p(s)$ das charakteristische Polynom der Differentialgleichung ist. $Y(s)$ ist eine gebrochen rationale Funktion, die, in Partialbrüche zerlegt, die Gestalt hat

(36.1) $$Y(s) = \sum_\nu \frac{b_\nu}{s - \alpha_\nu},$$

wenn die Nullstellen des Nenners einfach sind;

(36.2) $$Y(s) = \sum_\nu \left(\frac{b_\nu^{(1)}}{s - \alpha_\nu} + \cdots + \frac{b_\nu^{(l_\nu)}}{(s - \alpha_\nu)^{l_\nu}} \right),$$

wenn sie die Mehrfachheiten l_ν haben. In dieser Gestalt läßt sich $Y(s)$ unmittelbar übersetzen:

(36.3) $$y(t) = \sum_\nu b_\nu e^{\alpha_\nu t}$$

bzw.

(36.4) $$y(t) = \sum_\nu \left(b_\nu^{(1)} + \frac{b_\nu^{(2)}}{1!} t + \cdots + \frac{b_\nu^{(l_\nu)}}{(l_\nu - 1)!} t^{l_\nu - 1} \right) e^{\alpha_\nu t}.$$

Man pflegt die Lösung $y(t)$ *stabil* zu nennen, wenn sie für $t \to \infty$ gegen ihren Anfangswert 0 strebt (eigentliche Stabilität) oder gegen einen anderen festen Wert strebt (uneigentliche Stabilität) oder in endlichen Grenzen schwankt (Quasi-Stabilität). Anderenfalls heißt sie *instabil*. Ausschlaggebend für das Verhalten von $y(t)$ ist die Nullstelle α_0 mit größtem Realteil (es gebe zunächst nur eine solche), weil

$$|e^{\alpha_\nu t}| = e^{\Re\alpha_\nu \cdot t}$$

und

$$|e^{\alpha_\nu t}| < |e^{\alpha_0 t}| \text{ für } \nu \neq 0$$

ist. $y(t)$ ist

für $\Re\alpha_0 > 0$ *instabil*,
für $\Re\alpha_0 < 0$ *stabil*,
für $\Re\alpha_0 = 0$ im Falle $\alpha_0 = 0$ *uneigentlich stabil*, wenn α_0 einfach ist,
    instabil, wenn α_0 mehrfach ist,
im Falle $\Im\alpha_0 \neq 0$ *quasistabil*, wenn α_0 einfach ist,
    instabil, wenn α_0 mehrfach ist.

Analog ist die Diskussion, wenn mehrere Nullstellen mit größtem Realteil vorliegen: *Die Lösung $y(t)$ ist nur dann (in irgend einem Sinne) stabil, wenn keine Nullstellen des Nenners von $Y(s)$, d. h. keine Pole von $Y(s)$ in der rechten Halbebene liegen und die auf der imaginären Achse liegenden einfach sind.*

Um dies festzustellen, braucht man aber $y(t)$ gar nicht erst explizit hinzuschreiben, sondern das kann man natürlich alles an der Bildfunktion $Y(s)$ allein ablesen.

Genau so liegt der Fall, wenn der physikalische Vorgang durch ein *System* von gewöhnlichen Differentialgleichungen regiert wird, denn nach § 15 treten auch hier nur gebrochen rationale Funktionen auf (wenn die Eingangsfunktionen Einheitssprungfunktionen sind).

Nun kommen aber auch kompliziertere Fälle vor, in denen $Y(s)$ keine rationale, sondern eine *meromorphe* Funktion, manchmal sogar eine *mehrdeutige* Funktion ist, so z. B. wenn die zugrunde liegende Differentialgleichung eine partielle ist, wofür wir in Kapitel 4 Beispiele kennengelernt haben. Aber auch z. B. bei Regelungen, die an sich durch gewöhnliche Differentialgleichungen regiert werden, treten transzendente Funktionen auf, wenn die Regelung nicht augenblicklich auf eine Abweichung reagiert, sondern erst nach einer endlichen Laufzeit oder Totzeit. Hier ist es nun in der Technik üblich, einfach dasselbe Kriterium wie oben bei den rationalen Funktionen anzuwenden: Man sucht die Singularität mit größtem Realteil und beurteilt nach ihrer Lage zur imaginären Achse die Stabilität der Originalfunktion. Diesem Verhalten liegt dieselbe naive Vorstellung zugrunde, von der schon S. 144 die Rede war: Man nimmt es als selbstverständlich an, daß $Y(s)$ sich in eine Partialbruchreihe, die die Pole in Evidenz setzt, entwickeln und dann gliedweise in eine Reihe von Exponentialfunktionen übersetzen läßt. Schon dort wurde betont, daß zu der Partialbruchreihe noch eine ganze Funktion hinzutreten kann. Eine solche ist in der ganzen Ebene analytisch, hat aber im Unendlichen eine (meist schwierige) Singularität, deren Charakter das asymptotische Verhalten von $y(t)$ maßgebend beeinflussen kann.

Man kann das durch drastische Beispiele illustrieren. So läßt sich zeigen, daß der Originalfunktion

(36.5) $$y(t) = \sin t^\alpha \qquad (\alpha > 1)$$

eine Bildfunktion $Y(s)$ entspricht, die eine ganze Funktion ist, also im Endlichen keine Singularitäten besitzt. Für $\alpha \neq 2$ läßt sich $Y(s)$ nicht durch klassische Funktionen ausdrücken. Für $\alpha = 2$ ist

$$Y(s) = \frac{1}{2}\sqrt{\frac{\pi}{2}} - \cos\frac{s^2}{4} \int_0^{s/2} \cos x^2\, dx - \sin\frac{s^2}{4}\int_0^{s/2} \sin x^2\, dx.$$

Die hier auftretenden Integrale sind als Fresnelsche Integrale bekannt.

Zu

(36.6) $$t^n y(t) = t^n \sin t^\alpha \qquad (n = 1, 2, \ldots)$$

gehört nach (3.1) die Bildfunktion $(-1)^n Y^{(n)}(s)$. Da $Y(s)$ eine ganze Funktion ist, gilt für $Y^{(n)}(s)$ dasselbe. Der Funktion $t^n \sin t^\alpha$, die für $t \to \infty$ beliebig große Werte annimmt, also einen instabilen Vorgang beschreibt, entspricht somit eine Bildfunktion, die überhaupt keine Singularität im Endlichen besitzt.

Bei einer solchen Funktion ist das obengenannte Kriterium völlig illusorisch. Wenn in einer bei einem Problem gefundenen Bildfunktion eine derartige Funktion als Summand enthalten ist, so täuschen die anderen Summanden, wenn sie nur Pole mit negativen Realteilen besitzen, eine Stabilität vor, während die durch jene Funktion erzeugte Instabilität ganz unbemerkt bleibt.

Die Funktion (36.5) ist übrigens vom physikalischen Standpunkt aus deshalb interessant, weil man α so nahe an 1 wählen kann, daß sich $\sin t^\alpha$ in einem beliebig großen Intervall beliebig wenig von $\sin t$ unterscheidet. $\mathfrak{L}\{\sin t\} = \dfrac{1}{s^2+1}$ aber hat die singulären Stellen $s = \pm j$.

Die Vorstellung einer Partialbruchentwicklung geht erst recht fehl, wenn $Y(s)$ eine mehrdeutige Funktion ist wie in dem in § 35 behandelten Beispiel, das doch durchaus nicht einer mathematischen Spitzfindigkeit, sondern einem vernünftigen physikalischen Problem entspringt. Hier kann schon keine Partialbruchentwicklung von $Y(s)$ und erst recht keine Exponentialentwicklung von $y(t)$ existieren.

In allen Fällen, in denen $Y(s)$ nicht einfach eine gebrochen rationale Funktion ist, geben nur Sätze[55]) im Stil des Satzes 35.1 eine wirkliche Sicherheit bei Beurteilung des asymptotischen Verhaltens und damit der Stabilität der Originalfunktion. Man sieht dabei auch deutlich, daß nicht nur das Verhalten von $Y(s)$ an seinen singulären Stellen im Endlichen eine Rolle spielt, sondern auch *das Verhalten im Unendlichen*, denn von letzterem hängt es ab, ob man den geradlinigen Integrationsweg in der komplexen Umkehrformel durch einen winkelförmigen ersetzen kann oder nicht.

---

[55]) Es existieren noch weitere derartige Sätze, die sich auf kompliziertere Singularitäten beziehen. Siehe hierzu das in Fußnote 48 genannte Handbuch, 2. Band, 6. und 7. Kapitel.

KAPITEL 8

Die $\mathfrak{Z}$-Transformation und ihre Anwendungen

§ 37. Übergang von der $\mathfrak{L}$-Transformation über die diskrete $\mathfrak{L}$-Transformation zur $\mathfrak{Z}$-Transformation

In den Anwendungen liegt manchmal statt einer Zeitfunktion $f(t)$ eine Folge von Werten f_n ($n = 0, 1, \ldots$) vor, die in gewissen zeitlichen Abständen gemessen worden sind, z. B. wenn die Werte einer an sich kontinuierlich vorhandenen Zeitfunktion nur in den Zeitpunkten $t = 0, 1, \ldots$ abgelesen werden: $f_n = f(n)$. Um eine solche Folge mit der $\mathfrak{L}$-Transformation, die sich ja auf Funktionen und nicht auf Folgen bezieht, behandeln zu können, ordnen wir der Folge f_n eine Treppenfunktion $f_0(t)$ zu durch die Definition

$$f_0(t) = f_n \quad \text{für } n \leq t < n + 1 \quad (n = 0, 1, \ldots)$$

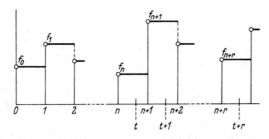

Bild 37.1 Die einer Folge zugeordnete Treppenfunktion.

(Bild 37.1). Weil $f_0(t)$ stückweise konstant ist, läßt sich $\mathfrak{L}\{f_0\}$ folgendermaßen auswerten:

$$(37.1) \quad \mathfrak{L}\{f_0(t)\} = \sum_{n=0}^{\infty} \int_n^{n+1} e^{-st} f_n \, dt = \sum_{n=0}^{\infty} f_n \frac{e^{-ns} - e^{-(n+1)s}}{s}$$

$$= \frac{1 - e^{-s}}{s} \sum_{n=0}^{\infty} f_n e^{-ns}.$$

Jedesmal, wenn man eine solche Treppenfunktion bildet und die $\mathfrak{L}$-Transformation ausführt, tritt der Faktor $(1 - e^{-s})/s$ auf. Die Schreibweise wird vereinfacht, wenn man ihn prinzipiell wegläßt, wodurch eine unmittelbar auf die Folge f_n ausgeübte Transformation

(37.2) $$\sum_{n=0}^{\infty} f_n \, e^{-ns} \equiv \mathfrak{D}\{f_n\}$$

übrig bleibt, die als »diskrete $\mathfrak{L}$-Transformation« bezeichnet wird[56]) und der man das Operatorsymbol $\mathfrak{D}$ gibt.

Die $\mathfrak{D}$-Transformation läßt sich aber auch als $\mathfrak{L}$-Transformation deuten, zwar nicht einer Funktion, aber einer Distribution. Die aus einer kontinuierlich gegebenen Funktion $f(t)$ herausgegriffene Folge $f_n = f(n)$ kann dadurch entstanden gedacht werden, daß Impulse in den Zeitpunkten $t = n$, d. h. $\delta(t-n)$, aus $f(t)$ die Werte $f(n)$ herausheben oder -sieben. Anders ausgedrückt: Die Gesamtheit dieser Impulse, die durch die Distribution $\sum_{n=0}^{\infty} \delta(t-n)$ dargestellt werden kann, wird mit der Funktion $f(t)$ moduliert:

$$f(t) \sum_{n=0}^{\infty} \delta(t-n) = \sum_{n=0}^{\infty} f(n)\, \delta(t-n) = f^*(t)$$

(vgl. Anh. (10)). Unterwirft man die Distribution $f^*(t)$ der $\mathfrak{L}$-Transformation, so entsteht nach Anh. (18):

$$\mathfrak{L}\left\{\sum_{n=0}^{\infty} f(n)\, \delta(t-n)\right\} = \sum_{n=0}^{\infty} f(n)\, \mathfrak{L}\{\delta(t-n)\} = \sum_{n=0}^{\infty} f(n)\, e^{-ns} = \mathfrak{D}\{f(n)\}.$$

Es gilt also:

(37.3) $$\mathfrak{D}\{f(n)\} = \mathfrak{L}\{f^*(t)\}.$$

Diese Deutung der $\mathfrak{D}$-Transformation als $\mathfrak{L}$-Transformation einer gewissen Distribution ist physikalisch einleuchtend und spielt in der Theorie der Impulselemente (§ 44) eine wichtige Rolle.

Die im Zusammenhang mit Folgen auftretenden Probleme kann man nun durch Anwendung der $\mathfrak{L}$-Transformation auf die zugeordneten Treppenfunktionen oder kürzer durch Anwendung der $\mathfrak{D}$-Transformation auf die Folgen selbst behandeln. Zu einem noch einfacheren Kalkül kommt man aber, wenn man statt der Variablen s eine neue Variable z durch die Substitution $e^s = z$ einführt. Dadurch geht (37.2) in eine Reihe nach absteigenden Potenzen von z über, und die Transformation nimmt die Gestalt an:

(37.4) $$F^*(z) = \sum_{n=0}^{\infty} f_n\, z^{-n} \equiv \mathfrak{Z}\{f_n\}.$$

---

[56]) Die Bezeichnung wurde von J. S. Zypkin eingeführt, siehe sein Buch: *Differenzengleichungen der Impuls- und Regeltechnik*. Verlag Technik, Berlin 1956, wo die $\mathfrak{D}$-Transformation ausführlich behandelt ist.

§ 37. Übergang von der $\mathfrak{L}$-Transformation zur $\mathfrak{Z}$-Transformation

Wir haben ihr das Operatorsymbol $\mathfrak{Z}$ gegeben, weil sie in der technischen Literatur, wo sie etwa seit 1950 auftritt, nach der in ihr vorkommenden Variablen z als »z-Transformation« bezeichnet wird. Das widerspricht zwar dem sonstigen Brauch, Transformationen mit Forschernamen zu belegen[57]), hat sich aber allgemein eingebürgert. Wir sprechen in der Folge von $\mathfrak{Z}$-Transformation, womit der Anschluß an Bezeichnungen wie $\mathfrak{L}$-, $\mathfrak{D}$-Transformation hergestellt ist.

Die $\mathfrak{Z}$-Transformation führt die »Originalfolge« f_n in die »Bildfunktion« $F^*(z)$ über[58]). Wir benutzen auch hier statt $\mathfrak{Z}\{f_n\} = F^*(z)$ manchmal das Korrespondenzzeichen:

$$f_n \circ\!\!-\!\!\bullet F^*(z).$$

Die drei Transformationen $\mathfrak{L}$, $\mathfrak{D}$ und $\mathfrak{Z}$ stehen in der wichtigen Beziehung zueinander:

(37.5) $\qquad \mathfrak{L}\{f^*\} = \mathfrak{D}\{f_n\} = \mathfrak{Z}\{f_n\}_{z\,=\,e^s} = F^*(e^s)$.

Die Reihe (37.4) konvergiert, wie aus der Funktionentheorie bekannt, wenn überhaupt irgendwo, dann außerhalb eines Kreises der komplexen Ebene, d. h. für $|z| > R \geq 0$ (Bild 37.2). Notwendig und hinreichend da-

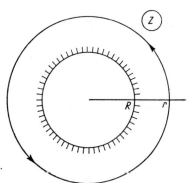

Bild 37.2 Konvergenzgebiet von $F^*(z)$.

für, daß ein solcher Konvergenzkreis existiert (daß R nicht ∞ ist), ist die Bedingung, daß es zwei positive Konstante K, k gibt derart, daß

(37.6) $\qquad\qquad |f_n| < K\,k^n$

ist. $F^*(z)$ ist eine für $|z| > R$ einschließlich $z = \infty$ analytische Funktion, ihre singulären Stellen liegen daher sämtlich in dem Kreis $|z| \leq R$.

---

[57]) Es wäre angemessen, den Namen »Laurent-Transformation« zu gebrauchen, weil die Reihe (37.4) eine Laurent-Reihe ist, in der die Koeffizienten der Potenzen mit positiven Exponenten gleich 0 sind.

[58]) Da in manchen Untersuchungen die $\mathfrak{Z}$-Transformation neben der $\mathfrak{L}$-Transformation auftritt, und bei letzterer die Bildfunktion mit F bezeichnet wird, ist es praktisch und heute allgemein üblich, die Bildfunktion bei der $\mathfrak{Z}$-Transformation mit F^* zu bezeichnen.

Beispiel:

$$f_n = e^{\alpha n}, \quad F^*(z) = \sum_{n=0}^{\infty} (e^\alpha z^{-1})^n = \frac{1}{1 - e^\alpha z^{-1}} = \frac{z}{z - e^\alpha} \quad \text{für } |z| > e^{\Re \alpha}.$$

Tabelle 37.1   Korrespondenzen der $\mathfrak{Z}$-Transformation

Nr.	$F^*(z)$	f_n
1	$\dfrac{z}{z-1}$	1
2	$\dfrac{z}{z+1}$	$(-1)^n$
3	$\dfrac{z}{(z-1)^2}$	n
4	$\dfrac{z(z+1)}{(z-1)^3}$	n^2
5	$\dfrac{z}{z-a}$	a^n
6	$\dfrac{z}{(z-a)^2}$	$n\, a^{n-1}$
7	$\dfrac{z}{(z-1)^{k+1}}$	$\binom{n}{k}$
8	$\dfrac{az \sin \tau}{z^2 - 2az \cos \tau + a^2}$	$a^n \sin n\tau$
9	$\dfrac{z(z - a \cos \tau)}{z^2 - 2az \cos \tau + a^2}$	$a^n \cos n\tau$
10	$\dfrac{z(z - 2a \cos \tau) \sin \tau}{z^2 - 2az \cos \tau + a^2}$	$-a^n \sin (n-1)\tau$
11	$\dfrac{az \sinh \tau}{z^2 - 2az \cosh \tau + a^2}$	$a^n \sinh n\tau$
12	$\dfrac{z(z - a \cosh \tau)}{z^2 - 2az \cosh \tau + a^2}$	$a^n \cosh n\tau$
13	$\dfrac{z(z - 2a \cosh \tau) \sinh \tau}{z^2 - 2az \cosh \tau + a^2}$	$-a^n \sinh (n-1)\tau$
14	$\dfrac{z(z-x)}{z^2 - 2xz + 1}$	$T_n(x) = \cos(n \arccos x)$ *Tschebyscheffsches Polynom* (vgl. Nr. 9)
15	$\log \dfrac{1}{z-1}$	$f_0 = 0, f_n = \dfrac{1}{n} \;(n \geq 1)$
16	$\log \dfrac{z+1}{z}$	$f_0 = 0, f_n = \dfrac{(-1)^{n-1}}{n} \;(n \geq 1)$
17	$e^{\frac{a}{z}}$	$\dfrac{a^n}{n!}$

§ 37. Übergang von der $\mathfrak{L}$-Transformation zur $\mathfrak{Z}$-Transformation 175

Hieraus ergeben sich die Bildfunktionen für die Folgen $f_n \equiv 1$ mit $\alpha = 0$, für $\cos \alpha n$, $\cosh \alpha n$, usw. durch lineare Kombination. Siehe Tabelle 37.1.

Jeder Folge f_n, die die Bedingung (37.6) erfüllt, entspricht eindeutig eine im Äußeren eines Kreises $|z| > R$ mit $R \leq k$ einschließlich ∞ analytische Funktion $F^*(z)$. Umgekehrt bestimmt eine solche Funktion eindeutig[59]) eine Folge f_n, die man auf folgende Arten bestimmen kann.

Umkehrung der $\mathfrak{Z}$-Transformation

1. Nach der Koeffizientenformel für Laurent-Reihen ist

(37.7) $$f_n = \frac{1}{2\pi j} \int F^*(z) z^{n-1} dz \qquad (n = 0, 1, \ldots),$$

wobei das Integral über einen Kreis vom Radius $r > R$ zu erstrecken ist (oder über eine äquivalente Kurve, die alle singulären Stellen von $F^*(z)$ einschließt). Siehe Bild 37.2, S. 173.

Die Formel ergibt sich unmittelbar, wenn man für $F^*(z)$ die Potenzreihe (37.4) einsetzt und gliedweise integriert, was wegen der gleichmäßigen Konvergenz erlaubt ist. Wegen $\int z^\nu dz = 0$ für alle ν außer $\nu = -1$ fallen alle Glieder weg bis auf

$$\frac{1}{2\pi j} \int z^{-1} dz = 1.$$

2. Mit $z = re^{j\varphi}$ erhält man aus (37.7):

(37.8) $$f_n = \frac{r^n}{2\pi} \int_{-\pi}^{+\pi} F^*(re^{j\varphi}) e^{jn\varphi} d\varphi \qquad (n = 0, 1, \ldots).$$

$f_n\, r^{-n}$ ist der Fourier-Koeffizient von $F^*(re^{j\varphi})$.

3. Da $F^*(z^{-1})$ eine Reihe nach aufsteigenden Potenzen von z ist, ergibt sich nach der Taylorschen Formel:

(37.9) $$f_n = \frac{1}{n!} \left[\frac{d^n F^*(z^{-1})}{dz^n} \right]_{z=0} \quad (n = 0, 1, \ldots).$$

4. In der Praxis ist häufig $F^*(z)$ eine rationale Funktion, also der Quotient zweier Polynome: $F^*(z) = P(z)/Q(z)$, wobei $P(z)$ höchstens den Grad

---

[59]) In der Literatur wird manchmal das Gegenteil behauptet. So wird in dem Buch von J. G. TRUXAL: *Entwurf automatischer Regelsysteme*. Oldenbourg Verlag 1960, S. 540 angegeben, der Bildfunktion $z/(z-1)$ entspreche nicht nur die Folge $f_n = 1$, sondern auch die Impulsfolge $d^*(t) = \sum_{n=0}^{\infty} \delta(t-n)$. Diese Ansicht ist durch irrtümliche Identifizierung zweier verschiedener Transformationen entstanden. Richtig ist nach (37.5):

$$\mathfrak{Z}\{1\}_{z=e^s} = \mathfrak{L}\{d^*\}.$$

Also nur wenn man in $z/(z-1)$ die Variable z durch e^s ersetzt und das Ergebnis als Bildfunktion der ganz anderen $\mathfrak{L}$-Transformation ansieht, ist d^* die Originalfunktion.

von $Q(z)$ hat, weil $F^*(z)$ in $z = \infty$ analytisch sein muß. Wenn man $P(z)$ durch $Q(z)$ nach einem der üblichen Verfahren dividiert, erhält man zwar keinen allgemeinen Ausdruck für f_n, kann aber beliebig viele f_n auf ganz elementarem Weg numerisch berechnen.

5. Eine weitere Methode siehe unter Satz 39.1.

§ 38. Die Regeln für das Rechnen mit der $\mathfrak{Z}$-Transformation

Wie bei der $\mathfrak{L}$-Transformation ist es auch bei der $\mathfrak{Z}$-Transformation für die Anwendungen am wichtigsten, zu wissen, wie sich gewisse Operationen an den Originalfolgen in entsprechenden Operationen an den Bildfunktionen widerspiegeln und umgekehrt. Die Beweise der folgenden »Regeln« sind sehr einfach und völlig elementar.

Translation

Erster Verschiebungssatz:

(38.1) $\qquad f_{n-k} \,\circ\!\!-\!\!\bullet\, z^{-k} F^*(z) \qquad$ für $k = 0, 1, 2, \ldots,$

wenn $f_{n-k} = 0$ für $n - k < 0$ definiert wird.

Zweiter Verschiebungssatz:

(38.2) $\qquad f_{n+k} \,\circ\!\!-\!\!\bullet\, z^k \left[F^*(z) - \sum_{\nu=0}^{k-1} f_\nu z^{-\nu} \right] \qquad$ für $k = 1, 2, \ldots$

Differenzenbildung

Für die Differenzen

$$\Delta f_n = f_{n+1} - f_n, \quad \Delta^m f_n = \Delta(\Delta^{m-1} f_n) \qquad (m = 1, 2, \ldots;\ \Delta^0 f_n = f_n)$$

gilt die Regel:

(38.3) $\qquad \Delta f_n \,\circ\!\!-\!\!\bullet\, (z-1)\, F^*(z) - f_0 z$

$\qquad\qquad \Delta^2 f_n \,\circ\!\!-\!\!\bullet\, (z-1)^2 F^*(z) - f_0 z(z-1) + \Delta f_0\, z$

$\qquad\qquad \cdots\cdots\cdots\cdots\cdots\cdots\cdots\cdots\cdots\cdots\cdots\cdots$

Summation

(38.4) $\qquad \displaystyle\sum_{\nu=0}^{n-1} f_\nu \,\circ\!\!-\!\!\bullet\, \frac{1}{z-1} F^*(z), \qquad \sum_{\nu=0}^{n} f_\nu \,\circ\!\!-\!\!\bullet\, \frac{z}{z-1} F^*(z).$

Dämpfung

(38.5) $\qquad \alpha^{-n} f_n \,\circ\!\!-\!\!\bullet\, F^*(\alpha z) \qquad (\alpha \neq 0$ beliebig komplex$).$

Differentiation der Bildfunktion

(38.6) $$n f_n \circ\!\!-\!\!\bullet -z \frac{dF^*(z)}{dz}$$

Faltung und Produkt

1. Faltung zweier Originalfolgen, Produkt der Bildfunktionen

(38.7) $$\sum_{\nu=0}^{n} f_\nu g_{n-\nu} \circ\!\!-\!\!\bullet F^*(z) G^*(z)$$

Diese Relation ist nichts anderes als ein Ausdruck für die Cauchysche Multiplikation zweier Potenzreihen. — Die links stehende Summe wird als *Faltung der Folgen* f_n, g_n bezeichnet.

2. Produkt zweier Originalfolgen, komplexe Faltung der Bildfunktionen

(38.8) $$f_n g_n \circ\!\!-\!\!\bullet \frac{1}{2\pi j} \int F^*(\zeta) G^*\!\left(\frac{z}{\zeta}\right) \frac{d\zeta}{\zeta}$$

Wenn R_F und R_G die Radien der Konvergenzkreise von F^* und G^* sind, so ist die rechte Seite eine für $|z| > R_F R_G$ definierte Bildfunktion. Das Integral ist über einen Kreis vom Radius r zu erstrecken, wo r die Bedingung erfüllt: $R_F < r < \dfrac{z}{R_G}$ (für $R_G = 0$ sei $R_F < r < \infty$). $F^*(\zeta)$ ist dann wegen $|\zeta| = r > R_F$, $G^*\!\left(\dfrac{z}{\zeta}\right)$ wegen $\left|\dfrac{z}{\zeta}\right| = \dfrac{|z|}{r} > R_G$ definiert.

Das rechts stehende Integral wird als *komplexe Faltung der Funktionen* F^*, G^* bezeichnet, weil es durch die Substitution $z = e^s$, $\zeta = e^\sigma$ mit $F^*(e^s) = F(s)$, $G^*(e^s) = G(s)$ die Gestalt einer komplexen Faltung im üblichen Sinn (siehe Regel X in § 9) annimmt:

$$\frac{1}{2\pi j} \int F(\sigma) G(s-\sigma)\, d\sigma,$$

wobei das Integral über die vertikale Strecke von $\log r - j\pi$ bis $\log r + j\pi$ zu erstrecken ist, die bei der Abbildung $\zeta = e^\sigma$, $\sigma = \log \zeta$ der Kreisperipherie von $r\, e^{-j\pi}$ bis $r\, e^{+j\pi}$ entspricht.

Beweis von (38.8)[60]:

$$F^*(\zeta) G^*\!\left(\frac{z}{\zeta}\right) \zeta^{-1} = \sum_{n=0}^{\infty} f_n \zeta^{-n} \sum_{m=0}^{\infty} g_m \left(\frac{\zeta}{z}\right)^m \zeta^{-1}$$

$$= \sum_{n,m=0}^{\infty} f_n g_m \zeta^{m-n-1} z^{-m},$$

---

[60]) Der Beweis in dem Buch von E. I. Jury: *Theory and application of the z-transform method.* J. Wiley & Sons, New York 1964, S. 142—145, 167—168 ist überaus umständlich und ohne Hinzunahme weiterer Voraussetzungen nicht legitim.

wobei die Reihe wegen der absoluten Konvergenz beliebig angeordnet werden kann. Wird sie über den Kreis vom Radius r gliedweise integriert (was wegen der gleichmäßigen Konvergenz erlaubt ist), so verschwinden alle Glieder mit Ausnahme derjenigen, wo $m - n - 1 = -1$, also $m = n$ ist (vgl. den Beweis von (37.7)). Diese liefern, durch $2\pi j$ dividiert, $\sum_{n=0}^{\infty} f_n g_n z^{-n}$. Das ist die zu der Folge $f_n g_n$ gehörige Bildfunktion.

§ 39. Zwei Grenzwertsätze

Die Sätze 32.2, 3 für die $\mathfrak{L}$-Transformation haben Analoga im Bereich der $\mathfrak{Z}$-Transformation.

Satz 39.1 (Anfangswertsatz). *Wenn* $F^*(z) = \mathfrak{Z}\{f_n\}$ *existiert, so ist*

$$f_0 = \lim_{z \to \infty} F^*(z).$$

Dabei kann z auf der reellen Achse oder längs eines beliebigen Weges nach ∞ laufen, da $F^*(z)$ in $z = \infty$ analytisch ist.

Aus diesem Satz ergibt sich eine Methode zur Umkehrung der $\mathfrak{Z}$-Transformation (vgl. § 37). Die Reihen

$$z(F^*(z) - f_0) = f_1 + f_2 z^{-1} + f_3 z^{-2} + \ldots,$$
$$z^2 (F^*(z) - f_0 - f_1 z^{-1}) = f_2 + f_3 z^{-1} + \ldots, \quad \text{usw.}$$

sind offenkundig ebenfalls $\mathfrak{Z}$-Transformierte, daher folgt nach Bestimmung von f_0 durch Satz 39.1 weiter:

$$f_1 = \lim_{z \to \infty} z(F^*(z) - f_0),$$
$$f_2 = \lim_{z \to \infty} z^2 (F^*(z) - f_0 - f_1 z^{-1}), \quad \text{usw.}$$

Satz 39.2 (Endwertsatz). *Wenn* $\lim_{n \to \infty} f_n$ *existiert, so ist*

$$\lim_{n \to \infty} f_n = \lim_{z \to 1+0} (z - 1) F^*(z).$$

Mit Hilfe dieses Satzes kann man den Wert von $\lim_{n \to \infty} f_n$ aus der Bildfunktion erschließen, aber nur dann, wenn man weiß, daß der limes existiert, ohne seinen Wert zu kennen. Denn der Satz ist nicht umkehrbar. So ist z. B.

$$\mathfrak{Z}\{(-1)^n\} = \frac{z}{z+1}, \quad \text{und} \quad \lim_{z \to 1+0} (z-1) \frac{z}{z+1} \quad \text{existiert und ist gleich 0.}$$

Aber $\lim_{n \to \infty} (-1)^n$ existiert nicht.

§ 40. Die allgemeine lineare Differenzengleichung

So wie die $\mathfrak{L}$-Transformation für Differentialgleichungen ist die $\mathfrak{Z}$-Transformation das geeignete Instrument für Differenzengleichungen.

Eine lineare Differenzengleichung r-ter Ordnung mit konstanten Koeffizienten, die auf der linken Seite eine lineare Kombination einer gesuchten Folge y_n und ihrer Differenzen Δy_n, ..., $\Delta^r y_n$, auf der rechten Seite eine gegebene Folge f_n enthält, kann durch explizite Darstellungen der Differenzen auf die Form gebracht werden:

(40.1) $\quad y_{n+r} + c_{r-1} y_{n+r-1} + \ldots + c_1 y_{n+1} + c_0 y_n = f_n \quad (n = 0, 1, \ldots)$.

Wie bei den Differentialgleichungen empfiehlt es sich auch hier, den höchsten Koeffizienten c_r gleich 1 zu machen. Zur Festlegung einer bestimmten Lösung werden die »Anfangswerte« $y_0, y_1, \ldots, y_{r-1}$ vorgegeben. Dann kann man aus Gleichung (40.1) mit $n = 0$ den nächsten Wert y_r ausrechnen. Aus den Werten $y_1, \ldots, y_r$ ergibt sich sodann aus (40.1) mit $n = 1$ der Wert y_{r+1}, usw. Man kann also alle Werte y_n rekursiv ausrechnen, weshalb (40.1) auch *Rekursionsgleichung* genannt wird. Wir gehen nun aber darauf aus, y_n durch einen allgemeinen Ausdruck darzustellen. Das geschieht am einfachsten vermittels der $\mathfrak{Z}$-Transformation.

Nach dem 2. Verschiebungssatz (38.2) gehört zu der Originalgleichung (40.1) mit $\mathfrak{Z}\{y_n\} = Y^*(z)$, $\mathfrak{Z}\{f_n\} = F^*(z)$ die Bildgleichung

$$z^r[Y^*(z) - y_0 - y_1 z^{-1} - \ldots - y_{r-1} z^{-(r-1)}] + \ldots + c_1 z [Y^*(z) - y_0] + c_0 Y^*(z) = F^*(z).$$

Ähnlich wie bei der Behandlung einer Differentialgleichung mit $\mathfrak{L}$-Transformation hat man hier den Vorteil, daß die Anfangswerte in die Bildgleichung eintreten und daher automatisch berücksichtigt werden. Setzt man[61])

$$z^r + c_{r-1} z^{r-1} + \ldots + c_1 z + c_0 = p(z),$$

---

[61]) An dieser Stelle wird klar, warum wir beim Übergang von der $\mathfrak{D}$- zur $\mathfrak{Z}$-Transformation $z = e^s$ und nicht $z = e^{-s}$ gesetzt haben, wodurch wir zu der Reihe $\sum y_n z^n$ $= \eta(z)$ mit positiven Exponenten gekommen wären, die man passend als Taylor-Transformation bezeichnen könnte, und die doch eigentlich näher liegt als eine Reihe mit negativen Exponenten. Für die Taylor-Transformation lautet der 2. Verschiebungssatz:

$$y_{n+k} \circ\!\!-\!\!\bullet z^{-k}\left[\eta(z) - \sum_{\nu=0}^{k-1} y_\nu z^\nu\right],$$

so daß sich als Koeffizient von $\eta(z)$ in der Bildgleichung der Differenzengleichung ergibt:

$$z^{-r} + c_{n-1} z^{-r+1} + \ldots + c_1 z^{-1} + c_0 = p(z^{-1}).$$

Das ist kein Polynom, sondern eine gebrochen rationale Funktion, und daher wird der Kalkül umständlicher als bei der $\mathfrak{Z}$-Transformation, weil überall da, wo bei dieser z steht, z^{-1} gesetzt werden muß.

so lautet die Lösung der Bildgleichung

(40.2) $\quad Y^*(z) = \dfrac{1}{p(z)} F^*(z) + \dfrac{1}{p(z)} \sum\limits_{i=0}^{r-1} y_i \sum\limits_{k=i+1}^{r} c_k z^{k-i} \quad (c_r = 1)$.

Die hier auftretenden Funktionen $z^\mu/p(z)$ ($\mu = 0, 1, \ldots, r$) sind offenkundig außerhalb eines Kreises, der die Nullstellen von $p(z)$ enthält, einschließlich ∞ analytisch, also Bildfunktionen. Ihre Originalfolgen kann man am elegantesten auf folgende Weise bestimmen. Ist speziell $f_n \equiv 0$, die Differenzengleichung also homogen:

(40.3) $\quad y_{n+r} + c_{r-1} y_{n+r-1} + \ldots + c_1 y_{n+1} + c_0 y_n = 0$,

folglich $F^*(z) \equiv 0$, und sind die Anfangswerte

(40.4) $\quad y_0 = y_1 = \ldots = y_{r-2} = 0, \quad y_{r-1} = 1$

vorgegeben, so hat die Lösung y_n nach (40.2) die Bildfunktion

(40.5) $\quad Y^*(z) = \dfrac{z}{p(z)}$.

Andererseits können wir die Lösung y_n auf Grund unserer Ergebnisse über Differentialgleichungen explizit bestimmen. Setzt man nämlich $1/p(s) = G(s)$, so hat innerhalb der $\mathfrak{L}$-Transformation die Originalfunktion $g(t)$ (dort Gewichtsfunktion genannt) nach (14.3, 4) die Eigenschaften[62]:

(40.6) $\quad g^{(r)}(t) + c_{r-1} g^{(r-1)}(t) + \ldots + c_1 g'(t) + c_0 g(t) = 0$,

(40.7) $\quad g(0) = g'(0) = \ldots = g^{(r-2)}(0) = 0, \quad g^{(r-1)}(0) = 1$.

Wenn man die Gleichung (40.6) n-mal differenziert und dann $t = 0$ setzt, so steht da:

(40.8) $\quad g^{(n+r)}(0) + c_{r-1} g^{(n+r-1)}(0) + \ldots + c_1 g^{(n+1)}(0) + c_0 g^{(n)}(0) = 0$.

Das bedeutet: Wenn man $g^{(n)}(0)$ als eine vom Index n abhängige Folge ansieht (also sozusagen den oberen Index unten ansetzt), so erfüllt diese Folge die Differenzengleichung (40.3). Ferner sagen die Relationen (40.7) aus, daß sie die Anfangswerte (40.4) hat. Da die Lösung des Anfangswertproblems eindeutig ist (das folgt aus der eingangs erwähnten rekursiven Berechnung), so ist $g^{(n)}(0)$ die Lösung des Problems (40.3, 4), von der wir wissen, daß zu ihr die Bildfunktion (40.5) gehört. Es ist also innerhalb der $\mathfrak{Z}$-Transformation

(40.9) $\quad \dfrac{z}{p(z)} \;\bullet\!\!-\!\!\circ\; g^{(n)}(0)$.

Diese — auf den ersten Blick vielleicht befremdliche — Gestalt der Originalfolge hat den großen Vorzug, daß sie völlig allgemein und ganz unabhängig

---

[62] Früher bezeichneten wir die Ordnung mit n, jetzt mit r, weil in der Differenzenrechnung der Buchstabe n üblicherweise den Index der Folge bezeichnet.

§ 40. Die allgemeine lineare Differenzengleichung

von der sonst üblichen Fallunterscheidung nach der Vielfachheit der Nullstellen von $p(z)$ ist, auf die wir im nächsten Paragraphen zurückkommen.

Was man für die Rückübersetzung von (40.2) braucht, sind die Originalfolgen zu $1/p(z)$ und $z^\mu/p(z)$ ($\mu = 1, \ldots, r$). Es ist nach dem 1. Verschiebungssatz (38.1):

(40.10) $$\frac{1}{p(z)} = z^{-1} \frac{z}{p(z)} \;\bullet\!\!-\!\!\circ\; g^{(n-1)}(0),$$

wenn $g^{(n-1)}(0) = 0$ für $n - 1 < 0$, d. h. $g^{(-1)}(0) = 0$ gesetzt wird; nach dem 2. Verschiebungssatz (38.2):

$$z^{\mu-1}\left[\frac{z}{p(z)} - \sum_{\nu=0}^{\mu-2} g^{(\nu)}(0) z^{-\nu}\right] \;\bullet\!\!-\!\!\circ\; g^{(n+\mu-1)}(0) \quad (\mu = 2, 3, \ldots r).$$

Wegen $0 \leq \nu \leq \mu - 2 \leq r - 2$ sind nach (40.7) alle $g^{(\nu)}(0) = 0$, also

$$\frac{z^\mu}{p(z)} \;\bullet\!\!-\!\!\circ\; g^{(n+\mu-1)}(0)$$

zunächst für $\mu = 2, \ldots, r$, aber nach (40.9) auch für $\mu = 1$, und nach (40.10) auch für $\mu = 0$, wenn $g^{(-1)}(0) = 0$ gesetzt wird; kurz:

(40.11) $$\frac{z^\mu}{p(z)} \;\bullet\!\!-\!\!\circ\; g^{(n+\mu-1)}(0) \quad \text{für} \quad \mu = 0, 1, \ldots, r \quad (g^{(-1)}(0) = 0).$$

Wendet man nun auf das erste Glied in der Bildfunktion (40.2) den Faltungssatz (38.7) an, so erhält man:

$$\sum_{\nu=0}^{n} g^{(\nu-1)}(0) f_{n-\nu}.$$

Da $g^{(-1)}(0) = 0$ und wegen (40.7) $g^{(\nu-1)}(0) = 0$ für $\nu = 1, \ldots, r-1$ ist, läuft die Summe in Wahrheit nur von $\nu = r$ bis n; für $n = 0, 1, \ldots, r-1$ ist sie gleich 0. Die Rückübersetzung von (40.2) liefert das endgültige Resultat[63]):

$$y_n = \sum_{\nu=r}^{n} g^{(\nu-1)}(0) f_{n-\nu} + \sum_{i=0}^{r-1} y_i \sum_{k=i+1}^{r} c_k g^{(n+k-i-1)}(0)$$

oder mit $k - i - 1 = l$:

(40.12) $$\boxed{y_n = \sum_{\nu=r}^{n} g^{(\nu-1)}(0) f_{n-\nu} + \sum_{i=0}^{r-1} y_i \sum_{l=0}^{r-i-1} c_{l+i+1} g^{(n+l)}(0)}$$

---

[63]) Beim Vergleich dieser Formel mit (12.10) und (14.6) sieht man, daß die Folge $g^{(n)}(0)$ für die Differenzengleichung dieselbe Bedeutung hat wie die Funktion $g(t)$ für die entsprechende Differentialgleichung.

Wenn die Nullstellen von $p(z)$ bekannt sind, kann $g(t) = \mathfrak{L}^{-1}\{1/p(s)\}$ nach den Methoden von § 12 berechnet werden. Sind die Nullstellen α_1, $\cdots$, α_r sämtlich verschieden, also einfach, so ist nach (12.9)

$$g(t) = \sum_{\mu=1}^{r} \frac{1}{p'(\alpha_\mu)} e^{\alpha_\mu t},$$

also

$$g^{(\lambda)}(0) = \sum_{\mu=1}^{r} \frac{\alpha_\mu^\lambda}{p'(\alpha_\mu)}.$$

In diesem Fall hat die Lösung die Gestalt:

(40.13)
$$y_n = \sum_{\nu=r}^{n} f_{n-\nu} \sum_{\mu=1}^{r} \frac{\alpha_\mu^{\nu-1}}{p'(\alpha_\mu)} + \sum_{i=0}^{r-1} y_i \sum_{l=0}^{r-i-1} c_{l+i+1} \sum_{\mu=1}^{r} \frac{\alpha_\mu^{n+l}}{p'(\alpha_\mu)}$$

Der erste Bestandteil stellt die Lösung der inhomogenen Differenzengleichung dar, wenn alle Anfangswerte verschwinden, d. h. wenn das durch die Gleichung beschriebene physikalische System sich unter dem Einfluß einer äußeren Einwirkung aus dem Ruhezustand heraus bewegt. Der zweite Bestandteil entspricht dem Fall, daß das System keiner äußeren Einwirkung unterliegt und von gewissen Anfangswerten aus sich frei überlassen ist. y_n ist dann eine Linearkombination der »Eigenlösungen« α_μ^n, die den Eigenschwingungen $e^{\alpha_\mu t}$ bei Differentialgleichungen entsprechen. Während bei diesen der Realteil von α_μ über das asymptotische Verhalten der Eigenschwingungen für $t \to \infty$ entscheidet, spielt bei den Differenzengleichungen der Absolutbetrag von α_μ diese Rolle. Denn α_μ^n strebt für $n \to \infty$ gegen 0 oder ∞ oder oszilliert, je nachdem $|\alpha_\mu| < 1$ oder > 1 oder $= 1$ ist.

§ 41. Die Differenzengleichung zweiter Ordnung

Da in der Praxis der Fall $r = 2$ der häufigste ist, wollen wir hierfür die Lösung noch einmal vollständig durchführen und dabei für die Übersetzung der Bildfunktion in die Originalfolge die Methode der Partialbruchzerlegung benutzen. Diese ist sinngemäß auch für Differenzengleichungen höherer Ordnung verwendbar, wobei allerdings die übliche Unterscheidung nach der Vielfachheit der Nullstellen von $p(z)$ gemacht werden muß. Diese Methode wird aber manchen Lesern vertrauter erscheinen als die des vorigen Paragraphen.

Die Differenzengleichung zweiter Ordnung lautet:

(41.1) $$y_{n+2} + c_1 y_{n+1} + c_0 y_n = f_n.$$

Als Anfangswerte sind y_0, y_1 vorgeschrieben. Die Bildgleichung ergibt sich auf Grund des 2. Verschiebungssatzes:

$$z^2 [Y^*(z) - y_0 - y_1 z^{-1}] + c_1 z [Y^*(z) - y_0] + c_0 Y^*(z) = F^*(z).$$

§ 41. Die Differenzengleichung zweiter Ordnung

Mit
$$z^2 + c_1 z + c_0 = p(z)$$
erhält man als Lösung die Bildfunktion

(41.2) $$Y^*(z) = \frac{1}{p(z)} F^*(z) + y_0 \frac{z(z+c_1)}{p(z)} + y_1 \frac{z}{p(z)}.$$

Es sei
$$p(z) = (z-\alpha_1)(z-\alpha_2)$$
und keine der Nullstellen α_1, α_2 gleich 0, weil sonst $c_0 = 0$ wäre und die Gleichung (41.1) sich auf eine solche erster Ordnung für y_{n+1} reduzieren würde. Wir machen zunächst eine Partialbruchzerlegung für den Faktor von y_1:

$$\frac{z}{p(z)} = \begin{cases} \dfrac{1}{\alpha_1 - \alpha_2}\left(\dfrac{z}{z-\alpha_1} - \dfrac{z}{z-\alpha_2}\right) & \text{für } \alpha_1 \ne \alpha_2 \\ \dfrac{z}{(z-\alpha_1)^2} & \text{für } \alpha_1 = \alpha_2, \end{cases}$$

Nach Tabelle 37.1, Nr. 5, 6 ist

(41.3) $$\frac{z}{p(z)} \;\bullet\!\!-\!\!\circ\; \begin{cases} \dfrac{\alpha_1^n - \alpha_2^n}{\alpha_1 - \alpha_2} & \text{für } \alpha_1 \ne \alpha_2 \\ n\,\alpha_1^{n-1} & \text{für } \alpha_1 = \alpha_2 \end{cases} = q_n.$$

Wegen $q_0 = 0$ ist nach dem 2. Verschiebungssatz (38.2)

(41.4) $$\frac{z^2}{p(z)} = z\,\frac{z}{p(z)} \;\bullet\!\!-\!\!\circ\; q_{n+1},$$

und nach dem 1. Verschiebungssatz (38.1)

(41.5) $$\frac{1}{p(z)} = z^{-1}\frac{z}{p(z)} \;\bullet\!\!-\!\!\circ\; q_{n-1},$$

wenn $q_{-1} = 0$ definiert wird. Damit ergibt sich nach dem Faltungssatz (38.7) zu (41.2) die Originalfolge

(41.6) $$y_n = \sum_{\nu=0}^{n} q_{\nu-1} f_{n-\nu} + y_0 (q_{n+1} + c_1 q_n) + y_1 q_n.$$

Wegen $q_{-1} = q_0 = 0$ läuft die Summe in Wahrheit nur von $\nu = 2$ bis n, für $n = 0$ und 1 ist sie gleich 0. Explizit ist für $\alpha_1 \ne \alpha_2$:

$$y_n = \sum_{\nu=2}^{n} f_{n-\nu}\,\frac{\alpha_1^{\nu-1} - \alpha_2^{\nu-1}}{\alpha_1 - \alpha_2} - y_0\left[\frac{\alpha_1^{n+1} - \alpha_2^{n+1}}{\alpha_1 - \alpha_2} + c_1\frac{\alpha_1^n - \alpha_2^n}{\alpha_1 - \alpha_2}\right] + y_1\,\frac{\alpha_1^n - \alpha_2^n}{\alpha_1 - \alpha_2}.$$

Beachtet man, daß $c_1 = -(\alpha_1 + \alpha_2)$ und $\alpha_1 \alpha_2 = c_0$ ist, so vereinfacht sich die Formel für $\alpha_1 \neq \alpha_2$ zu

(41.7) $$y_n = \sum_{\nu=2}^{n} f_{n-\nu} \frac{\alpha_1^{\nu-1} - \alpha_2^{\nu-1}}{\alpha_1 - \alpha_2} - y_0 c_0 \frac{\alpha_1^{n-1} - \alpha_2^{n-1}}{\alpha_1 - \alpha_2} + y_1 \frac{\alpha_1^{n} - \alpha_2^{n}}{\alpha_1 - \alpha_2}$$

Für $\alpha_1 = \alpha_2$ erhält man entsprechend:

(41.8) $$y_n = \sum_{\nu=2}^{n} f_{n-\nu} (\nu-1) \alpha_1^{\nu-2} - y_0 c_0 (n-1) \alpha_1^{n-2} + y_1 n \alpha_1^{n-1}$$

Bei der Gleichung zweiter Ordnung läßt sich die Rücktransformation der Lösung im Bildraum auch ganz ohne Partialbruchzerlegung bewerkstelligen (ähnlich wie bei der entsprechenden Differentialgleichung, siehe (11.6—9)). Dabei können wir den Fall $\alpha_1 = \alpha_2$, der eintritt, wenn $c_0 - c_1^2/4 = 0$ ist, beiseite lassen, weil er gegenüber dem Vorigen nicht weiter vereinfacht werden kann. Nach Tabelle 37.1, Nr. 11, 13 ist mit $a \neq 0$, $\sinh \tau \neq 0$:

(41.9) $$\frac{z}{z^2 - 2az \cosh \tau + a^2} \quad \bullet\!\!-\!\!\circ \quad a^{n-1} \frac{\sinh \tau n}{\sinh \tau},$$

(41.10) $$\frac{z(z - 2a \cosh \tau)}{z^2 - 2az \cosh \tau + a^2} \quad \bullet\!\!-\!\!\circ \quad -a^n \frac{\sinh \tau (n-1)}{\sinh \tau}.$$

Nach dem 2. Verschiebungssatz folgt aus (41.9):

(41.11) $$\frac{1}{z^2 - 2az \cosh \tau + a^2} \quad \bullet\!\!-\!\!\circ \quad a^{n-2} \frac{\sinh \tau (n-1)}{\sinh \tau},$$

wenn die rechte Seite für $n = 0$ gleich 0 gesetzt wird (für $n = 1$ ist sie übrigens von selbst auch gleich 0). Die Nenner in diesen Formeln stimmen mit $p(z)$ überein, wenn

(41.12) $$-2a \cosh \tau = c_1, \quad a^2 = c_0$$

ist. Es wird dann

$$c_0 - c_1^2/4 = a^2 (1 - \cosh^2 \tau) = -a^2 \sinh^2 \tau,$$

also $\sinh \tau \neq 0$ wegen $c_0 - c_1^2/4 \neq 0$ ($\alpha_1 \neq \alpha_2$), so daß die Formeln (41.7—9) einen Sinn haben. Zu (41.2) ergibt sich jetzt die Originalfolge

(41.13) $$y_n = \frac{1}{\sinh \tau} \left\{ \sum_{\nu=2}^{n} a^{\nu-2} \sinh \tau (\nu-1) f_{n-\nu} - y_0 a^n \sinh \tau (n-1) + y_1 a^{n-1} \sinh \tau n \right\}$$

wobei a und τ gemäß (41.12) aus den Koeffizienten c_0, c_1 zu bestimmen sind. Diese Formel ist für numerisches Rechnen besser geeignet als (41.6), besonders dann, wenn c_0, c_1 komplexe Zahlen sind, was z. B. bei dem Problem in § 44 der Fall ist. Die hyperbolischen Funktionen sind auch für komplexe Argumente tabelliert.

Die Formeln (41.9—11) sind auch bei Differenzengleichungen höherer Ordnung brauchbar, wenn bei der Partialbruchzerlegung außer linearen auch quadratische Nenner vorliegen, z. B. wenn konjugiert komplexe Linearfaktoren in $p(z)$ zu einem quadratischen Faktor zusammengefaßt sind.

§ 42. Das Randwertproblem der Differenzengleichung zweiter Ordnung

In den Anwendungen kommt es oft vor, daß die Werte der Unbekannten y_n in der Differenzengleichung nicht für *alle* $n \geq 0$, sondern nur für endlich viele Indizes $0 \leq n \leq N$ in Frage kommen. Gewöhnlich werden dann zur Festlegung einer bestimmten Lösung nicht die Anfangswerte gegeben. In dem am häufigsten auftretenden Fall, daß die Ordnung der Differenzengleichung gleich zwei ist, werden meist die zwei Werte y_0 und y_N, also die »*Randwerte*« vorgegeben, weshalb man hier von einem »*Randwertproblem*« spricht. Es kommen aber (z. B. in der Theorie der Kettenleiter) auch andere Möglichkeiten vor, z. B. daß eine lineare Relation zwischen y_0 und y_1 und eine solche zwischen y_{N-1} und y_N gegeben ist.

Wir behandeln hier das folgende Problem: Gegeben ist die Differenzengleichung zweiter Ordnung

(42.1) $$y_{n+2} + c_1 y_{n+1} + c_0 y_n = f_n$$

und das Paar von Randwerten y_0, y_N (natürlich sei $N \geq 2$). Die Nullstellen α_1, α_2 des charakteristischen Polynoms

$$p(z) = z^2 + c_1 z + c_0$$

seien verschieden. (Der Fall gleicher Nullstellen ist einfacher und sei hier beiseite gelassen.) Wir brauchen keine neue Theorie, sondern können die allgemeine Lösung (41.7) des Anfangswertproblems benutzen ($\alpha_1 \neq \alpha_2$):

(42.2) $$y_n = \sum_{\nu=2}^{n} f_{n-\nu} \frac{\alpha_1^{\nu-1} - \alpha_2^{\nu-1}}{\alpha_1 - \alpha_2} - y_0 c_0 \frac{\alpha_1^{n-1} - \alpha_2^{n-1}}{\alpha_1 - \alpha_2} + y_1 \frac{\alpha_1^n - \alpha_2^n}{\alpha_1 - \alpha_2}$$
$$(n \geq 2).$$

Hierin müssen wir statt des unbekannten Wertes y_1 den gegebenen Wert y_N einführen. Dazu setzen wir in (42.2) $n = N$ und erhalten eine Relation zwischen y_0, y_1, y_N, aus der wir y_1 in Abhängigkeit von y_0, y_N ausrechnen können:

$$y_1 = \frac{1}{\alpha_1{}^N - \alpha_2{}^N} \left\{ y_0 c_0 (\alpha_1{}^{N-1} - \alpha_2{}^{N-1}) + y_N (\alpha_1 - \alpha_2) - \sum_{\nu=2}^{N} (\alpha_1{}^{\nu-1} - \alpha_2{}^{\nu-1}) f_{N-\nu} \right\}.$$

Setzt man diesen Wert in (42.2) ein, so ergibt sich:

(42.3)
$$\begin{aligned} y_n = {} & \frac{1}{\alpha_1 - \alpha_2} \sum_{\nu=2}^{n} (\alpha_1{}^{\nu-1} - \alpha_2{}^{\nu-1}) f_{n-\nu} \\ & - \frac{1}{\alpha_1 - \alpha_2} \frac{\alpha_1{}^n - \alpha_2{}^n}{\alpha_1{}^N - \alpha_2{}^N} \sum_{\nu=2}^{N} (\alpha_1{}^{\nu-1} - \alpha_2{}^{\nu-1}) f_{N-\nu} \\ & + \frac{1}{\alpha_1{}^N - \alpha_2{}^N} \{ y_0 (\alpha_1{}^N \alpha_2{}^n - \alpha_1{}^n \alpha_2{}^N) + y_N (\alpha_1{}^n - \alpha_2{}^n) \} \end{aligned}$$

Dies gilt zunächst für $2 \leq n \leq N$, liefert aber auch für $n = 0$ und 1 den richtigen Wert, wenn man die erste Summe für $n = 0$ und 1 gleich 0 setzt. Natürlich hat die Lösung nur dann einen Sinn, wenn

$$\alpha_1{}^N - \alpha_2{}^N \neq 0$$

ist. Wenn die vorgegebene »Intervallänge« N so auf die Konstanten der Differenzengleichung abgestimmt ist, daß $\alpha_1{}^N - \alpha_2{}^N = 0$ ist, so hat das Problem im allgemeinen keine Lösung. Es treten dann in Analogie zu den wohlbekannten Verhältnissen bei Differentialgleichungen Eigenwerte und Eigenlösungen auf, die auch für die Praxis von Bedeutung sind, auf die wir hier aber nicht näher eingehen können.

§ 43. Ein System von simultanen Differenzengleichungen unter Anfangs- oder Randbedingungen (Elektrischer Kettenleiter)

Vorbemerkung

Wir knüpfen an die Behandlung eines elektrischen Netzwerks in § 20 an. Dort betrachteten wir zunächst *eine einzelne Masche* und stellten die Integrodifferentialgleichung (20.1) für den von einer Spannung $e(t)$ ganz beliebiger Art erzeugten Strom $i(t)$ auf. Zwischen den Bildfunktionen $E(s)$ und $I(s)$ bestand dann die lineare algebraische Gleichung (20.3). In der komplexen Wechselstromrechnung beschränkt man sich auf den Spezialfall einer *Wechselspannung* $e(t) = E\, e^{j\omega t}$ und nimmt an, daß hierdurch ein *Wechselstrom* der gleichen Frequenz, also von der Form $i(t) = I\, e^{j\omega t}$ erzeugt wird. (E und I sind komplexe Konstante, die die Amplitude und Phasenlage bestimmen.) Das ist streng genommen nur bei einem Dauervorgang ($-\infty < t < +\infty$) möglich. Bei einem Einschaltvorgang ($0 \leq t < \infty$) stellt sich ein solcher stationärer Zustand erst nach hinreichend langer Zeit ein (mathematisch gesprochen: er gibt das asymptotische Verhalten wieder, vgl. hierzu § 13.3).

Wenn man die Gleichung (20.1) nach t differenziert[64]:

$$L\frac{d^2 i}{dt^2} + R\frac{di}{dt} + \frac{1}{C}i(t) = e'(t)$$

und $i(t) = I\,e^{j\omega t}$, $e(t) = E\,e^{j\omega t}$ einführt, so erhält man:

$$I\left(L(j\omega)^2 + Rj\omega + \frac{1}{C}\right)e^{j\omega t} = E\,j\,\omega\,e^{j\omega t}$$

oder

(43.1) $$\left(Lj\omega + R + \frac{1}{Cj\omega}\right)I = E.$$

Unter Verwendung der Impedanz $Z(s)$ schreibt sich diese Gleichung so:

(43.2) $$Z(j\omega)\,I = E$$

mit

(43.3) $$Z(j\omega) = Lj\omega + R + \frac{1}{Cj\omega}.$$

Gleichung (43.2) stimmt formal mit der Gleichung (20.3) für die $\mathfrak{L}$-Transformierten $I(s)$ und $E(s)$ der *allgemeinen* Strom- und Spannungsfunktionen $i(t)$ und $e(t)$ überein, nur treten an die Stelle von $I(s)$ und $E(s)$ die Konstanten I und E, die man als »*komplexe Stromstärke und Spannung*« zu bezeichnen pflegt, und an die Stelle der allgemeinen Impedanzfunktion $Z(s)$ der spezielle Wert $Z(j\omega)$. Während man im Fall eines allgemeinen Stroms $i(t)$ von der Bildfunktion $I(s) = E(s)/Z(s)$ noch zu der Originalfunktion $i(t)$ übergehen muß, ist man bei der komplexen Wechselstromrechnung mit der Aufstellung der Gleichung (43.2) fertig. Denn die einzige Unbekannte war die komplexe Konstante I, und diese bestimmt sich aus (43.2) zu $I = E/Z(j\omega)$. (Der Wert von I hängt von der Frequenz ω ab.)

Die komplexe Wechselstromrechnung läßt sich auf das in § 20 betrachtete *Netzwerk* übertragen. Die Spannung in der ν-ten Masche ist in der speziellen Gestalt $e_\nu(t) = E_\nu\,e^{j\omega t}$ anzunehmen, so daß die Frequenz in allen Maschen dieselbe ist. Im stationären Zustand werden die Stromstärken Schwingungen derselben Frequenz, also von der Form $i_\nu(t) = I_\nu e^{j\omega t}$ sein. Man übersieht sofort, daß bei Einsetzen dieser Ausdrücke in die Integrodifferentialgleichungen des Netzwerks ein System von linearen algebraischen Gleichungen ent-

---

[64]) Beim unmittelbaren Einsetzen in die Gleichung (20.1) würde das Integral $\int_{-\infty}^{t} I e^{j\omega\tau}\,d\tau$ divergieren.

steht, das formal genauso aussieht wie das System (20.4) für fdie $\mathfrak{L}$-Transformierten der allgemeinen Ströme und Spannungen:

(43.4)
$$Z_{11}(j\omega) I_1 + \cdots + Z_{1n}(j\omega) I_n = E_1$$
$$\cdots\cdots\cdots\cdots\cdots\cdots$$
$$Z_{n1}(j\omega) I_1 + \cdots + Z_{nn}(j\omega) I_n = E_n.$$

Alles, was in § 20 von (20.4) bis (20.8) gesagt wurde, läßt sich daher auf die »komplexen Spannungen und Stromstärken« übertragen. Mit der Auflösung des Gleichungssystems ist für den Spezialfall sinusartiger Schwingungen derselben Frequenz die Aufgabe, das Verhalten des Systems im stationären Zustand zu beschreiben, vollständig gelöst[65]).

Diese Vorbemerkung wurde vorausgeschickt, weil wir uns im folgenden zur Vereinfachung der komplexen Wechselstromrechnung bedienen wollen. Wir kommen nun zur Betrachtung eines speziellen Netzwerks, bei dem wir die für Differenzengleichungen entwickelte Theorie anwenden können.

Ein *Kettenleiter* ist ein spezielles Netzwerk, bei dem alle Maschen (mit eventueller Ausnahme der ersten und letzten) gleichen Aufbau haben und

---

[65]) Manche Autoren von technischer Literatur können zwar nicht umhin, für ein tieferes Eindringen in ihre Probleme die $\mathfrak{L}$-Transformation zu benutzen, schieben aber trotzdem aus alter Gewohnheit das Arbeiten mit den speziellen $e^{j\omega t}$-Funktionen gern in den Vordergrund (was der in der Technik üblichen »spektralen Denkweise« entspricht) und stellen die s-Gleichungen (wenn wir einmal kurz so sagen dürfen) (20.3, 4) als »nur formale Erweiterungen« der $j\omega$-Gleichungen (43.2, 4) hin. Andere Autoren gelangen sogar dadurch in die (z. B. für Stabilitätsuntersuchungen unentbehrliche) komplexe s-Ebene, daß sie einfach, ohne ausreichende Motivierung und ohne die $\mathfrak{L}$-Transformation einzuführen, in den $j\omega$-Gleichungen die rein imaginäre Variable $j\omega$ durch die komplexe Variable s ersetzen, wobei sie diese anstößige komplexe Variable dem Ingenieur dadurch schmackhaft machen wollen, daß sie ihr den wohlklingenden, aber sinnlosen Namen »komplexe Frequenz« beilegen. — Wie immer, so brauchen auch hier die neuen besseren Vorstellungen eine gewisse Zeit, bis sie die alten unzureichenden, aber liebgewordenen Vorstellungen abgelöst haben. Solange die $\mathfrak{L}$-Transformation noch nicht in die Elektrotechnik eingeführt war, mußte man sich mit einer Netzwerktheorie für $e^{j\omega t}$-Erregungen und -Antworten begnügen. Die $\mathfrak{L}$-Transformation dagegen gestattet, von vornherein ganz beliebige Erregungen und Antworten zu behandeln; sie liefert die vollständige Lösung, die sowohl den Einschwingvorgang wie den stationären Zustand umfaßt. Vor allem aber lehrt sie, tiefliegende Eigenschaften der oft komplizierten Lösung an der viel einfacheren $\mathfrak{L}$-Transformierten abzulesen, wofür wir in Kap. 6 und 7 Beispiele kennen gelernt haben. Die komplexe Wechselstromrechnung ordnet sich in die Theorie der $\mathfrak{L}$-Transformation ein und findet dort ihre Fundierung (vgl. § 13.3): Wenn die Erregungen sinusförmig und alle von derselben Frequenz sind, so ergibt sie einen gewissen *Anteil* der durch die $\mathfrak{L}$-Transformation gelieferten *exakten Lösung*, der das asymptotische Verhalten der Lösung charakterisiert, technisch ausgedrückt: den stationären Zustand darstellt. Dies alles allerdings nur unter der Voraussetzung, daß die Nullstellen des charakteristischen Polynoms (bei Systemen: der Determinante $D(s)$ in (20.5)) negative Realteile haben. Wenn man nur an Wechselstrom und nur an dem stationären Zustand interessiert ist, kann man sich unter dieser Voraussetzung mit gutem Gewissen der komplexen Wechselstromrechnung als einer abkürzenden Methode bedienen, wie wir es im weiteren Verlauf dieses Paragraphen auch tun werden.

§ 43. Ein System von Differenzengleichungen (Elektrischer Kettenleiter)

in einer Reihe angeordnet sind, so daß jede Masche mit der vorhergehenden und der folgenden je einen Zweig gemein hat. Bei den Maschen des in Bild 43.1 skizzierten Kettenleiters befinden sich in jedem oberen Längszweig zwei gleiche Impedanzen Z_1, in dem unteren Längszweig keine Impedanzen, in den Querzweigen je eine Impedanz Z_2.

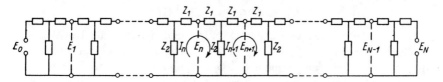

Bild 43.1 Kettenleiter aus T-Vierpolen.

Da wir nur den stationären Zustand des Kettenleiters bestimmen wollen, benutzen wir die komplexe Wechselstromrechnung. Wir könnten die Maschengleichungen (43.4) für das Netzwerk aufstellen. Es erweist sich aber als einfacher, den Kettenleiter statt aus Maschen aus Vierpolen der in Bild 43.2 gezeichneten Art aufgebaut zu denken, die man T-Vierpole nennt. Dabei ist es für die Rechnung vorteilhaft, auch an Anfang und Ende je einen vollständigen T-Vierpol anzubringen, was zur Folge hat, daß dort nur eine halbe Masche vorhanden ist. Die Anzahl der Vierpole sei gleich N, den laufenden Index bezeichnen wir mit n. Die komplexe Spannung am

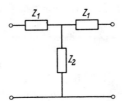

Bild 43.2 T-Vierpol.

Ausgang des n-ten Vierpols und damit gleichzeitig am Eingang des $(n+1)$-ten Vierpols sei E_n, die entsprechende komplexe Stromstärke I_n. Mit den aus Bild 43.1 ersichtlichen Richtungspfeilen ergeben sich für die linke und rechte Hälfte des $(n+1)$-ten Vierpols folgende Stromkreisgleichungen:

(43.5)
$$(Z_1 + Z_2) I_n - Z_2 I_{n+1} = E_n$$
$$Z_2 I_n - (Z_1 + Z_2) I_{n+1} = E_{n+1}$$
$(n = 0, 1, \ldots, N-1)$.

Das sind $2N$ lineare Gleichungen zwischen den $2N+2$ Größen $I_0, \ldots, I_N$; $E_0, \ldots, E_N$. Wenn zwei von ihnen gegeben sind, kann man die $2N$ übrigen berechnen.

Anstatt dies nun nach den üblichen Regeln vermittels Determinanten auszuführen, betrachten wir nur das allgemeine Gleichungspaar (43.5) und fassen es als ein *System von zwei Differenzengleichungen* erster Ordnung mit den unbekannten Folgen E_n, I_n auf. Wir unterscheiden zwei Problemstellungen.

I. Anfangswertproblem

Da die Gleichungen von erster Ordnung sind, ist für jede Unbekannte ein Anfangswert, also E_0 und I_0 zu geben. Das Anfangswertproblem entspricht der technischen Aufgabe, daß Spannung und Strom am Eingang des Kettenleiters gegeben und am Ausgang eines beliebigen Gliedes gesucht werden.

Wir ordnen den Folgen E_n, I_n die $\mathfrak{Z}$-Transformierten $E^*(z)$, $I^*(z)$ zu und erhalten nach dem 2. Verschiebungssatz (38.2) zu (43.5) die Bildgleichungen

$$(Z_1 + Z_2)\, I^*(z) \quad - Z_2\, z\,[I^*(z) - I_0] = E^*(z)$$
$$Z_2\, I^*(z) - (Z_1 + Z_2)\, z\,[I^*(z) - I_0] = z\,[E^*(z) - E_0].$$

oder

(43.6)
$$E^*(z) \quad - (Z_1 + Z_2 - Z_2 z)\, I^*(z) = I_0 Z_2 z$$
$$z\, E^*(z) - \bigl(Z_2 - (Z_1 + Z_2)\, z\bigr)\, I^*(z) = E_0 z + I_0 (Z_1 + Z_2)\, z.$$

Die Determinante dieses linearen Gleichungssystems für E^*, I^* ist

(43.7)
$$D(z) = -\bigl(Z_2 - (Z_1 + Z_2)\, z\bigr) + (Z_1 + Z_2 - Z_2 z)\, z$$
$$= -Z_2 z^2 + 2 (Z_1 + Z_2)\, z - Z_2.$$

Um zu erreichen, daß der Koeffizient des höchsten Gliedes in $D(z)$ gleich 1 wird, dividieren wir bei der Ausrechnung von E^* und I^* Zähler und Nenner durch $-Z_2$ und erhalten:

(43.8)
$$E^*(z) = \frac{E_0 z\left[z - \left(\dfrac{Z_1}{Z_2} + 1\right)\right] - I_0 Z_1 \left(\dfrac{Z_1}{Z_2} + 2\right) z}{z^2 - 2\left(\dfrac{Z_1}{Z_2} + 1\right) z + 1}$$

$$I^*(z) = \frac{-E_0 \dfrac{1}{Z_2} z + I_0 z \left[z - \left(\dfrac{Z_1}{Z_2} + 1\right)\right]}{z^2 - 2\left(\dfrac{Z_1}{Z_2} + 1\right) z + 1}.$$

Bestimmt man ähnlich wie in § 41 τ so, daß

(43.9)
$$\cosh \tau = \frac{Z_1}{Z_2} + 1$$

ist, so erhält man nach Tabelle 37.1, Nr. 11, 12 mit $a = 1$ zu $E^*(z)$ die Originalfolge:

$$E_n = E_0 \cosh \tau n - I_0 Z_1 \left(\frac{Z_1}{Z_2} + 2\right) \frac{\sinh \tau n}{\sinh \tau}.$$

Den Faktor von $-I_0$ kann man noch so umformen:

$$Z_1\left(\frac{Z_1}{Z_2} + 2\right) = Z_2\left[\left(\frac{Z_1}{Z_2} + 1\right)^2 - 1\right] = Z_2(\cosh^2 \tau - 1) = Z_2 \sinh^2 \tau,$$

so daß sich zusammen mit I_n ergibt:

(43.10)
$$E_n = E_0 \cosh \tau n - I_0 Z_2 \sinh \tau \sinh \tau n$$
$$I_n = -E_0 \frac{1}{Z_2} \frac{\sinh \tau n}{\sinh \tau} + I_0 \cosh \tau n.$$

Diese eleganten Formeln hätte man schwerlich durch Lösung des Systems (43.5) von $2N$ Gleichungen vermittels Determinanten finden können.

In (43.10) kann man n als laufenden Buchstaben ansehen oder auch mit dem Index N des letzten Kettengliedes identifizieren. Im letzteren Fall stellen E_n und I_n die komplexe Ausgangsspannung und den komplexen Ausgangsstrom dar. Die Formeln eignen sich gut zur numerischen Berechnung. $Z_1 = Z_1(j\omega)$ und $Z_2 = Z_2(j\omega)$ sind komplexe Zahlen, τ also ebenfalls. Für hyperbolische Funktionen mit komplexem Argument existieren ausführliche Tabellen.

Übrigens ist die Determinante der Gleichungen (43.10)

$$\begin{vmatrix} \cosh \tau n & -Z_2 \sinh \tau \sinh \tau n \\ -\dfrac{\sinh \tau n}{Z_2 \sinh \tau} & \cosh \tau n \end{vmatrix} = \cosh^2 \tau n - \sinh^2 \tau n$$

gleich 1, eine Eigenschaft, die auch für allgemeine passive Vierpole bekannt ist.

Wie oben bemerkt, beziehen sich die Darstellungen (43.10) auf den Fall, daß Eingangsspannung und -strom sinusartig sind und nur der stationäre Zustand gesucht wird. Wenn es sich bei einem anfänglich in Ruhe befindlichen Kettenleiter um beliebige Eingangsspannung und -strom handelt und die vollständige Lösung (einschließlich Einschwingvorgang) aufgestellt werden soll, hat man in den Gleichungen (43.10) E_n, I_n, $Z_1(j\omega)$, $Z_2(j\omega)$ durch $E_n(s)$, $I_n(s)$, $Z_1(s)$, $Z_2(s)$ zu ersetzen und zu den so entstehenden Funktionen von s die Originalfunktionen innerhalb der $\mathfrak{L}$-Transformation zu bestimmen.

II. Randwertproblem

Wir nehmen an, daß der Kettenleiter aus N Vierpolen besteht, wo N eine feste Zahl ist. Es seien jetzt nicht die Anfangswerte, sondern für eine

Variable der Anfangswert und für dieselbe oder die andere Variable der Endwert gegeben, mit anderen Worten: zwei Randwerte, also z. B. E_0 und E_N oder E_0 und I_N. Wir beschränken uns auf den technisch wichtigsten Fall, daß der rechte Randwert gleich 0 ist.

1. Gegeben: E_0 beliebig, $E_N = 0$.

Dies bedeutet, daß der Ausgang des Kettenleiters kurzgeschlossen ist. Wir benutzen die Gleichungen (43.9), in denen wir die Abkürzung

$$Z_2 \sinh \tau = W \quad \text{(Wellenwiderstand)}$$

einführen. Um aus ihnen den unbekannten Wert I_0 zu eliminieren, setzen wir in der ersten Gleichung $n = N$ und $E_N = 0$:

$$0 = E_0 \cosh N \tau - I_0 W \sinh N \tau.$$

Mit dem hieraus folgenden Wert

$$I_0 = E_0 \frac{\cosh N \tau}{W \sinh N \tau}$$

ergeben die Gleichungen (43.10):

$$E_n = E_0 \cosh n\tau - E_0 \frac{\cosh N \tau}{\sinh N \tau} \sinh n\tau = E_0 \frac{\sinh (N-n)\tau}{\sinh N \tau},$$

(43.11)

$$I_n = -E_0 \frac{1}{W} \sinh n\tau + E_0 \frac{\cosh N \tau}{W \sinh N \tau} \cosh n\tau = E_0 \frac{\cosh (N-n)\tau}{W \sinh N \tau}.$$

2. Gegeben: E_0 beliebig, $I_N = 0$.

Das bedeutet, daß der Ausgang des Kettenleiters offen ist (Leerlauf). Setzen wir in der zweiten Gleichung (43.10) $n = N$ und $I_N = 0$:

$$0 = -E_0 \frac{1}{W} \sinh N \tau + I_0 \cosh N \tau,$$

so ergibt sich:

$$I_0 = E_0 \frac{\sinh N \tau}{W \cosh N \tau}.$$

Mit diesem Wert liefern die Gleichungen (43.10):

$$E_n = E_0 \cosh n\tau - E_0 \frac{\sinh N \tau}{\cosh N \tau} \sinh n\tau = E_0 \frac{\cosh (N-n)\tau}{\cosh N \tau},$$

(43.12)

$$I_n = -E_0 \frac{1}{W} \sinh n\tau + E_0 \frac{\sinh N \tau}{W \cosh N \tau} \cosh n\tau = E_0 \frac{\sinh (N-n)\tau}{W \cosh N \tau}.$$

§ 44. Erzeugung einer Folge durch ein Impulselement. Beschreibung diskontinuierlicher Prozesse durch $\mathfrak{L}$- und $\mathfrak{Z}$-Transformation

In manchen Gebieten der Technik haben in den letzten Jahrzehnten diskontinuierliche Prozesse eine große Bedeutung erlangt. Bei ihnen treten von den Zeitfunktionen nur gewisse diskrete Werte in Erscheinung, statt der Funktionen liegen also Folgen vor. Für solche Prozesse ist die $\mathfrak{Z}$-Transformation das geeignete Instrument und von derselben Bedeutung wie die $\mathfrak{L}$-Transformation für die kontinuierlichen Prozesse.

Die diskreten Funktionswerte entstehen in der Praxis oft auf folgende Weise.

Ein *Impulselement* ist eine Abtastvorrichtung, die eine kontinuierliche Eingangsfunktion $f(t)$ auf folgende Weise in eine Stufenfunktion verwandelt: Die Werte von $f(t)$ werden in den diskreten Zeitpunkten nT ($n = 0, 1, \ldots$), also periodisch abgetastet, mit einer Konstanten k multipliziert (verstärkt) und jeweils während einer Zeitspanne ϑ ($0 < \vartheta \leq T$) festgehalten; in den restierenden Zeitintervallen ist $f(t)$ ganz abgeschaltet, so daß der Funktionswert 0 entsteht. Die Ausgangsfunktion des Impulselementes ist also die Stufenfunktion (Bild 44.1)

(44.1) $\qquad \bar{f}(t) = \begin{cases} k\,f(nT) & \text{für } nT \leq t < nT + \vartheta \\ 0 & \text{für } nT + \vartheta \leq t < (n+1)T \end{cases}$

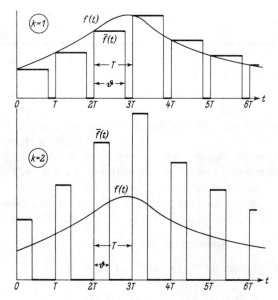

Bild 44.1 Verwandlung einer kontinuierlichen Funktion in eine Stufenfunktion durch einen periodischen Taster.

(für $\vartheta = T$ existiert die zweite Zeile nicht). Man nennt T die *Impulsperiode*, ϑ die *Impulsdauer* und k den *Verstärkungsgrad* des Impulselements.

$\bar{f}(t)$ kann vermittels der Einheitssprungfunktion $u(t)$ so geschrieben werden:

(44.2) $\qquad \bar{f}(t) = k \sum_{n=0}^{\infty} f(nT) \left[u(t - nT) - u(t - nT - \vartheta) \right].$

Die $\mathfrak{L}$-Transformierte von $\bar{f}(t)$ ist

$$\bar{F}(s) = \sum_{n=0}^{\infty} \int_{nT}^{nT+\vartheta} e^{-st} \bar{f}(t)\, dt$$
$$= k \sum_{n=0}^{\infty} f(nT) \int_{nT}^{nT+\vartheta} e^{-st}\, dt = k \sum_{n=0}^{\infty} f(nT) \frac{e^{-nTs} - e^{-(nT+\vartheta)s}}{s},$$

also

(44.3) $\qquad \bar{F}(s) = k \dfrac{1 - e^{-\vartheta s}}{s} \sum_{n=0}^{\infty} f(nT)\, e^{-nTs}.$

Für $k = 1$, $T = 1$, $\vartheta = 1$ ist $\bar{f}(t)$ die Treppenfunktion von Bild 37.1.

Die Fläche zwischen $\bar{f}(t)$ und der t-Achse besteht aus einer Folge von Rechtecken. Wenn k und ϑ so gewählt sind, daß $k\vartheta = 1$ ist, so ist der Flächeninhalt eines einzelnen Rechtecks

$$k\, f(nT)\, \vartheta = f(nT),$$

so daß der abgetastete Wert $f(nT)$ auch durch den *Inhalt der Stufe* repräsentiert wird. Es ist für das Verständnis des Folgenden eine Hilfe, diese Deutung im Auge zu behalten.

In der Praxis wählt man meist ϑ klein und k groß. Um bei der mathematischen Behandlung von der besonderen Wahl von ϑ und k unabhängig zu sein, *idealisiert man die vorliegenden Verhältnisse durch den Grenzübergang* $\vartheta \to 0$, also $k \to \infty$. Die Grenzfunktion $\lim \bar{f}(t)$ ist dann an den Stellen nT gleich ∞ und sonst überall gleich 0, wobei aber der Flächeninhalt in der Umgebung von $t = nT$ seinen früheren Wert $F(nT)$ behalten soll, mathematisch ausgedrückt: Das Integral der Grenzfunktion soll beim Durchgang durch die Stelle nT um den Wert $f(nT)$ springen. Man sieht, daß $\lim \bar{f}(t)$ mit der bereits in § 37 eingeführten Distribution $f^*(t)$ übereinstimmt, die durch Modulation der Impulsfolge $\sum_{n=0}^{\infty} \delta(t - nT)$ mit der Funktion $f(t)$ entsteht (in § 37 war $T = 1$):

(44.4) $\qquad \lim_{\vartheta \to 0,\, k \to \infty} \bar{f}(t) = f^*(t) = f(t) \sum_{n=0}^{\infty} \delta(t - nT) = \sum_{n=0}^{\infty} f(nT)\, \delta(t - nT).$

Dies kann man als eine plausible mathematische Beschreibung des physikalischen Vorgangs ansehen, daß von der Funktion $f(t)$ an den Stellen nT »Stichproben« (englisch »sampled data«) entnommen werden.

Die $\mathfrak{L}$-Transformierte der Distribution $f^*(t)$ ist nach Anh. (18)

(44.5) $$\mathfrak{L}\{f^*(t)\} = \sum_{n=0}^{\infty} f(nT)\,e^{-nTs} = \mathfrak{Z}\{f(nT)\}_{z=e^{Ts}},$$

oder, wenn

(44.6) $$\mathfrak{Z}\{f(nT)\} = F^*(z)$$

gesetzt wird:

(44.7) $$\boxed{\mathfrak{L}\{f^*(t)\} = F^*(e^{Ts})}$$

Derselbe Ausdruck ergibt sich auch durch Grenzübergang aus (44.3): Wegen $k\vartheta = 1$ und

$$k\,\frac{1-e^{-\vartheta s}}{s} = k\vartheta\,\frac{1-e^{-\vartheta s}}{\vartheta s} \to 1 \quad \text{für } \vartheta \to 0$$

ist

(44.8) $$\lim_{\vartheta\to 0} \mathfrak{L}\{\bar{f}(t)\} = \lim_{\vartheta\to 0} \bar{F}(s) = \sum_{n=0}^{\infty} f(nT)\,e^{-nTs} = F^*(e^{Ts}).$$

Aus (44.7, 8) folgt:

(44.9) $$\lim_{\vartheta\to 0} \mathfrak{L}\{\bar{f}(t)\} = \mathfrak{L}\{f^*(t)\}.$$

Dieses Resultat ist wichtig für den Fall, daß ein kontinuierliches physikalisches System mit den durch ein Impulselement gelieferten diskontinuierlichen Werten $f(nT)$ gefüttert werden soll. Da zur Berechnung des Ausgangs des physikalischen Systems die $\mathfrak{L}$-Transformation angewendet werden muß, ist die $\mathfrak{L}$-Transformierte des Eingangs, also der diskontinuierlichen Folge $f(nT)$, zu bilden, was an sich sinnlos ist. Aus diesem Dilemma kann man nur durch anschauliche Überlegungen einen Ausweg finden: Man ersetzt die Folge $f(nT)$ zunächst durch die Stufenfunktion $\bar{f}(t)$ mit $k\vartheta = 1$ und bildet von dieser die $\mathfrak{L}$-Transformierte $\mathfrak{L}\{\bar{f}\} = \bar{F}(s)$. Um nun wieder zu der Folge zu gelangen, führt man den Grenzübergang $\lim \bar{f} = f^*$ und entsprechend $\lim \mathfrak{L}\{\bar{f}\}$ aus. Nach (44.9) erhält man dann $\mathfrak{L}\{f^*\}$. Das läuft darauf hinaus, daß man für die Anwendung der $\mathfrak{L}$-Transformation die Folge $f(nT)$ durch die Distributionenfolge $f(nT)\,\delta(t-nT)$ ersetzen muß[66].

---

[66]) Dahinter steckt die Vertauschung von Grenzübergang und $\mathfrak{L}$-Integral:
$$\mathfrak{L}\{\lim \bar{f}(t)\} = \lim \mathfrak{L}\{\bar{f}(t)\}.$$
Diese Vertauschung, die im Rahmen der gewöhnlichen Analysis sinnlos ist, weil $\lim \bar{f}(t)$ nicht existiert (keine Funktion ist), ist im Rahmen der Distributionstheorie legitim.

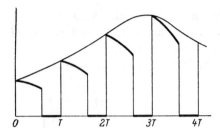

Bild 44.2 Nach einer Modellfunktion verformte Pulse.

Durch das Aufkommen der Impulstechnik hat das Wort »Impuls« einen doppelten Sinn bekommen. 1. Impuls bedeutet seit langer Zeit einen »unendlich starken Stoß« in einem »unendlich kleinen Zeitintervall«, ein Vorgang, der durch die Distribution $\delta(t-nT)$ beschrieben wird. In diesem Sinn wurde das Wort von Heaviside geprägt. 2. Impuls wird heutzutage in der deutschen Literatur aber auch für einen Vorgang gebraucht, bei dem ein Funktionswert abgetastet und eine endliche Zeit festgehalten wird. Man spricht dann manchmal von »»Rechteckimpuls«. In neuerer Zeit betrachtet man auch den Fall, daß der Funktionswert $f(nT)$ während der Zeitspanne nicht festgehalten, sondern nach einer Modellfunktion $\psi(t-nT)$ verformt wird (Bild 44.2).

Um die beiden Begriffe klar auseinander zu halten, ist es am einfachsten, wie in der amerikanischen Literatur nur in Fall 1 von »*Impuls*« und in Fall 2 von »*Puls*« zu sprechen.

Eine periodische Abtastvorrichtung, die Impulse erzeugt, liefert zu der Eingangsfunktion $f(t)$ die Ausgangsfunktion $f^*(t)$; eine andere, die Pulse erzeugt, liefert $\bar{f}(t)$. Wie hängen die beiden Funktionen zusammen? Im Bildraum ist der Zusammenhang sehr einfach, es ist nach (44.3)

(44.10) $$\bar{F}(s) = k\frac{1-e^{-\vartheta s}}{s}F^*(e^{Ts}).$$

Man kann sich den Faktor von $F^*(e^{Ts})$:

(44.11) $$G_\vartheta(s) = k\frac{1-e^{-\vartheta s}}{s},$$

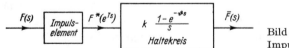

Bild 44.3 Verwandlung eines Impulses in einen Puls.

als Übertragungsfunktion eines Netzwerks vorstellen, das zwischen den Eingang $f^*(t)$ und den Ausgang $\bar{f}(t)$ geschaltet ist (siehe die Blockdarstellung in Bild 44.3). Da dieses Netzwerk den durch $f^*(t)$ gelieferten Funktionswert $f(nT)$ während des Intervalls ϑ festhält, heißt es *Haltekreis*

§ 44. *Erzeugung einer Folge durch ein Impulselement* 197

oder *Impulsverlängerer*. Die Originalfunktion zu $G_\vartheta(s)$ ist die Gewichtsfunktion $g_\vartheta(t)$ des Netzwerks, die durch

(44.12) $$g_\vartheta(t) = k\,[u(t) - u(t-\vartheta)]$$

gegeben ist und die in Bild 44.4 gezeigte Gestalt hat. Nach dem Faltungssatz der $\mathfrak{L}$-Transformation ist

(44.13) $$\bar{f}(t) = g_\vartheta(t) * f^*(t),$$

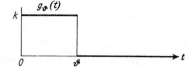

Bild 44.4 Gewichtsfunktion des Haltekreises.

womit der Zusammenhang zwischen $\bar{f}$ und f^* festgestellt ist. Rechnet man das Faltungsintegral explizit aus, so erhält man die Darstellung (44.2) für $\bar{f}(t)$. — Da $G_\vartheta(s)$ keine gebrochen rationale Funktion ist, läßt sich der Haltekreis nur approximativ durch ein Netzwerk realisieren.

Weil $f^*(t)$ durch $f(t)$ eindeutig bestimmt ist (aber nicht umgekehrt), muß sich auch $\mathfrak{L}\{f^*(t)\} = F^*(e^{Ts})$ aus $\mathfrak{L}\{f(t)\} = F(s)$ berechnen lassen. Bevor wir diese Relation angeben, gehen wir gleich einen Schritt weiter und entnehmen die Stichproben von $f(t)$ nicht nur zu den Zeiten nT, sondern auch zu den dazwischenliegenden äquidistanten Zeiten $nT + \tau$, wo τ fest und $0 \leq \tau < T$ ist. Jedes feste τ ergibt eine Folge $f(nT + \tau)$, die Gesamtheit dieser Folgen bei variablem τ repräsentiert sämtliche Funktionswerte von $f(t)$. Der Folge $f(nT + \tau)$ ist die $\mathfrak{Z}$-Transformierte

(44.14) $$F^*(z, \tau) = \sum_{n=0}^{\infty} f(nT + \tau)\,z^{-n}$$

zugeordnet[67]). Die $\mathfrak{L}$-Transformierten von

$$f^*(t) = \sum_{n=0}^{\infty} f(nT)\,\delta(t - nT) \quad \text{und} \quad f^*(t, \tau) = \sum_{n=0}^{\infty} f(nT + \tau)\,\delta(t - nT - \tau)$$

sind

$$\mathfrak{L}\{f^*(t)\} = \sum_{n=0}^{\infty} f(nT)\,e^{-nTs} = F^*(e^{Ts}),$$

$$\mathfrak{L}\{f^*(t, \tau)\} = \sum_{n=0}^{\infty} f(nT + \tau)\,e^{-(nT+\tau)s} = e^{-\tau s}\,F^*(e^{Ts}, \tau).$$

---

[67]) $F^*(z, \tau)$ wird von manchen Autoren »modifizierte $\mathfrak{Z}$-Transformierte« genannt, siehe z. B. das in Fußnote 60 zitierte Buch von E. I. JURY (S. 16). Hier wird statt τ die Größe $(m-1)T$ $(0 < m < 1)$ benutzt. Da $F^*(z, \tau)$ nichts anderes ist als die echte $\mathfrak{Z}$-Transformierte der Folge $f(nT + \tau)$, hat diese Bezeichnung nur dann eine Bedeutung, wenn als Objekt der Transformation nicht eine Folge, sondern eine Funktion zugrunde liegt.

198   *Kapitel 8: Die 𝔏-Transformation und ihre Anwendungen*

Unter gewissen Voraussetzungen gelten nun folgende Relationen:

(44.15) $$F^*(e^{Ts}) = \frac{f(0)}{2} + \frac{1}{T} \sum_{m=-\infty}^{+\infty} F\left(s + jm\frac{2\pi}{T}\right)$$

(44.16) $$F^*(e^{Ts}, \tau) = \frac{1}{T} \sum_{m=-\infty}^{+\infty} F\left(s + jm\frac{2\pi}{T}\right) e^{\left(s+jm\frac{2\pi}{T}\right)\tau} \quad (0 < \tau < T)$$

Für diese Formeln gibt es in der Literatur eine Anzahl von verschiedenartigen Beweisen, für die keine Gültigkeitsbedingungen angegeben werden und die teilweise sogar mathematisch sinnlos sind. Ein einfacher Beweis, der zugleich das Wesen dieser Formeln klarlegt, ist der folgende.

Nach der Umkehrformel (2.8) der 𝔏-Transformation ist

(44.17) $$f(nT) = \frac{1}{2\pi j} \int_{x-j\infty}^{x+j\infty} e^{nTs} F(s)\, ds \qquad \text{für } n \geq 1$$

$$= \frac{1}{2\pi j} \sum_{m=-\infty}^{+\infty} \int_{x+j(2m-1)}^{x+j(2m+1)} e^{nTs} F(s)\, ds \qquad \left(s = \sigma + jm\frac{2\pi}{T}\right)$$

$$= \frac{1}{2\pi j} \sum_{m=-\infty}^{+\infty} \int_{-j\frac{\pi}{T}}^{x+j\frac{\pi}{T}} e^{nT\sigma} e^{nm2\pi j} F\left(\sigma + jm\frac{2\pi}{T}\right) d\sigma \qquad (e^{nm2\pi j} = 1)$$

$$= \frac{1}{2\pi j} \sum_{m=-\infty}^{+\infty} \int_{x-j\frac{\pi}{T}}^{x+j\frac{\pi}{T}} e^{nTs} F\left(s + jm\frac{2\pi}{T}\right) ds.$$

Wenn die Reihe

(44.18) $$\sum_{m=-\infty}^{+\infty} F\left(s + jm\frac{2\pi}{T}\right)$$

im Intervall $\left(x - j\frac{\pi}{T},\ x + j\frac{\pi}{T}\right)$ gleichmäßig konvergiert, kann man Summe und Integral vertauschen und erhält:

$$f(nT) = \frac{1}{2\pi j} \int_{x-j\frac{\pi}{T}}^{x+j\frac{\pi}{T}} e^{nTs} \sum_{m=-\infty}^{+\infty} F\left(s + jm\frac{2\pi}{T}\right) ds.$$

Dies gilt für $n \geq 1$. Nach Fußnote 8 stellt die Umkehrformel für $t = 0$ nicht $f(0)$, sondern $f(0)/2$ dar. Es ist also

(44.19) $$\frac{1}{2\pi j} \int_{x-j\frac{\pi}{T}}^{x+j\frac{\pi}{T}} e^{nTs} \sum_{m=-\infty}^{+\infty} F\left(s + jm\frac{2\pi}{T}\right) ds = \begin{cases} \dfrac{f(0)}{2} & \text{für } n = 0 \\[2mm] f(nT) & \text{für } n \geq 1. \end{cases}$$

Nun ist $(s = x + jy)$

(44.20) $\dfrac{1}{2\pi j} \displaystyle\int\limits_{x-j\frac{\pi}{T}}^{x+j\frac{\pi}{T}} e^{nTs}\, T\, \dfrac{f(0)}{2}\, ds = \dfrac{T}{2\pi}\, e^{nTx}\, \dfrac{f(0)}{2} \displaystyle\int\limits_{-\frac{\pi}{T}}^{+\frac{\pi}{T}} e^{jnTy}\, dy$

$$= \begin{cases} \dfrac{f(0)}{2} & \text{für } n = 0 \\ 0 & \text{für } n \geq 1. \end{cases}$$

Addiert man die beiden Gleichungen (44.19, 20), so entsteht die für alle $n \geq 0$ gültige Gleichung

(44.21) $\dfrac{1}{2\pi j} \displaystyle\int\limits_{x-j\frac{\pi}{T}}^{x+j\frac{\pi}{T}} e^{nTs} \left\{ T\dfrac{f(0)}{2} + \sum_{m=-\infty}^{+\infty} F\!\left(s + jm\dfrac{2\pi}{T}\right) \right\} ds = f(nT).$

Nach der Umkehrformel (37.7) ist

$$f(nT) = \dfrac{1}{2\pi j} \int z^{n-1}\, F^*(z)\, dz,$$

erstreckt über den Kreis vom Radius r ($z = re^{j\varphi}$, $-\pi < \varphi \leq \pi$). Durch die Substitution $z = e^{Ts}$ geht der Kreis über in die Strecke der s-Ebene mit der Abszisse $x = \log r/T$ zwischen den Ordinaten $\pm j\dfrac{\pi}{T}$:

(44.22) $\dfrac{T}{2\pi j} \displaystyle\int\limits_{x-j\frac{\pi}{T}}^{x+j\frac{\pi}{T}} e^{nTs}\, F^*(e^{Ts})\, ds = f(nT).$

In beiden Gleichungen (44.21, 22) stellt die linke Seite einen Fourier-Koeffizienten dar, z. B. ist $(s = x + jy)$

$$\dfrac{T}{2\pi j} \displaystyle\int\limits_{x-j\frac{\pi}{T}}^{x+j\frac{\pi}{T}} e^{nTs}\, F^*(e^{Ts})\, ds = \dfrac{T}{2\pi} \displaystyle\int\limits_{-\frac{\pi}{T}}^{+\frac{\pi}{T}} e^{jnTy}\, [e^{nTx}\, F^*(e^{T(x+jy)})]\, dy.$$

Nach dem Eindeutigkeitssatz für Fourier-Reihen[68]) folgt aus der Gleichheit der Fourier-Koeffizienten die Gleichheit der Funktionen, also ist

$$T\, F^*(e^{Ts}) = T\, \dfrac{f(0)}{2} + \sum_{m=-\infty}^{+\infty} F\!\left(s + jm\dfrac{2\pi}{T}\right).$$

---

[68]) Wenn zwei stetige Funktionen dieselben Fourier-Koeffizienten haben, so sind sie identisch. $F^*(e^{Ts})$ ist als Potenzreihe in e^{Ts} stetig. Die Reihe (44.18) wurde als gleichmäßig konvergent vorausgesetzt, und da ihre Glieder stetige Funktionen sind, stellt sie selbst auch eine stetige Funktion dar.

Das ist Gleichung (44.15) Die Gleichung (44.16) ergibt sich auf die gleiche Weise. Bei ihr tritt die obige Komplikation für $n = 0$ nicht auf, weil der Wert $f(0)$ nicht vorkommt[69]).

Da man (44.17) als Darstellung von $f(nT)$ als Fourier-Transformierte deuten kann, besagt der Beweis, daß man die Fourier-Transformierte einer Funktion für ganzzahlige Werte des Arguments als Fourier-Koeffizient einer anderen Funktion darstellen kann.

§ 45. Impulsgesteuerte Systeme

Im folgenden betrachten wir Zusammenschaltungen von periodischen Tastern mit Netzwerken oder allgemeiner mit linearen Systemen. Es sei daran erinnert, daß ein lineares System durch seine Übertragungsfunktion $G(s)$ bzw. seine Gewichtsfunktion $g(t)$ charakterisiert ist (im Bild symbolisiert durch einen Block mit der Beschriftung $G(s)$), und daß die von einer Eingangsfunktion $F(s)$ bzw. $f(t)$ erzeugte Ausgangsfunktion $Y(s)$ bzw. $y(t)$ bei verschwindenden Anfangswerten durch

$$Y(s) = G(s) F(s) \quad \text{bzw.} \quad y(t) = g(t) * f(t)$$

gegeben ist. Vgl. die Relationen (12.10, 11), (15.11, 12), (20.8, 10).

Die linearen Systeme werden mit der $\mathfrak{L}$-Transformation behandelt, während für die Taster die $\mathfrak{Z}$-Transformation das geeignete Instrument ist. Daher laufen bei der Behandlung impulsgesteuerter Systeme beide Transformationen nebeneinander her.

Aus der Vielzahl von möglichen Kombinationen kontinuierlicher Systeme und periodischer Taster behandeln wir die grundlegenden.

I. Impulserzeugende Taster

1. *Taster vor dem linearen System* (Bild 45.1)

Die Eingangsfunktion $F(s)$ wird getastet; das System, charakterisiert durch $G(s)$, wird mit der Ausgangsfunktion $F^*(e^{Ts})$ des Tasters (siehe die

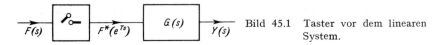

Bild 45.1 Taster vor dem linearen System.

---

[69]) Der obige Beweis benutzt eine Voraussetzung über die Reihe (44.18), also über $F(s)$. Verwendet man beim Beweis die Poissonsche Summationsformel, so hat man folgende Voraussetzungen über $f(t)$ zu machen: $f(t)$ habe in jedem endlichen Intervall eine beschränkte Ableitung, $\mathfrak{L}\{|f'|\}$ existiere. Siehe G. DOETSCH: *Der Zusammenhang zwischen den Laplace-Transformierten einer Funktion und der zugeordneten Treppenfunktion.* Regelungstechnik 5 (1957) S. 86—88.

Bemerkung hinter (44.9)) beschickt. Also ist in der Sprache der $\mathfrak{L}$-Transformation die Ausgangsfunktion $Y(s)$ des Systems gegeben durch

(45.1) $$\boxed{Y(s) = G(s)\, F^*(e^{Ts})}$$

Explizit ist

$$Y(s) = G(s) \sum_{n=0}^{\infty} f(nT)\, e^{-nTs} = \sum_{n=0}^{\infty} f(nT)\, [e^{-nTs}\, G(s)],$$

also nach dem ersten Verschiebungssatz der $\mathfrak{L}$-Transformation:

$$y(t) = \sum_{n=0}^{\infty} f(nT)\, g(t - nT) \quad \text{mit } g(t - nT) = 0 \text{ für } nT > t.$$

Die Glieder mit $n > t/T$ fallen weg, daher gilt im Raum der Zeitfunktionen

(45.2) $$\boxed{y(t) = \sum_{n=0}^{[t/T]} f(nT)\, g(t - nT)}$$

Der Ausdruck ergibt sich auch daraus, daß nach § 13.2 die Antwort auf einen zur Zeit $t = 0$ erfolgenden Impuls der Stärke 1 gleich $g(t)$, also auf einen Impuls zur Zeit $t = nT$ der Stärke $f(nT)$ gleich $f(nT)\, g(t - nT)$ ist. Bis zur Zeit t erfolgen Impulse zu den Zeiten $0, T, 2T, \ldots, [t/T]\, T$. — Da $g(t)$ die Sprungantwort des Systems, also $g(0) = 0$ ist, verhält sich die Ausgangsfunktion $y(t)$ auch an den Übergangsstellen $t = nT$ stetig, weil dort $g(t - nT) = g(0)$ ist.

Eine Beschreibung des Prozesses in der Sprache der $\mathfrak{Z}$-Transformation siehe am Ende von Nr. 3.

2. Synchron arbeitende Taster vor und hinter dem linearen System (Bild 45.2)

Der Taster hinter dem System bewirkt, daß die Ausgangsfunktion $y(t)$ im vorigen Fall nicht kontinuierlich, sondern nur zu den Zeiten $t = nT$ festgestellt wird. Die Gleichung (45.2) ergibt hierfür:

(45.3) $$\boxed{y(nT) = \sum_{\nu=0}^{n} f(\nu T)\, g((n-\nu)T)}$$

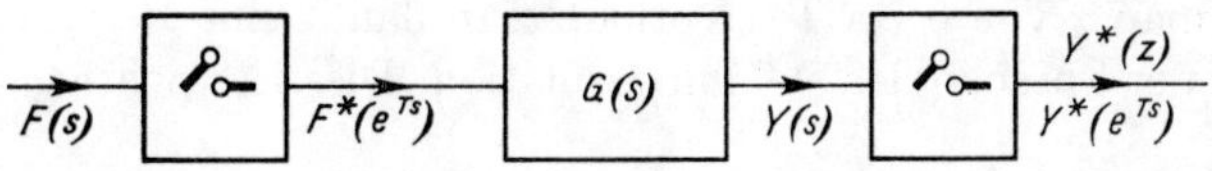

Bild 45.2 Synchron arbeitende Taster vor und hinter dem linearen System.

Setzt man

$$\sum_{n=0}^{\infty} y(nT)\, z^{-n} = Y^*(z), \quad \sum_{n=0}^{\infty} f(nT)\, z^{-n} = F^*(z), \quad \sum_{n=0}^{\infty} g(nT)\, z^{-n} = G^*(z),$$

so folgt aus (45.3) nach dem Faltungssatz (38.7) der $\mathfrak{Z}$-Transformation:

(45.4) $$\boxed{Y^*(z) = F^*(z)\, G^*(z)}$$

Wenn der Prozeß an Eingang und Ausgang diskontinuierlich ist, liefert die $\mathfrak{Z}$-Transformation durch die Gleichung (45.4) eine sehr einfache Beschreibung[70]. Diese Gleichung ist das Analogon zu der beim kontinuierlichen Vorgang geltenden Gleichung $Y(s) = F(s)\, G(s)$. Man kann entsprechend $G^*(z)$ als Übertragungsfunktion für synchrone Tastung bezeichnen.

Wenn man weiß, daß $y(nT)$ einem stationären Zustand $\lim_{n\to\infty} y(nT) = y(\infty)$ zustrebt, so kann man ihn nach Satz 39.2 so berechnen:

(45.5) $$y(\infty) = \lim_{z\to 1+0} (z-1)\, F^*(z)\, G^*(z).$$

3. Nicht synchron arbeitende Taster vor und hinter dem linearen System

Die Eingangsfunktion werde zu den Zeiten nT, die Ausgangsfunktion zu den Zeiten $nT + \tau\ (0 < \tau < T)$ getastet. Hierfür kann man wieder das Ergebnis unter 1. benutzen. Man braucht nur in (45.2) $t = nT + \tau$ zu setzen:

(45.6) $$\boxed{y(nT + \tau) = \sum_{\nu=0}^{n} f(\nu T)\, g((n-\nu)\, T + \tau)}$$

Definiert man wie in (44.14)

$$\sum_{n=0}^{\infty} y(nT + \tau)\, z^{-n} = Y^*(z, \tau), \qquad \sum_{n=0}^{\infty} g(nT + \tau)\, z^{-n} = G^*(z, \tau),$$

so folgt aus (45.6) nach dem Faltungssatz (38.7):

(45.7) $$\boxed{Y^*(z, \tau) = F^*(z)\, G^*(z, \tau)}$$

Diese Beschreibung des Prozesses in der Sprache der $\mathfrak{Z}$-Transformation ist wieder besonders einfach. $G^*(z, \tau)$ ist die Übertragungsfunktion für nichtsynchrone Tastung.

Variiert man τ von 0 bis T, so erhält man damit eine Beschreibung des Falles 1 in der Sprache der $\mathfrak{Z}$-Transformation. Dies ist wichtig, wenn man

---

[70] Die Relation (45.4) wird in der Literatur manchmal auf sehr umständliche Weise bewiesen, z. B. auf dem Weg über die Gleichung (44.15).

Prozesse, die teils kontinuierlich, teils diskontinuierlich verlaufen, statt in der Sprache der $\mathfrak{L}$-Transformation in der der $\mathfrak{Z}$-Transformation darstellen will.

4. Taster zwischen zwei linearen Systemen (Bild 45.3)

Die beiden Systeme seien durch ihre Gewichtsfunktionen $g_1(t)$, $g_2(t)$ bzw. ihre Übertragungsfunktionen $G_1(s)$, $G_2(s)$ charakterisiert. Wenn eine Ein-

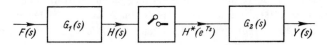

Bild 45.3   Taster zwischen zwei linearen Systemen.

gangsfunktion $h(t)$ bzw. $H(s)$ über den Taster in das System g_2 bzw. G_2 eintritt, so ist die Ausgangsfunktion
im t-Bereich nach (45.2)

$$y(t) = \sum_{n=0}^{[t/T]} h(nT)\, g_2(t-nT),$$

im s-Bereich nach (45.1)

$$Y(s) = G_2(s)\, H^*(\mathrm{e}^{Ts}) = G_2(s) \sum_{n=0}^{\infty} h(nT)\, \mathrm{e}^{-nTs}.$$

In unserem Fall ist die Funktion $h(t)$ bzw. $H(s)$ die Ausgangsfunktion von g_1 bzw. G_1, also

$$h(t) = g_1(t) * f(t), \qquad H(s) = G_1(s)\, F(s).$$

Damit ergibt sich:

$$(45.8) \quad y(t) = \sum_{n=0}^{[t/T]} g_2(t-nT)\, [g_1(t) * f(t)]_{t=nT} = \sum_{n=0}^{[t/T]} g_2(t-nT) \int_0^{nT} g_1(nT-\tau)\, f(\tau)\, d\tau$$

$$(45.9) \quad Y(s) = G_2(s) \sum_{n=0}^{\infty} \mathrm{e}^{-nTs} \int_0^{nT} g_1(nT-\tau)\, f(\tau)\, d\tau$$

Bemerkung: Wie man sieht, ist grundlegend der unter 1. behandelte Fall. Aus ihm ergeben sich die übrigen Kombinationen auf einfache Weise.

II. Pulserzeugende Taster

1. Taster vor dem linearen System

Von dem Taster wird die in (44.4) angegebene Funktion $\bar{F}(s)$ erzeugt. Mit dieser wird das System beschickt, so daß die Ausgangsfunktion des Systems in der Sprache der $\mathfrak{L}$-Transformation die Gestalt hat:

(45.10)
$$Y(s) = k\frac{1-e^{-\vartheta s}}{s} G(s) F^*(e^{Ts})$$

Die Funktion

$$G_\vartheta(s) = k\frac{1-e^{-\vartheta s}}{s}$$

ist die $\mathfrak{L}$-Transformierte des in Bild 44.4 dargestellten »Pulses« $g_\vartheta(t)$. Daher ist $G_\vartheta(s) G(s) = R(s)$ die $\mathfrak{L}$-Transformierte der Antwort $r(t)$ des Systems auf den Puls $g_\vartheta(t)$ als Erregung. Aus der Gleichung (45.10) in der Form

$$Y(s) = R(s) F^*(e^{Ts})$$

folgt wie in (45.2) die Darstellung im Raum der Zeitfunktionen:

(45.11)
$$y(t) = \sum_{n=0}^{[t/T]} f(nT) r(t-nT)$$

Die »Pulsantwort« $r(t)$ kann man noch durch die geläufigere Sprungantwort des Systems ausdrücken, die wir früher mit $y_u(t)$ bezeichneten und die wir jetzt $h(t)$ nennen wollen. Wegen

$$g_\vartheta(t) = k[u(t) - u(t-\vartheta)] \quad \text{mit} \quad u(t-\vartheta) = 0 \text{ für } t-\vartheta < 0$$

ist

$$r(t) = k[h(t) - h(t-\vartheta)] \quad \text{mit} \quad h(t-\vartheta) = 0 \text{ für } t-\vartheta < 0.$$

In (45.11) ist somit $r(t-nT)$ zu ersetzen durch

$$h(t-nT) - h(t-nT-\vartheta).$$

In dem letzten Glied mit $n = [t/T]$ ist

$$t - nT - \vartheta = t - [t/T]T - \vartheta = t - [t] - \vartheta \begin{cases} \geq 0 & \text{für } t-[t] \geq \vartheta \\ < 0 & \text{für } t-[t] < \vartheta. \end{cases}$$

Da h für negative Argumente gleich 0 ist, lautet für $t - [t] < \vartheta$ das letzte Glied nur $kf([t]) h(t - [t])$. Endgültig erhält man also:

(45.12)
$$y(t) = \begin{cases} k\sum_{n=0}^{[t/T]} f(nT)[h(t-nT) - h(t-nT-\vartheta)] & \text{für } t-[t] \geq \vartheta \\ k\sum_{n=0}^{[t/T]-1} f(nT)[h(t-nT) - h(t-nT-\vartheta)] + kf([t]) h(t-[t]) \\ & \text{für } t-[t] < \vartheta \end{cases}$$

2. Synchron arbeitende Taster vor und hinter dem linearen System

In diesem Fall wird die Ausgangsfunktion $y(t)$ in (45.11) nur in den Zeitpunkten $t = nT$ festgestellt und während der Pulsdauer ϑ festgehalten. Sie ist mit $\bar{y}(t)$ zu bezeichnen. Es ist

$$(45.13) \quad \bar{y}(t) = \begin{cases} y(nT) = \sum_{\nu=0}^{n} f(\nu T)\, r((n-\nu)T) & \text{für } nT \leq t \leq nT + \vartheta \\ 0 & \text{für } nT + \vartheta < t < (n+1)\,T. \end{cases}$$

Wenn man nur die Werte $y(nT)$ beachtet und die $\mathfrak{Z}$-Transformierten der beteiligten Folgen bildet, so ergibt sich nach dem Faltungssatz aus der ersten Zeile von (45.13):

$$(45.14) \quad Y^*(z) = F^*(z)\, R^*(z)$$

Diese Beschreibung des Prozesses in der Sprache der $\mathfrak{Z}$-Transformation ist analog zu (45.4), nur ist die $\mathfrak{Z}$-Transformierte $G^*(z)$ der Impulsantwort durch die $\mathfrak{Z}$-Transformierte $R^*(z)$ der Pulsantwort ersetzt.

Von (45.14) kann man zu der $\mathfrak{L}$-Transformation übergehen. Wir setzen $z = e^{Ts}$ und multiplizieren gleichzeitig mit $G_\vartheta(s)$:

$$G_\vartheta(s)\, Y^*(e^{Ts}) = G_\vartheta(s)\, F^*(e^{Ts})\, R^*(e^{Ts}).$$

Nach (44.10) bedeutet dies:

$$(45.15) \quad \bar{Y}(s) = \bar{F}(s)\, R^*(e^{Ts})$$

Dies ist die Beschreibung des Prozesses in der Sprache der $\mathfrak{L}$-Transformation. $R^*(e^{Ts})$ spielt die Rolle der Übertragungsfunktion für das lineare System, wenn die Eingangsfunktion F *vor* dem Eintritt und die Ausgangsfunktion Y *nach* dem Austritt in Pulse verwandelt werden.

3. Nicht synchron arbeitende Taster vor und hinter dem linearen System

Wenn die Eingangsfunktion zu den Zeiten nT, die Ausgangsfunktion zu den Zeiten $nT + \tau$ ($0 < \tau < T$) mit der Pulsdauer ϑ getastet wird, so entsteht eine Stufenfunktion, die wir mit $\bar{y}(t, \tau)$ bezeichnen und die sich aus (45.11) für $t = nT + \tau$ ergibt:

$$(45.16) \quad \bar{y}(t, \tau) = \begin{cases} y(nT + \tau) = \sum_{\nu=0}^{n} f(\nu T)\, r((n-\nu)T + \tau) \\ \qquad\qquad\qquad\qquad \text{für } nT + \tau \leq t \leq nT + \tau + \vartheta \\ 0 \qquad\qquad\quad \text{für } nT + \tau + \vartheta < t < (n+1)\,T + \tau \end{cases}$$

Setzt man

$$\sum_{n=0}^{\infty} y(nT+\tau)\, z^{-n} = Y^*(z,\tau), \qquad \sum_{n=0}^{\infty} r(nT+\tau)\, z^{-n} = R^*(z,\tau),$$

so ergibt sich aus (45.16) die Beschreibung in der Sprache der $\mathfrak{Z}$-Transformation:

(45.17) $$\boxed{Y^*(z,\tau) = F^*(z)\, R^*(z,\tau)}$$

Bei variierendem τ erhält man hierdurch eine Beschreibung des Falles 1 in der Sprache der $\mathfrak{Z}$-Transformation.

III. Nach einer Modellfunktion verformte Pulse

In diesem Fall tritt nur eine geringfügige Veränderung der Formeln von Abschnitt II ein. Es sei $\psi(t)$ eine beliebige, in $0 \leq t < T$ definierte Funktion. Dann wird die Zeitfunktion $f(t)$ in die Folge von Pulsen (ψ-Pulsen)

(45.18) $$\bar{f}(t) = f(nT)\, \psi(t - nT) \quad \text{für } nT \leq t < (n+1)\,T$$

verwandelt (Bild 44.2). Rechteckpulse entsprechen der Modellfunktion

$$\psi(t) = \begin{cases} k & \text{für } 0 \leq t < \vartheta \\ 0 & \text{für } \vartheta \leq t < T. \end{cases}$$

Es ist

$$\mathfrak{L}\{\bar{f}\} = \bar{F}(s) = \sum_{n=0}^{\infty} \int_{nT}^{(n+1)T} e^{-st} f(nT)\, \psi(t-nT)\, dt$$

$$= \sum_{n=0}^{\infty} \int_{0}^{T} e^{-s(\tau+nT)} f(nT)\, \psi(\tau)\, d\tau = \sum_{n=0}^{\infty} f(nT)\, e^{-nTs} \int_{0}^{T} e^{-st}\, \psi(t)\, dt.$$

Hier tritt die »endliche« $\mathfrak{L}$-Transformierte

$$\Psi(s) = \int_{0}^{T} e^{-st}\, \psi(t)\, dt$$

auf. Mit dieser ergibt sich:

(45.19) $$\bar{F}(s) = \Psi(s) \sum_{n=0}^{\infty} f(nT)\, e^{-nTs} = \Psi(s)\, F^*(e^{Ts}).$$

Der einzige Unterschied gegenüber den Rechteckpulsen besteht darin, daß $G_\vartheta(s)$ durch $\Psi(s)$ ersetzt wird.

1. *Taster vor dem linearen System*

Die Ausgangsfunktion des Systems ist

$$Y(s) = G(s)\, \bar{F}(s) = \Psi(s)\, G(s)\, F^*(e^{Ts}).$$

Wir setzen

(45.20) $$\Psi(s)\,G(s) = R(s).$$

Die zugehörige Originalfunktion ist

$$r(t) = \psi(t) * g(t),$$

wobei zu beachten ist, daß $\psi(t) = 0$ für $t \geq T$ zu definieren ist.

Explizit ist also

(45.21) $$r(t) = \begin{cases} \int_0^t \psi(x)\,g(t-x)\,dx & \text{für } t < T \\ \int_0^T \psi(x)\,g(t-x)\,dx & \text{für } t \geq T. \end{cases}$$

Im Raum der $\mathfrak{L}$-Transformierten wird der Prozeß beschrieben durch

(45.22) $$\boxed{Y(s) = R(s)\,F^*(e^{Ts})}$$

woraus wie bei (45.2) für die Zeitfunktionen folgt:

(45.23) $$\boxed{y(t) = \sum_{\nu=0}^{[t/T]} r(t - \nu T)\,f(\nu T)}$$

Nach der Bemerkung im Anschluß an (45.7) kann man den Prozeß auch in der Form

(45.24) $$\boxed{y(nT + \tau) = \sum_{\nu=0}^{n} r((n-\nu)T + \tau)\,f(\nu T) \qquad \text{mit } 0 \leq \tau < T}$$

oder in der Sprache der $\mathfrak{Z}$-Transformation:

(45.25) $$\boxed{Y^*(z,\tau) = R^*(z,\tau)\,F^*(z)}$$

darstellen.

2. Taster vor und hinter dem linearen System

Die Überlegung ist wörtlich dieselbe wie im Fall rechteckiger Pulse, nur ist die Definition $R(s) = G_\vartheta(s)\,G(s)$ jetzt durch $R(s) = \Psi(s)\,G(s)$ zu ersetzen. Die Formeln (45.13—15) bleiben mit dieser neuen Bedeutung von $R(s)$ bzw. $r(t)$ erhalten.

Beispiel zu Fall 1.

Das Netzwerk sei ein I-System (integrierendes Glied) mit $G(s) = a/s$. Dann ist

$$R(s) = a\,\frac{\Psi(s)}{s}$$

und

$$r(t) = a \int_0^t \psi(x)\,dx = \begin{cases} a \int_0^t \psi(x)\,dx = a\varphi(t) & \text{für } t < T \\ a \int_0^T \psi(x)\,dx = a\varphi(T) & \text{für } t \geq T. \end{cases}$$

Nach (45.23) ist

$$y(nT + \tau) = \sum_{\nu=0}^{n-1} r((n-\nu)T + \tau)\,f(\nu T) + r(\tau)\,f(nT)$$

$$= a\varphi(T) \sum_{\nu=0}^{n-1} f(\nu T) + a\varphi(\tau)\,f(nT)$$

(für $n = 0$, d. h. $0 \leq t < T$ ist die Summe nicht vorhanden).

Speziell für $f(t) \equiv f_0$ erhält man die »Sprungantwort«

$$y(nT + \tau) = a f_0 [n\varphi(T) + \varphi(\tau)].$$

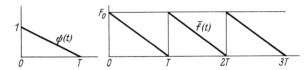

Bild 45.4 Die nach der Modellfunktion $\psi(t)$ verformten Pulse der Eingangsfunktion $f(t) \equiv f_0$.

Wählt man als Modellfunktion $\psi(t) = 1 - (t/T)$ (Bild 45.4), so ist

$$\varphi(\tau) = \tau - \frac{\tau^2}{2T}, \qquad \varphi(T) = \frac{T}{2},$$

also (Bild 45.5)

$$y(nT + \tau) = a f_0 \left(n\frac{T}{2} + \tau - \frac{\tau^2}{2T} \right).$$

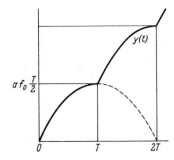

Bild 45.5 Ausgangsfunktion eines I-Systems bei Erregung durch die Pulse von Bild 45.4.

Die verschiedenen Transformierten in diesem Spezialfall sind:

$$\Psi(s) = \int_0^T e^{-st}\left(1 - \frac{t}{T}\right) dt = \frac{1}{s} - \frac{1}{T}\frac{1-e^{-Ts}}{s^2}, \quad R(s) = a\left(\frac{1}{s^2} - \frac{1}{T}\frac{1-e^{-Ts}}{s^3}\right),$$

$$F^*(z) = f_0 \frac{z}{z-1},$$

$$R^*(z,\tau) = r(\tau) + \sum_{n=1}^{\infty} r(nT+\tau)z^{-n} = a\left(\tau - \frac{\tau^2}{2T} + \sum_{n=1}^{\infty}\frac{T}{2}z^{-n}\right)$$

$$= a\left(\tau - \frac{\tau^2}{2T} + \frac{T}{2}\frac{1}{z-1}\right).$$

Die Beschreibung des Vorgangs im Bildraum der $\mathfrak{L}$-Transformation lautet also nach (45.22):

$$Y(s) = a f_0 \frac{1}{s} \frac{\Psi(s)}{1-e^{-Ts}}$$

und im Bildraum der $\mathfrak{Z}$-Transformation nach (45.25):

$$Y^*(z,\tau) = a f_0\left(\tau - \frac{\tau^2}{2T} + \frac{T}{2}\frac{1}{z-1}\right)\frac{z}{z-1}.$$

Geht man nicht von den fertigen Formeln (45.23, 24) aus, sondern übersetzt die speziellen Bildfunktionen $Y(s)$ bzw. $Y^*(z, \tau)$ in den Originalraum, so benutzt man für Y^* die Korrespondenzen

$$\frac{z}{z-1} \circ\!\!-\!\!\circ 1, \quad \frac{z}{(z-1)^2} \circ\!\!-\!\!\circ n$$

und erhält denselben Ausdruck wie oben. Bei der Übersetzung von Y verwendet man folgenden Satz (EINF. S. 43), der bei allen Impulsproblemen, in denen $F^*(e^{Ts}) = 1/(1-e^{-Ts})$, also $f(t) \equiv 1$ ist, von Nutzen ist:

Satz 45.1: *Die in $0 \leq t < T$ definierte Funktion $\psi(t)$ werde periodisch mit der Periode T fortgesetzt, wodurch eine für $t \geq 0$ definierte Funktion $\psi_p(t)$ entsteht. Es sei*

$$\Psi(s) = \int_0^T e^{-st}\psi(t) \, dt, \qquad \Psi_p(s) = \int_0^\infty e^{-st}\psi_p(t) \, dt.$$

Dann ist

$$\Psi_p(s) = \frac{\Psi(s)}{1-e^{-Ts}}.$$

Hieraus ergibt sich, daß zu $Y(s)$ die Originalfunktion

$$y(t) = a f_0 \int_0^t \psi_p(x) \, dx$$

gehört, wobei $\psi_p(t)$ die periodische Fortsetzung der Funktion $1-(t/T)$, also identisch mit der Funktion $\bar{f}(t)$ (siehe Bild 45.4) ist. Das ist gleichbedeutend mit dem oben erhaltenen Ausdruck für $y(nT+\tau) = y(t)$, da

$$\int_0^T \left(1-\frac{x}{T}\right)dx = \frac{T}{2}, \quad \int_0^\tau \left(1-\frac{x}{T}\right)dx = \tau - \frac{\tau^2}{2T} \quad (0 \leq \tau < T)$$

ist.

ANHANG

Die Distributionen und ihre Laplace-Transformierten

Die Distribution, ein etwa 1945 von dem französischen Mathematiker Laurent SCHWARTZ geschaffener Begriff, der sich in den letzten Jahren auch für die Ingenieurwissenschaft als unentbehrlich erwiesen hat, stellt eine Erweiterung des Funktionsbegriffs dar und ermöglicht es, den in Physik und Technik auftretenden widersprüchlichen Gebilden, wie z. B. dem Diracschen δ, einen exakten mathematischen Sinn zu verleihen. Darüber hinaus schafft die Distributionstheorie viele in der klassischen Analysis auftretende Schwierigkeiten aus dem Weg.

Man kommt der Distribution am leichtesten näher, wenn man zunächst die klassische Funktion von einem neuen Standpunkt aus betrachtet. Die herkömmliche Auffassung sieht in der Funktion $y = f(x)$ eine Zuordnung der einzelnen y-Werte zu den einzelnen x-Werten. Das entspricht der physikalischen Vorstellung, daß man die Werte einer veränderlichen Größe y wie etwa einer Spannung zu jedem einzelnen Zeitpunkt x genau feststellen könne. Was aber in Wahrheit gemessen wird, ist nicht die Spannung selbst, sondern ihre Wirkung auf eine Apparatur, die durch eine »Testfunktion« $\varphi(x)$ repräsentiert gedacht werden kann. Dasselbe muß sich aber auch mit anderen Apparaturen wiederholen lassen, was bedeutet, daß man nicht bloß eine, sondern beliebig viele Testfunktionen zulassen muß. Diese Wirkung einer punktweise nicht greifbaren Funktion $f(x)$ auf gewisse Testfunktionen $\varphi(x)$ kann man mathematisch dadurch zum Ausdruck bringen, daß man die Integrale

$$\int f(x)\, \varphi(x)\, dx$$

bildet, erstreckt über passende (große und kleine) Intervalle. Beim Integrieren spielt nämlich nicht mehr der einzelne Wert von $f(x)$ eine Rolle, sondern der Wertverlauf, die »Verteilung« von $f(x)$ über alle x, und deshalb wird die Gesamtheit der obigen Integrale als »Distribution« (Verteilung) bezeichnet. Wir gehen nach dieser Plausibilitätsbetrachtung zu einer mathematischen Präzisierung über[71]).

---

[71]) Die Originalwerke von SCHWARTZ sind für reine Mathematiker bestimmt und stellen an das Verständnis ziemlich hohe Anforderungen. Eine gut verständliche Einführung in die Theorie enthält das Buch von A. H. ZEMANIAN: *Distribution theory and transform analysis.* McGraw-Hill Book Comp., New York 1965, 371 Seiten.

I. Das durch eine Funktion definierte Funktional

Die Funktion $f(x)$ sei auf der ganzen Achse $-\infty < x < \infty$, abgekürzt mit R^1 bezeichnet, definiert. Damit die späteren Aussagen allgemein richtig sind, soll sie in jedem endlichen Intervall (oder wie man sagt: lokal) Lebesgueintegrabel sein. Dies nur der allgemeinen Theorie zuliebe; die in den technischen Anwendungen auftretenden Funktionen sind immer Riemannintegrabel, so daß der Ingenieur sich durch den allgemeineren Begriff nicht abgeschreckt zu fühlen braucht.

Die Testfunktionen $\varphi(x)$ wählt man so, daß die mit ihnen auszuführenden Operationen keine Schwierigkeiten machen. Man setzt daher voraus, daß jedes $\varphi(x)$ zwar auf R^1 definiert ist, aber außerhalb eines endlichen Intervalls (das für jedes φ ein anderes sein kann) verschwindet. Ferner soll $\varphi(x)$ auf R^1 unendlich oft differenzierbar sein. Hieraus folgt, was für das Spätere wichtig ist, daß $\varphi(x)$ und alle seine Ableitungen in den Enden des endlichen Definitionsintervalles von φ verschwinden müssen, da die »nach außen« gebildeten Ableitungen in diesen Punkten gleich 0 sind. Die Gesamtheit aller dieser φ bildet einen »Funktionenraum«, der mit $\mathscr{D}$ bezeichnet wird.

Das Integral
$$\int_{-\infty}^{+\infty} f(x)\,\varphi(x)\,dx$$

ist wegen der Voraussetzung über φ in Wirklichkeit nur über ein endliches Intervall zu erstrecken, so daß keine Konvergenzschwierigkeiten im Unendlichen auftreten und das Integral für jedes f und jedes φ aus dem Raum $\mathscr{D}$ existiert. Es kann als »inneres Produkt« von f und φ aufgefaßt und daher mit der üblichen Symbolik für ein solches folgendermaßen bezeichnet werden:
$$\int_{-\infty}^{+\infty} f(x)\,\varphi(x)\,dx = \langle f, \varphi \rangle.$$

Es wird hierdurch, wenn f fest ist, jedem φ des Raumes $\mathscr{D}$ ein Zahlwert zugeordnet. Dies drückt man so aus: Durch f wird auf dem Raum $\mathscr{D}$ ein »Funktional« $\langle f, \varphi \rangle$ definiert. Es hat die spezielle Eigenschaft, linear zu sein, d. h. es ist

(1) $$\langle f, \varphi_1 + \varphi_2 \rangle = \langle f, \varphi_1 \rangle + \langle f, \varphi_2 \rangle.$$

Der Grundgedanke der Schwartzschen Theorie besteht nun darin, die Funktion f grundsätzlich durch die Funktionalwerte $\langle f, \varphi \rangle$ zu repräsentieren. Wie weittragend diese Idee ist, ersieht man sogleich daraus, daß es möglich wird, jeder lokal integrabeln Funktion $f(x)$, auch wenn sie nicht differenzierbar ist, eine Ableitung zuzuschreiben, und zwar auf folgende

Weise. Wenn $f(x)$ im klassischen Sinn eine lokal integrable Ableitung $f'(x)$ besitzt, so wird diese nach dem Obigen durch das Funktional

$$\langle f', \varphi \rangle = \int_{-\infty}^{+\infty} f'(x)\, \varphi(x)\, dx$$

repräsentiert. Formt man das in Wahrheit über ein endliches Intervall erstreckte Integral durch partielle Integration um, so fallen die von den Intervallenden herrührenden Bestandteile weg, weil φ dort verschwindet, und es bleibt übrig:

$$\langle f', \varphi \rangle = - \int_{-\infty}^{+\infty} f(x)\, \varphi'(x)\, dx = -\langle f, \varphi' \rangle.$$

Die rechte Seite hat nun aber für jedes lokal integrable f einen Sinn und ist ein Funktional auf $\mathscr{D}$. Es liegt daher nahe, jeder solchen Funktion f eine »verallgemeinerte Ableitung« zuzuschreiben, die wir zur deutlichen Unterscheidung von der klassischen Ableitung »*Derivierte*« nennen und mit dem Symbol D bezeichnen:

(2) $$\langle Df, \varphi \rangle = -\langle f, \varphi' \rangle.$$

Man beachte, daß hierdurch nur festgelegt ist, welchen Wert Df jedem φ zuordnet. Df ist nichts Numerisches, wie $f'(x)$ es ist.

Beispiel: $f(x)$ sei die Einheitssprungfunktion

$$u(x) = 0 \text{ für } x \leq 0,\ = 1 \text{ für } x > 0.$$

Sie ist im klassischen Sinn nicht differenzierbar, weil sie in $x = 0$ nicht einmal stetig ist. Dagegen ergibt sich:

(3) $$\langle Du, \varphi \rangle = -\langle u, \varphi' \rangle = - \int_{-\infty}^{+\infty} u(x)\, \varphi'(x)\, dx = - \int_{0}^{\infty} \varphi'(x)\, dx = \varphi(0).$$

Das Funktional, das Du repräsentiert, hat für jedes φ aus $\mathscr{D}$ den Wert $\varphi(0)$. Was das zu bedeuten hat, wird weiter unten klar.

Durch Iteration kommt man zur Definition der *k-ten Derivierten* D^k von f:

(4) $$\langle D^k f, \varphi \rangle = (-1)^k \langle f, \varphi^{(k)} \rangle \qquad (k = 1, 2, \ldots).$$

Jede lokal integrable Funktion ist beliebig oft derivierbar.

Beispiel:

$$\langle D^k u, \varphi \rangle = (-1)^k \langle u, \varphi^{(k)} \rangle = (-1)^k \int_0^\infty \varphi^{(k)}(x)\, dx$$

$$= (-1)^{k-1} \varphi^{(k-1)}(0).$$

Der neue Differenzierbarkeitsbegriff umfaßt den alten, d. h. wenn $f(x)$ eine k-te Ableitung $f^{(k)}(x)$ besitzt, so definiert sie dasselbe Funktional wie $D^k f$.

II. Die Distribution

Die bisherigen Erörterungen sollten den Übergang von der klassischen Analysis zu der modernen Distributionstheorie vorbereiten. Anknüpfend an das spezielle, durch eine Funktion f bestimmte Funktional, das jedem φ aus $\mathscr{D}$ einen Wert $\langle f, \varphi \rangle$ zuordnet, betrachten wir jetzt ein *abstraktes Funktional T*, das auch zu jedem φ aus $\mathscr{D}$ einen Zahlenwert liefert, den wir mit $\langle T, \varphi \rangle$ bezeichnen. Dabei verlangen wir, daß T *linear* (Definition wie in (1)) und *stetig* sein soll. Diese letztere Eigenschaft müssen wir noch definieren und orientieren uns dabei an der Stetigkeit einer gewöhnlichen Funktion $g(x)$. Diese heißt stetig im Punkt x, wenn für jede gegen x konvergierende Folge x_n ($n = 0, 1, \ldots$) gilt: $\lim\limits_{n \to \infty} g(x_n) = g(x)$. So wie hier bekannt sein muß, was der Ausdruck »x_n konvergiert für $n \to \infty$ gegen x, in Zeichen $\lim\limits_{n \to \infty} x_n = x$« bedeutet, so muß beim Funktional natürlich zuerst definiert werden, was $\lim\limits_{n \to \infty} \varphi_n = \varphi$ bedeutet. Wir definieren:

Eine Folge φ_n aus $\mathscr{D}$ konvergiert für $n \to \infty$ gegen ein φ aus $\mathscr{D}$, wenn alle φ_n außerhalb eines festen Intervalls I gleich 0 sind, und wenn für jedes einzelne $k = 0, 1, \ldots$ gilt: $\varphi_n^{(k)}$ strebt für $n \to \infty$ gleichmäßig in I gegen $\varphi^{(k)}(x)$.

Um diesen Konvergenzbegriff von dem Begriff $x_n \to x$ der klassischen Analysis deutlich zu unterscheiden, schreiben wir:

$$\lim_{n \to \infty} (\mathscr{D}) \, \varphi_n = \varphi.$$

Nunmehr kann man analog zu der Stetigkeit von $g(x)$ definieren:

Ein Funktional T heißt in einem Element φ aus $\mathscr{D}$ stetig, wenn für jede gegen φ konvergierende Folge φ_n gilt: $\lim\limits_{n \to \infty} \langle T, \varphi_n \rangle = \langle T, \varphi \rangle$.

Damit verfügt man über alle Hilfsmittel, um folgende Definition aussprechen zu können:

Ein auf $\mathscr{D}$ definiertes Funktional T, das linear und in allen Elementen φ von $\mathscr{D}$ stetig ist, heißt eine Distribution.

Wir können sogleich ein konkretes Beispiel für diesen abstrakten Begriff angeben, denn man kann beweisen[72]):

Das durch eine lokal integrable Funktion $f(x)$ definierte Funktional $\langle f, \varphi \rangle$ ist eine Distribution.

Wir nennen sie speziell eine »*Funktionsdistribution*« und bezeichnen sie einfach mit f oder, wenn Verwechslungen mit der Funktion f im klassischen Sinn vermieden werden sollen, mit $[f]$.

---

[72]) Hier ist eine Stelle, wo die Lebesguesche Integrabilität von $f(x)$ notwendig ist und die Riemannsche nicht ausreicht, denn der Beweis der Stetigkeit läßt sich allgemein nur unter jener Voraussetzung erbringen.

Die Menge aller Distributionen kann man als einen Raum auffassen, der mit $\mathscr{D}'$ (»dualer« Raum zu $\mathscr{D}$) bezeichnet wird. Er enthält alle Funktionsdistributionen, aber sicher noch weitere Elemente, wie wir durch ein Beispiel zeigen wollen. Wir hatten in (3) festgestellt, daß die Derivierte von $u(x)$ die Eigenschaft hat:

$$\langle Du, \varphi \rangle = \varphi(0).$$

Du ist ein Funktional, denn es ordnet jedem φ einen Zahlwert, nämlich $\varphi(0)$ zu. Es ist offenkundig linear, aber auch stetig, denn wenn φ_n im oben definierten Sinn gegen φ konvergiert, so strebt $\varphi_n(0)$ trivialerweise gegen $\varphi(0)$. Also ist Du eine Distribution, der wir die Bezeichnung δ geben. Für sie gelten die beiden Relationen:

(5) $$\delta = Du,$$

(6) $$\langle \delta, \varphi \rangle = \varphi(0).$$

δ ist sicher keine Funktionsdistribution, denn wäre δ eine Funktion $\delta(x)$, so müßte gelten:

(7) $$\int_{-\infty}^{+\infty} \delta(x)\, \varphi(x)\, dx = \varphi(0).$$

Es gibt aber keine Funktion $\delta(x)$, die diese Eigenschaft hat.

Man sieht, warum wir die durch (6) definierte Distribution mit δ bezeichnet haben, dem Buchstaben, der seit langem für das von Dirac eingeführte Gebilde üblich ist. Dieses sollte gerade die Eigenschaft (7) haben, obwohl man sich bewußt war, daß es ein solches Gebilde im Sinne einer Funktion nicht geben kann. Man stellte es sich als einen Grenzbegriff so vor, wie es in § 1 und § 13.2 geschildert ist. Indem man mit diesem in Wahrheit nicht existierenden Gebilde nach den Regeln der klassischen Analysis wie mit einer Funktion operierte, verließ man natürlich den sicheren Boden der exakten Mathematik. In der Distribution δ dagegen, der man auch die alte Bezeichnung »Impuls« geben kann, hat man nunmehr ein widerspruchsfreies mathematisches Objekt zur Verfügung, das genau das leistet, was man sich früher von einer »Funktion« $\delta(x)$ vergeblich erhoffte. Das »Heraussieben« von $\varphi(0)$ aus $\varphi(x)$ ist jetzt im Sinne der Gleichung (6) zu verstehen, wobei aber $\langle \delta, \varphi \rangle$ nicht als Integral gedeutet werden kann.

Die Gleichung (5) bringt in exakter Weise die andere Eigenschaft, die man früher dem δ zuschrieb, zum Ausdruck, nämlich die »Ableitung« der Funktion $u(x)$ zu sein (überall 0, nur in $x = 0$ gleich ∞). Ableitung ist jetzt als Derivierte zu verstehen.

Eine Verallgemeinerung von δ ist die Distribution δ_h, definiert durch

(8) $$\langle \delta_h, \varphi \rangle = \varphi(h).$$

Sie entspricht dem früher in der Physik postulierten Impuls, der nicht in $x = 0$, sondern in $x = h$ wirkt.

Wir kehren wieder zur allgemeinen Theorie zurück. Außer der *Addition* von Distributionen, die natürlich durch

$$\langle T_1 + T_2, \varphi \rangle = \langle T_1, \varphi \rangle + \langle T_2, \varphi \rangle$$

zu definieren ist, interessiert die *Multiplikation* zweier Distributionen. Diese müßte speziell für Funktionsdistributionen mit

$$\langle f_1 f_2, \varphi \rangle = \int_{-\infty}^{+\infty} f_1(x) f_2(x) \varphi(x) \, dx$$

übereinstimmen. Aber dieses Integral hat nicht immer einen Sinn, denn das Produkt zweier lokal integrablen Funktionen braucht nicht lokal integrabel zu sein (Beispiel $x^{-1/2} \cdot x^{-1/2} = x^{-1}$). Daher läßt sich auch das Produkt zweier Distributionen nicht allgemein definieren. Man begnügt sich mit dem Fall, daß die eine Distribution eine Funktion ist.

Das Produkt einer Distribution T mit einer auf R^1 unendlich oft differenzierbaren Funktion $\alpha(x)$ wird definiert durch

(9) $$\langle \alpha(x) T, \varphi \rangle = \langle T, \alpha \varphi \rangle.$$

Man beachte, daß unter der Voraussetzung über $\alpha(x)$ auch $\alpha \varphi$ zu $\mathcal{D}$ gehört, und daß für den Spezialfall $T = f$ die Definition auf die triviale Gleichung

$$\int_{-\infty}^{+\infty} [\alpha(x) f(x)] \varphi(x) \, dx = \int_{-\infty}^{+\infty} f(x) [\alpha(x) \varphi(x)] \, dx$$

hinausläuft.

Speziell für $T = \delta$ erhält man:

$$\langle \alpha(x) \delta, \varphi \rangle = \langle \delta, \alpha \varphi \rangle = \alpha(0) \varphi(0) = \langle \alpha(0) \delta, \varphi \rangle,$$

also

(10) $$\alpha(x) \delta = \alpha(0) \delta.$$

Diese Relation wurde früher für das Diracsche δ als selbstverständlich angesehen, und zwar für *jede* Funktion $\alpha(x)$.

Um auf dem Boden der Distributionen eine Analysis aufbauen zu können, braucht man naturgemäß einen Differentiationsbegriff für die Distributionen. Hierzu bietet die Gleichung (4) für Funktionen den geeigneten Ansatzpunkt, da sie sich sofort auf Distributionen ausdehnen läßt.

Die *k-te Derivierte einer Distribution* T ist definiert durch

(11) $$\langle D^k T, \varphi(x) \rangle = (-1)^k \langle T, \varphi^{(k)}(x) \rangle.$$

Mit dieser Definition der Derivierten ist *jede Distribution beliebig oft derivierbar*.

Beispiel: Für $T = \delta$ ergibt sich nach (6):

$$\langle D^k\delta, \varphi(x)\rangle = (-1)^k \langle \delta, \varphi^{(k)}(x)\rangle = (-1)^k \varphi^{(k)}(0).$$

Damit sind die Derivierten von δ, die früher als Ableitungen ein ungesichertes Dasein führten (unter dem Namen Dipol usw.), exakt definiert.

Während wir i. allg. Derivierte durch das D-Symbol bezeichnen, wollen wir als Konzession an die seit Jahrzehnten in der Physik übliche Schreibweise die Derivierten von δ ausnahmsweise wie Ableitungen durch obere Indizes bezeichnen und auch gelegentlich den Namen der Variablen in dem R^1, über dem sie definiert sind, wie bei Funktionen anhängen, also $\delta(x)$, $\delta^{(k)}(x)$ oder $\delta(t)$, $\delta^{(k)}(t)$. Entsprechend schreiben wir $\delta(x-h)$ statt δ_h.

Wenn eine Funktion $f(x)$ auf der ganzen Achse R^1 k-mal differenzierbar ist, so stimmt die durch $f^{(k)}(x)$ bestimmte Funktionsdistribution mit der Derivierten $D^k f$ überein, wie man leicht feststellt, indem man $\langle f^{(k)}, \varphi\rangle$ als Integral anschreibt und k-mal partiell integriert. Es ist nun wichtig, daß zwischen $f^{(k)}(x)$ und $D^k f$ auch ein Zusammenhang besteht, wenn folgender, in den Anwendungen häufig vorkommender Fall vorliegt.

$f(x)$ habe nur einen Ausnahmepunkt a, wo $f^{(k)}(x)$ nicht existiert, während $f(x)$ für $x < a$ und $x > a$ Ableitungen bis zur k-ten Ordnung besitzt; $f(x)$, $f'(x), \ldots, f^{(k-1)}(x)$ sollen in $x = a$ keine anderen Unstetigkeiten als Sprünge aufweisen, d. h. sie sollen Grenzwerte von links und von rechts haben:

$$f(a-0), f'(a-0), \ldots, f^{(k-1)}(a-0);$$
$$f(a+0), f'(a+0), \ldots, f^{(k-1)}(a+0).$$

$f^{(k)}(x)$ bedeute die überall außer in $x = a$ vorhandene k-te Ableitung von $f(x)$. Dann gilt:

(12) $$D^k f = [f^{(k)}(x)] + [f^{(k-1)}(a+0) - f^{(k-1)}(a-0)]\delta(x-a)$$
$$+ [f^{(k-2)}(a+0) - f^{(k-2)}(a-0)]\delta'(x-a) + \ldots$$
$$+ [f(a+0) - f(a-0)]\delta^{(k-1)}(x-a).$$

Wir haben auf der rechten Seite die ausführliche Schreibweise $[f^{(k)}(x)]$ gewählt, um ganz deutlich zu machen, daß auf beiden Seiten nur Distributionen stehen. Denn eine Distribution kann natürlich nur gleich einer Distribution sein. Man spricht zwar manchmal abgekürzt davon, eine Distribution sei in einem offenen Intervall I gleich einer Funktion. Gemeint ist dabei: Es ist $\langle T, \varphi\rangle = \langle f, \varphi\rangle$ für jedes φ, das außerhalb I verschwindet. In diesem Sinn kann man z. B. sagen: δ ist gleich der Funktion 0 in $-\infty < x < 0$ und in $0 < x < \infty$. Denn wenn φ z. B. außerhalb $-\infty < x < 0$, d. h. für $0 \leq x < \infty$ gleich 0 ist, so ist $\langle \delta, \varphi\rangle = \varphi(0) = 0$. Andererseits ist $\langle 0, \varphi\rangle = 0$, also $\langle \delta, \varphi\rangle = \langle 0, \varphi\rangle$, d. h. $\delta = 0$ in $-\infty < x < 0$. Vgl. hierzu das unter III über den »Träger« Gesagte.

III. Die Laplace-Transformation von Distributionen

Die klassische $\mathfrak{L}$-Transformation bezieht sich auf Funktionen, die nur für $t \geq 0$ definiert sind. Betrachtet man sie auf der ganzen Achse (was z. B. bei der komplexen Umkehrformel vorteilhaft ist), so sind sie für $t < 0$ gleich 0 zu setzen. Für die $\mathfrak{L}$-Transformation kommen sinngemäß nur solche Distributionen in Frage, die eine analoge Eigenschaft haben. Um diese exakt definieren zu können, ist es angebracht, die folgenden Begriffe aufzustellen.

Der *Träger* einer auf R^1 *stetigen Funktion* $\varphi(x)$ ist die kleinste abgeschlossene Menge, die die Punkte x mit $\varphi(x) \neq 0$ enthält (d. h. er ist gleich der Menge der x mit $\varphi(x) \neq 0$, vermehrt um deren Häufungspunkte). Anders ausgedrückt: Der Träger von $\varphi(x)$ ist die kleinste abgeschlossene Menge, außerhalb deren $\varphi(x) = 0$ ist.

Um einen analogen Begriff für Distributionen aufstellen zu können, braucht man zunächst das Analogon zum Nullwerden einer Funktion.

Ein *Distribution* heißt *gleich* 0 in einer offenen Menge I, wenn $\langle T, \varphi \rangle = 0$ ist für jedes φ, dessen Träger in I liegt.

Damit ist man in der Lage, die Definition auszusprechen:

Der *Träger einer Distribution* T ist die kleinste abgeschlossene Menge, außerhalb deren $T = 0$ ist.

Beispiel: $\langle \delta, \varphi \rangle = \varphi(0)$ ist 0 für alle φ, deren Träger in der offenen Menge $|x| > 0$ liegen, denn für diese ist $\varphi(0) = 0$. Also ist $\delta = 0$ in $|x| > 0$. Die Komplementärmenge hierzu ist der Punkt $x = 0$. Er stellt die kleinste abgeschlossene Menge dar, außerhalb deren $\delta = 0$ ist. Also hat δ als Träger den einzigen Punkt $x = 0$. Das Gleiche gilt für $\delta^{(k)}$.

Eine Distribution ist stets über der ganzen Achse R^1 definiert. Die $\mathfrak{L}$-Transformation wird nur für solche Distributionen definiert, deren Träger in der Halbachse $0 \leq t < \infty$ liegen[73]). Der Raum dieser Distributionen wird mit $\mathscr{D}'_+$ bezeichnet. Ihm gehören diejenigen Funktionen, aufgefaßt als Distributionen, an, die für $t < 0$ gleich 0 sind.

Die $\mathfrak{L}$-Transformierte einer Distribution kann man auf verschiedene Arten, die jeweils für gewisse Teilbereiche von $\mathscr{D}'_+$ gelten, definieren. Wir wählen hier eine Definition, die sich von vornherein auf die sogenannten Distributionen endlicher Ordnung beschränkt. Eine Distribution T heißt von *endlicher Ordnung*, wenn T die Derivierte endlicher Ordnung k einer auf R^1 stetigen Funktion $h(t)$ ist[74]): $T = D^k h(t)$.

---

[73]) Wir bezeichnen die Variable auf R^1 von jetzt an, wie bei der $\mathfrak{L}$-Transformation üblich, mit t statt mit x.

[74]) Ein ziemlich schwierig zu beweisender Satz besagt, daß *jede* Distribution über jedem *endlichen* Intervall I (d. h. wenn in $\langle T, \varphi \rangle$ nur Testfunktionen zugelassen werden, deren Träger in I liegen) die k-te Derivierte einer stetigen Funktion ist.

Beispiel: Es ist $\delta = D\,u$. Das reicht aber nicht aus, um δ als von endlicher Ordnung auszuweisen, weil $u(t)$ nicht stetig ist. Man muß erst noch das Integral $h(t)$ von $u(t)$ bilden:

$$h(t) = 0 \text{ für } t \leq 0, \ = t \text{ für } t > 0.$$

Diese Funktion ist auf R^1 stetig. Sie ist in $t = 0$ nicht differenzierbar, dagegen existiert $D\,h$, denn

$$\langle Dh, \varphi \rangle = -\langle h, \varphi' \rangle = -\int_0^\infty t\varphi'(t)\,dt = -t\varphi(t)\Big|_0^\infty + \int_0^\infty \varphi(t)\,dt$$

$$= 0 + \int_0^\infty \varphi(t)\,dt = \int_{-\infty}^{+\infty} u(t)\,\varphi(t)\,dt = \langle u, \varphi \rangle,$$

also $Dh = u(t)$. Damit ergibt sich nach (5):

(13) $$D^2 h = Du = \delta.$$

δ ist also von endlicher Ordnung.

Aus den Distributionen endlicher Ordnung greifen wir einen zu $\mathscr{D}'_+$ gehörigen Teilraum $\mathscr{D}'_0$ heraus, dessen Elemente die Bedingungen erfüllen: Für die sie definierenden Funktionen $h(t)$ gilt:

(14) $$h(t) = 0 \text{ für } t < 0,$$

(15) $$\mathfrak{L}\{h(t)\} \text{ existiert für } \Re s > \sigma.$$

Wenn die Distribution T zu $\mathscr{D}'_0$ gehört und $T = D^k h(t)$ ist, so definieren wir ihre $\mathfrak{L}$-Transformierte durch

(16) $$\mathfrak{L}\{T\} = s^k\,\mathfrak{L}\{h(t)\}.$$

Die rechte Seite existiert für $\Re s > \sigma$ und stellt dort eine analytische Funktion $F(s)$ dar.

Beispiele: Es ist δ von endlicher Ordnung und $\delta = D^2 h$, wo h die Funktion des obigen Beispiels ist und die Bedingungen (14), (15) erfüllt. Also besitzt δ eine $\mathfrak{L}$-Transformierte, die gleich

(17) $$\mathfrak{L}\{\delta\} = s^2\,\mathfrak{L}\{h\} = s^2\,\mathfrak{L}\{t\} = s^2 \frac{1}{s^2} = 1$$

ist. Offensichtlich ist $\delta(t-t_0) = D^2 h(t-t_0)$, also

(18) $$\mathfrak{L}\{\delta(t-t_0)\} = s^2\,\mathfrak{L}\{h(t-t_0)\} = s^2 e^{-t_0 s}\,\mathfrak{L}\{h(t)\}$$

$$= e^{-t_0 s}.$$

Ferner ist

(19) $$\mathfrak{L}\{\delta^{(k)}\} = \mathfrak{L}\{D^{k+2} h(t)\} = s^{k+2}\,\mathfrak{L}\{h\} = s^k.$$

Das Auftreten der Potenzen von s mit nichtnegativen ganzen Exponenten als Bildfunktionen von Distributionen ist besonders bemerkenswert, weil in der klassischen $\mathfrak{L}$-Transformation nur Potenzen mit negativen Exponenten vorkommen.

Die Abbildungsgesetze der $\mathfrak{L}$-Transformation für Distributionen

Das wichtigste Abbildungsgesetz der klassischen $\mathfrak{L}$-Transformation war der Differentiationssatz (Regel V). Das Analogon für Distributionen lautet:

Regel V'. Wenn $\mathfrak{L}\{T\} = F(s)$ existiert, so gilt:
$$D^n T \circ\!\!-\!\bullet\ s^n F(s).$$

Beweis: Wenn $T = D^k h(t)$ ist, so ist $D^n T = D^{n+k} h(t)$, also
$$\mathfrak{L}\{T\} = F(s) = s^k \mathfrak{L}\{h\} \quad \text{und} \quad \mathfrak{L}\{D^n T\} = s^{n+k} \mathfrak{L}\{h\},$$
folglich
$$\mathfrak{L}\{D^n T\} = s^n F(s).$$

Regel V' unterscheidet sich von der klassischen Regel V durch den Wegfall der Anfangswerte, die bei einer Distribution ja auch sinnlos wären, weil eine solche keinen bestimmten Wert an einer Stelle hat. Trotzdem stimmt Regel V' in dem Fall, daß T eine Funktion $f(t)$ ist, mit Regel V überein. $f(t)$ ist nämlich als Distribution aus $\mathscr{D}'_+$ für $t < 0$ durch 0 zu definieren, so daß alle linksseitigen Grenzwerte von $f, f', \ldots$ in $t = 0$ gleich 0 sind. Wenn nun $f, f', \ldots$ für $t > 0$ im gewöhnlichen Sinn existieren und für $t \to +0$ Grenzwerte $f(+0), f'(+0), \ldots$ besitzen, so ist nach (12):

(20) $$D^n f = f^{(n)} + f^{(n-1)}(+0)\, \delta + \ldots + f(+0)\, \delta^{(n-1)}.$$

Existiert $\mathfrak{L}\{f^{(n)}\}$ und damit auch $\mathfrak{L}\{f\}$ im klassischen Sinn, so auch im distributionstheoretischen Sinn, und die $\mathfrak{L}$-Transformation von (20) ergibt nach Regel V' und Formel (17), (19):
$$s^n \mathfrak{L}\{f\} = \mathfrak{L}\{f^{(n)}\} + f^{(n-1)}(+0) + \ldots + f(+0)\, s^{n-1}.$$

Das ist gleichbedeutend mit Regel V.

Beispiele: 1. $T = u(t),\ DT = \delta$.

Regel V' liefert: $\mathfrak{L}\{\delta\} = s\, \mathfrak{L}\{u\} = s\, \dfrac{1}{s} = 1$, was nach (17) richtig ist.

2. $T = u(t - t_0),\ DT = \delta(t - t_0)$.

S. 37 wurde darauf hingewiesen, daß Regel V auf $u(t - t_0)$ nicht anwendbar ist, weil $u(t - t_0)$ in t_0 nicht differenzierbar ist. Faßt man aber $u(t - t_0)$ als Distribution auf und wendet Regel V' an, so ergibt sich das richtige Resultat:
$$\mathfrak{L}\{Du(t - t_0)\} = \mathfrak{L}\{\delta(t - t_0)\} = s\, \mathfrak{L}\{u(t - t_0)\} = s\, \frac{e^{-t_0 s}}{s} = e^{-t_0 s}.$$

Neben dem Differentiationssatz spielt in den Anwendungen insbesondere der Faltungssatz eine bedeutende Rolle, den man daher gern auch für Distributionen zur Verfügung haben möchte. Für diese läßt sich allerdings die Faltung nur auf ziemlich komplizierte Weise definieren; sie existiert nicht immer, und der Faltungssatz gilt auch nicht allgemein. Für Distributionen endlicher Ordnung aus dem Raum $\mathscr{D}'_0$ kann man jedoch die Faltung auf einfache Weise definieren und auch den Faltungssatz aufstellen.

Definition der Faltung

Es seien $T_1 = D^{k_1} h_1(t)$, $T_2 = D^{k_2} h_2(t)$ zwei Distributionen aus $\mathscr{D}'_0$. Dann wird die *Faltung* von T_1 und T_2 definiert durch

(21) $$T_1 * T_2 = D^{k_1+k_2}[h_1(t) * h_2(t)],$$

wo $h_1 * h_2$ im klassischen Sinn als

(22) $$h_1 * h_2 = \int_0^t h_1(\tau) h_2(t-\tau)\, d\tau$$

zu verstehen ist.

Diese Faltung für Distributionen existiert immer und stimmt, wenn T_1, T_2 durch lokal integrable Funktionen f_1, f_2, die für $t < 0$ verschwinden, definiert sind: $T_1 = [f_1]$, $T_2 = [f_2]$, mit der klassischen Faltung überein.

Zum Beweis bilden wir die Funktionen

$$h_1(t) = \int_0^t f_1(\tau)\, d\tau = f_1 * 1, \qquad h_2(t) = \int_0^t f_2(\tau)\, d\tau = f_2 * 1.$$

Sie sind stetig für alle t und verschwinden für $t < 0$. Für das folgende brauchen wir den *allgemeinen Satz*:

$g(t)$ sei eine für alle t definierte, lokal integrable Funktion. Dann gilt für

$$G(t) = \int_0^t g(\tau)\, d\tau = g * 1$$

die Relation[75]

$$DG = g$$

(g als Distribution $[g]$ verstanden).

Es ist nämlich

$$\langle DG, \varphi \rangle = -\langle G, \varphi' \rangle = -\int_{-\infty}^{+\infty} G(\tau)\, \varphi'(\tau)\, d\tau.$$

---

[75] Wird das Integral im Lebesgueschen Sinn verstanden, wie es in der Distributionstheorie nötig ist, so existiert die gewöhnliche Ableitung von G »fast überall« und ist »fast überall« gleich g. In der Riemannschen Theorie kann $G' = g$ allgemein nur behauptet werden, wenn g stetig ist.

Wendet man auf das Integral die verallgemeinerte partielle Integration[76] an, so fallen die von den Grenzen herrührenden Bestandteile weg (weil die Grenzen in Wahrheit endlich sind und φ dort verschwindet), und es bleibt:

$$\langle DG, \varphi \rangle = \int_{-\infty}^{+\infty} g(\tau) \varphi(\tau)\, d\tau = \langle g, \varphi \rangle, \quad \text{d. h.} \quad DG = g.$$

Nach diesem Satz ist
$$D h_1 = f_1, \ D h_2 = f_2,$$

folglich nach Definition (21) und wiederum nach obigem Satz:

$$T_1 * T_2 = D^2(h_1 * h_2) = D^2(f_1 * 1 * f_2 * 1) = D^2(f_1 * f_2 * 1 * 1) = f_1 * f_2.$$

Bildet man nun von (21) die $\mathfrak{L}$-Transformierte, so ergibt sich nach Regel V' und Regel IX:

$$\mathfrak{L}\{T_1 * T_2\} = s^{k_1+k_2} \mathfrak{L}\{h_1 * h_2\} = s^{k_1+k_2} \mathfrak{L}\{h_1\} \cdot \mathfrak{L}\{h_2\} = s^{k_1} \mathfrak{L}\{h_1\} \cdot s^{k_2} \mathfrak{L}\{h_2\}$$
$$= \mathfrak{L}\{T_1\} \cdot \mathfrak{L}\{T_2\}.$$

Damit haben wir bewiesen:

Regel IX' (*Faltungssatz*). Sind T_1, T_2 Distributionen aus $\mathscr{D}'_0$, und ist $\mathfrak{L}\{T_1\} = F_1(s)$, $\mathfrak{L}\{T_2\} = F_2(s)$, so gilt:

$$T_1 * T_2 \circ\!\!-\!\!\bullet F_1(s) \cdot F_2(s).$$

Beispiel: Gehört T zu $\mathscr{D}'_0$, so ist

$$\mathfrak{L}\{T * \delta\} = \mathfrak{L}\{T\} \cdot \mathfrak{L}\{\delta\} = \mathfrak{L}\{T\} \cdot 1 = \mathfrak{L}\{T\},$$

folglich

(23) $$T * \delta = T.$$

δ spielt somit bei der Faltung die Rolle des »Einheitselements«. Speziell ist

$$\delta * \delta = \delta.$$

---

[76] Neben der üblichen Regel
$$\int_a^b U(\tau) V'(\tau)\, d\tau = UV \Big|_a^b - \int_a^b U'(\tau) V(\tau)\, d\tau$$
gilt die Verallgemeinerung: Es sei
$$U(t) = \int_a^t u(\tau)\, d\tau, \quad V(t) = \int_a^t v(\tau)\, d\tau.$$
Dann ist
$$\int_a^b U(\tau) v(\tau)\, d\tau = U(\tau) V(\tau) \Big|_a^b - \int_a^b u(\tau) V(\tau)\, d\tau.$$

Tabellen zur Laplace-Transformation

1. Operationen

Nr.	$F(s)$	$f(t)$
1	$F(as)$ $(a > 0)$	$\dfrac{1}{a} f\left(\dfrac{t}{a}\right)$
2	$F(s - a)$	$e^{at} f(t)$
3	$F(s + a)$	$e^{-at} f(t)$
4	$F(as - \beta)$ $(a > 0, \beta$ komplex$)$	$\dfrac{1}{a} e^{\frac{\beta}{a} t} f\left(\dfrac{t}{a}\right)$
5	$\dfrac{1}{2j} [F(s - ja) - F(s + ja)]$	$f(t) \sin at$
6	$\dfrac{1}{2} [F(s - ja) + F(s + ja)]$	$f(t) \cos at$
7	$\dfrac{1}{2} [F(s - a) - F(s + a)]$	$f(t) \sinh at$
8	$\dfrac{1}{2} [F(s - a) + F(s + a)]$	$f(t) \cosh at$
9	$e^{-as} F(s)$	$\begin{cases} f(t - a) & \text{für } t > a \geq 0 \\ 0 & \text{für } t < a \end{cases}$
10	$\dfrac{1}{a} e^{-\frac{b}{a} s} F\left(\dfrac{s}{a}\right)$ $(a, b > 0)$	$\begin{cases} f(at - b) & \text{für } t > \dfrac{b}{a} \\ 0 & \text{für } t < \dfrac{b}{a} \end{cases}$
11	$e^{as} \left[F(s) - \int_0^a e^{-s\tau} f(\tau) d\tau \right]$	$f(t + a)$ $(a \geq 0)$
12	$e^{ks} \left[Y(s) - \dfrac{1 - e^{-s}}{s} \sum_{\nu=0}^{k-1} y_\nu e^{-\nu s} \right]$	$y(t + k)$ mit $y(t) = y_n$ für $n \leq t < n < 1$
13	$\dfrac{dF(s)}{ds}$	$- t f(t)$

Nr.	$F(s)$	$f(t)$
14	$\dfrac{d^n F(s)}{ds^n}$	$(-t)^n f(t)$
15	$sF(s) - f(+0)$	$\dfrac{df(t)}{dt}$
16	$s^n F(s) - \sum_{k=0}^{n-1} f^{(k)}(+0) s^{n-k-1}$	$\dfrac{d^n f(t)}{dt^n}$
17	$\displaystyle\int_s^\infty F(\sigma)\,d\sigma$	$\dfrac{f(t)}{t}$
18	$\left(\displaystyle\int_s^\infty d\sigma\right)^n F(\sigma)$	$\dfrac{f(t)}{t^n}$
19	$\dfrac{1}{s}\displaystyle\int_s^\infty F(\sigma)\,d\sigma$	$\displaystyle\int_0^t \dfrac{f(\tau)}{\tau}\,d\tau$
20	$\dfrac{1}{s}\displaystyle\int_0^s F(\sigma)\,d\sigma$	$\displaystyle\int_t^\infty \dfrac{f(\tau)}{\tau}\,d\tau$
21	$\dfrac{1}{s} F(s)$	$\displaystyle\int_0^t f(\tau)\,d\tau = f(t) * 1$
22	$\dfrac{1}{s^n} F(s)$	$\left(\displaystyle\int_0^t d\tau\right)^n f(\tau)$
23	$F_1(s) \cdot F_2(s)$	$f_1(t) * f_2(t) = \displaystyle\int_0^t f_1(\tau) f_2(t-\tau)\,d\tau$
24	$\dfrac{1}{2\pi j}\displaystyle\int_{x-j\infty}^{x+j\infty} F_1(\sigma) F_2(s-\sigma)\,d\sigma$	$f_1(t) \cdot f_2(t)$

Nr.	$F(s)$	$f(t)$
25	$\dfrac{1}{\sqrt{s}} F\left(\dfrac{1}{s}\right)$	$\displaystyle\int_0^\infty \dfrac{\cos(2\sqrt{t\tau})}{\sqrt{\pi t}} f(\tau)\,d\tau$
26	$\dfrac{1}{s\sqrt{s}} F\left(\dfrac{1}{s}\right)$	$\displaystyle\int_0^\infty \dfrac{\sin(2\sqrt{t\tau})}{\sqrt{\pi\tau}} f(\tau)\,d\tau$
27	$\dfrac{1}{s} F\left(\dfrac{1}{s}\right)$	$\displaystyle\int_0^\infty J_0(2\sqrt{t\tau})\, f(\tau)\,d\tau$
28	$\dfrac{1}{s} F\left(s + \dfrac{1}{s}\right)$	$\displaystyle\int_0^t J_0\left(2\sqrt{(t-\tau)\tau}\right) f(\tau)\,d\tau$
29	$F(\sqrt{s})$	$\displaystyle\int_0^\infty \dfrac{\tau}{2\sqrt{\pi}\,t^{3/2}} e^{-\frac{\tau^2}{4t}} f(\tau)\,d\tau$
30	$F(\log s)$	$\displaystyle\int_0^\infty \dfrac{t^{\tau-1}}{\Gamma(\tau)} f(\tau)\,d\tau$
31	$\dfrac{1}{s} F(\log s)$	$\displaystyle\int_0^\infty \dfrac{t^\tau}{\Gamma(\tau+1)} f(\tau)\,d\tau$
32	$F(\sqrt{(s+a)^2 - b^2})$	$e^{-at} f(t) + b e^{-at} \displaystyle\int_0^t f(\sqrt{t^2-\tau^2})\, I_1(b\tau)\,d\tau$

2. Rationale Funktionen

Nr.	$F(s)$	$f(t)$
33	1	$\delta(t)$
34	$\dfrac{1}{s}$	1
35	$\dfrac{1}{s-a}$	e^{at}
36	$\dfrac{1}{1+as}$	$\dfrac{1}{a} e^{-\frac{t}{a}}$
37	$\dfrac{1}{s^2}$	t
38	$\dfrac{a}{s^2+a^2}$	$\sin at$
39	$\dfrac{a}{s^2-a^2}$	$\sinh at$
40	$\dfrac{1}{s(s-a)}$	$\dfrac{1}{a}(e^{at}-1)$
41	$\dfrac{1}{s(1+as)}$	$1-e^{-\frac{t}{a}}$
42	$\dfrac{1}{(s-a)^2}$	te^{at}
43	$\dfrac{1}{(1+as)^2}$	$\dfrac{1}{a^2} te^{-\frac{t}{a}}$
44	$\dfrac{1}{(s-a)(s-b)}$	$\dfrac{e^{at}-e^{bt}}{a-b}$
45	$\dfrac{1}{(1+as)(1+bs)}$	$\dfrac{e^{-\frac{t}{a}}-e^{-\frac{t}{b}}}{a-b}$

2. RATIONALE FUNKTIONEN

Nr.	$F(s)$	$f(t)$
46	$\dfrac{1}{s^2 + c_1 s + c_0}$ $\left(D = c_0 - \dfrac{c_1^2}{4}\right)$	$\begin{cases} \dfrac{1}{\sqrt{-D}} e^{-\frac{c_1}{2}t} \sinh \sqrt{-D}\, t \quad (D < 0) \\[2ex] \dfrac{1}{\omega} e^{-\frac{c_1}{2}t} \sin \omega t \quad (D > 0,\ \sqrt{-D} = j\omega) \end{cases}$
47	$\dfrac{1}{s^2 + 2\delta s + (\delta^2 + \omega^2)}$	$\dfrac{1}{\omega} e^{-\delta t} \sin \omega t$
48	$\dfrac{s}{s^2 + a^2}$	$\cos at$
49	$\dfrac{s}{s^2 - a^2}$	$\cosh at$
50	$\dfrac{s}{(s-a)^2}$	$(1 + at)\, e^{at}$
51	$\dfrac{s}{(1+as)^2}$	$\dfrac{1}{a^3}(a - t)\, e^{-\frac{t}{a}}$
52	$\dfrac{s}{(s-a)(s-b)}$	$\dfrac{a e^{at} - b e^{bt}}{a - b}$
53	$\dfrac{s}{(1+as)(1+bs)}$	$\dfrac{a e^{-\frac{t}{b}} - b e^{-\frac{t}{a}}}{ab(a-b)}$
54	$\dfrac{1}{s^3}$	$\dfrac{1}{2} t^2$
55	$\dfrac{1}{s^2(s-a)}$	$\dfrac{1}{a^2}(e^{at} - 1 - at)$
56	$\dfrac{1}{s^2(1+as)}$	$a e^{-\frac{t}{a}} + t - a$
57	$\dfrac{1}{s(s-a)^2}$	$\dfrac{1}{a^2}[1 + (at - 1)\, e^{at}]$

2. RATIONALE FUNKTIONEN

Nr.	$F(s)$	$f(t)$
58	$\dfrac{1}{s(1+as)^2}$	$1 - \dfrac{a+t}{a} e^{-\frac{t}{a}}$
59	$\dfrac{1}{s(s-a)(s-b)}$	$\dfrac{1}{ab} + \dfrac{be^{at} - ae^{bt}}{ab(a-b)}$
60	$\dfrac{1}{s(1+as)(1+bs)}$	$1 + \dfrac{ae^{-\frac{t}{a}} - be^{-\frac{t}{b}}}{b-a}$
61	$\dfrac{1}{(s-a)(s-b)(s-c)}$	$\dfrac{(c-b)e^{at} + (a-c)e^{bt} + (b-a)e^{ct}}{(a-b)(a-c)(c-b)}$
62	$\dfrac{1}{(1+as)(1+bs)(1+cs)}$	$\dfrac{a(b-c)e^{-\frac{t}{a}} + b(c-a)e^{-\frac{t}{b}} + c(a-b)e^{-\frac{t}{c}}}{(a-b)(a-c)(b-c)}$
63	$\dfrac{1}{(s-a)(s-b)^2}$	$\dfrac{e^{at} - [1 + (a-b)t]e^{bt}}{(a-b)^2}$
64	$\dfrac{1}{(1+as)(1+bs)^2}$	$\dfrac{abe^{-\frac{t}{a}} - [ab + (a-b)t]e^{-\frac{t}{b}}}{b(a-b)^2}$
65	$\dfrac{1}{(s-a)^3}$	$\dfrac{1}{2} t^2 e^{at}$
66	$\dfrac{1}{(1+as)^3}$	$\dfrac{1}{2a^3} t^2 e^{-\frac{t}{a}}$
67	$\dfrac{1}{s(s^2+a^2)}$	$\dfrac{1}{a^2}(1 - \cos at)$
68	$\dfrac{1}{s(s^2-a^2)}$	$\dfrac{1}{a^2}(\cosh at - 1)$
69	$\dfrac{s}{(s-a)(s-b)(s-c)}$	$\dfrac{a(b-c)e^{at} + b(c-a)e^{bt} + c(a-b)e^{ct}}{(a-b)(b-c)(a-c)}$
70	$\dfrac{c^2}{(s-a)(s-b)(s-c)}$	$\dfrac{a^2(b-c)e^{at} + b^2(c-a)e^{bt} + c^2(a-b)e^{ct}}{(a-b)(b-c)(a-c)}$

2. RATIONALE FUNKTIONEN

Nr.	$F(s)$	$f(t)$
71	$\dfrac{s}{(1+as)(1+bs)(1+cs)}$	$\dfrac{(c-b)e^{-\frac{t}{a}}+(a-c)e^{-\frac{t}{b}}+(b-a)e^{-\frac{t}{c}}}{(a-b)(b-c)(a-c)}$
72	$\dfrac{s^2}{(1+as)(1+bs)(1+cs)}$	$\dfrac{bc(b-c)e^{-\frac{t}{a}}+ac(c-a)e^{-\frac{t}{b}}+ab(a-b)e^{-\frac{t}{c}}}{abc(a-b)(b-c)(a-c)}$
73	$\dfrac{s}{(s-a)(s-b)^2}$	$\dfrac{ae^{at}-[a+b(a-b)t]e^{bt}}{(a-b)^2}$
74	$\dfrac{s^2}{(s-a)(s-b)^2}$	$\dfrac{a^2e^{at}-[2ab-b^2+b^2(a-b)t]e^{bt}}{(a-b)^2}$
75	$\dfrac{s}{(1+as)(1+bs)^2}$	$\dfrac{-b^2e^{-\frac{t}{a}}+[b^2+(a-b)t]e^{-\frac{t}{b}}}{b^2(a-b)^2}$
76	$\dfrac{s^2}{(1+as)(1+bs)^2}$	$\dfrac{b^3e^{-\frac{t}{a}}+[ab(a-2b)-(a-b)at]e^{-\frac{t}{b}}}{ab^3(a-b)^2}$
77	$\dfrac{s}{(s-a)^3}$	$\left(t+\dfrac{1}{2}at^2\right)e^{at}$
78	$\dfrac{s^2}{(s-a)^3}$	$\left(1+2at+\dfrac{1}{2}a^2t^2\right)e^{at}$
79	$\dfrac{s}{(1+as)^3}$	$\left(\dfrac{t}{a^3}-\dfrac{t^2}{2a^4}\right)e^{-\frac{t}{a}}$
80	$\dfrac{s^2}{(1+as)^3}$	$\left(\dfrac{1}{a^3}-\dfrac{2t}{a^4}+\dfrac{t^2}{2a^5}\right)e^{-\frac{t}{a}}$
81	$\dfrac{s^2+2a^2}{s(s^2+4a^2)}$	$\cos^2 at$
82	$\dfrac{s^2-2a^2}{s(s^2-4a^2)}$	$\cosh^2 at$

2. RATIONALE FUNKTIONEN

Nr.	$F(s)$	$f(t)$
83	$\dfrac{2a^2}{s(s^2+4a^2)}$	$\sin^2 at$
84	$\dfrac{2a^2}{s(s^2-4a^2)}$	$\sinh^2 at$
85	$\dfrac{a^3}{s^4+a^4}$	$\dfrac{1}{\sqrt{2}}\left(\cosh\dfrac{a}{\sqrt{2}}t\,\sin\dfrac{a}{\sqrt{2}}t - \sinh\dfrac{a}{\sqrt{2}}t\,\cos\dfrac{a}{\sqrt{2}}t\right)$
86	$\dfrac{a^2 s}{s^4+a^4}$	$\sin\dfrac{a}{\sqrt{2}}t\,\sinh\dfrac{a}{\sqrt{2}}t$
87	$\dfrac{a s^2}{s^4+a^4}$	$\dfrac{1}{\sqrt{2}}\left(\cos\dfrac{a}{\sqrt{2}}t\,\sinh\dfrac{a}{\sqrt{2}}t + \sin\dfrac{a}{\sqrt{2}}t\,\cosh\dfrac{a}{\sqrt{2}}t\right)$
88	$\dfrac{s^3}{s^4+a^4}$	$\cos\dfrac{a}{\sqrt{2}}t\,\cosh\dfrac{a}{\sqrt{2}}t$
89	$\dfrac{a^3}{s^4-a^4}$	$\dfrac{1}{2}(\sinh at - \sin at)$
90	$\dfrac{a^2 s}{s^4-a^4}$	$\dfrac{1}{2}(\cosh at - \cos at)$
91	$\dfrac{a s^2}{s^4-a^4}$	$\dfrac{1}{2}(\sinh at + \sin at)$
92	$\dfrac{s^3}{s^4-a^4}$	$\dfrac{1}{2}(\cosh at + \cos at)$
93	$\dfrac{2a^2 s}{s^4+4a^4}$	$\sin at\,\sinh at$
94	$\dfrac{a(s^2-2a^2)}{s^4+4a^4}$	$\cos at\,\sinh at$
95	$\dfrac{a(s^2+2a^2)}{s^4+4a^4}$	$\sin at\,\cosh at$
96	$\dfrac{s^3}{s^4+4a^4}$	$\cos at\,\cosh at$

2. RATIONALE FUNKTIONEN

Nr.	$F(s)$	$f(t)$
97	$\dfrac{a^3}{(s^2+a^2)^2}$	$\dfrac{1}{2}(\sin at - at\cos at)$
98	$\dfrac{as}{(s^2+a^2)^2}$	$\dfrac{t}{2}\sin at$
99	$\dfrac{as^2}{(s^2+a^2)^2}$	$\dfrac{1}{2}(\sin at + at\cos at)$
100	$\dfrac{s^3}{(s^2+a^2)^2}$	$\cos at - \dfrac{at}{2}\sin at$
101	$\dfrac{a^3}{(s^2-a^2)^2}$	$\dfrac{1}{2}(at\cosh at - \sinh at)$
102	$\dfrac{as}{(s^2-a^2)^2}$	$\dfrac{t}{2}\sinh at$
103	$\dfrac{as^2}{(s^2-a^2)^2}$	$\dfrac{1}{2}(\sinh at + at\cosh at)$
104	$\dfrac{s^3}{(s^2-a^2)^2}$	$\cosh at + \dfrac{at}{2}\sinh at$
105	$\dfrac{ab}{(s^2+a^2)(s^2+b^2)}$	$\dfrac{a\sin bt - b\sin at}{a^2-b^2}$
106	$\dfrac{s}{(s^2+a^2)(s^2+b^2)}$	$\dfrac{\cos bt - \cos at}{a^2-b^2}$
107	$\dfrac{s^2}{(s^2+a^2)(s^2+b^2)}$	$\dfrac{a\sin at - b\sin bt}{a^2-b^2}$
108	$\dfrac{s^3}{(s^2+a^2)(s^2+b^2)}$	$\dfrac{a^2\cos at - b^2\cos bt}{a^2-b^2}$
109	$\dfrac{ab}{(s^2-a^2)(s^2-b^2)}$	$\dfrac{b\sinh at - a\sinh bt}{a^2-b^2}$
110	$\dfrac{s}{(s^2-a^2)(s^2-b^2)}$	$\dfrac{\cosh at - \cosh bt}{a^2-b^2}$

2. RATIONALE FUNKTIONEN

Nr.	$F(s)$	$f(t)$
111	$\dfrac{s^2}{(s^2-a^2)(s^2-b^2)}$	$\dfrac{a\sinh at - b\sinh bt}{a^2-b^2}$
112	$\dfrac{s^3}{(s^2-a^2)(s^2-b^2)}$	$\dfrac{a^2\cosh at - b^2\cosh bt}{a^2-b^2}$
113	$\dfrac{a^2}{s^2(s^2+a^2)}$	$t - \dfrac{1}{a}\sin at$
114	$\dfrac{a^2}{s^2(s^2-a^2)}$	$\dfrac{1}{a}\sinh at - t$
115	$\dfrac{a^4}{s(s^2+a^2)^2}$	$1 - \cos at - \dfrac{at}{2}\sin at$
116	$\dfrac{a^4}{s(s^2-a^2)^2}$	$1 - \cosh at + \dfrac{at}{2}\sinh at$
117	$\dfrac{a^2 b^2}{s(s^2+a^2)(s^2+b^2)}$	$1 + \dfrac{b^2\cos at - a^2\cos bt}{a^2-b^2}$
118	$\dfrac{a^2 b^2}{s(s^2-a^2)(s^2-b^2)}$	$1 + \dfrac{b^2\cosh at - a^2\cosh bt}{a^2-b^2}$
119	$\dfrac{a^5}{(s^2+a^2)^3}$	$\dfrac{1}{8}[(3-a^2t^2)\sin at - 3at\cos at]$
120	$\dfrac{a^3 s}{(s^2+a^2)^3}$	$\dfrac{t}{8}(\sin at - at\cos at)$
121	$\dfrac{a^3 s^2}{(s^2+a^2)^3}$	$\dfrac{1}{8}[(1+a^2t^2)\sin at - at\cos at]$
122	$\dfrac{a^5}{(s^2-a^2)^3}$	$\dfrac{1}{8}[(3+a^2t^2)\sinh at - 3at\cosh at]$
123	$\dfrac{a^3 s}{(s^2-a^2)^3}$	$\dfrac{t}{8}(at\cosh at - \sinh at)$
124	$\dfrac{a^3 s^2}{(s^2-a^2)^3}$	$\dfrac{1}{8}[at\cosh at - (1-a^2t^2)\sinh at]$

2. RATIONALE FUNKTIONEN

Nr.	$F(s)$	$f(t)$
125	$\dfrac{1}{s^n}$ $(n > 0, \text{ganz})$	$\dfrac{1}{(n-1)!}\, t^{n-1}$
126	$\dfrac{(s-1)^n}{s^{n+1}}$	$L_n(t)$
127	$\dfrac{\left(s-\dfrac{1}{2}\right)^n}{\left(s+\dfrac{1}{2}\right)^{n+1}}$	$e^{-\frac{t}{2}} L_n(t)$
128	$\dfrac{1}{s\,(as+1)\cdots(as+n)}$	$\dfrac{1}{n!}\left(1 - e^{-\frac{t}{a}}\right)^n$
129	$\dfrac{s\sin b + a\cos b}{s^2 + a^2}$	$\sin(at+b)$
130	$\dfrac{s\cos b - a\sin b}{s^2 + a^2}$	$\cos(at+b)$
131	$\dfrac{1}{p(s)}$	$\displaystyle\sum_{k=1}^{n} \dfrac{1}{p'(a_k)}\, e^{a_k t}$
132	$\dfrac{1}{s\,p(s)}$	$\dfrac{1}{p(0)} + \displaystyle\sum_{k=1}^{n} \dfrac{1}{a_k\, p'(a_k)}\, e^{a_k t}$
133	$\dfrac{g(s)}{p(s)}$	$\displaystyle\sum_{k=1}^{n} \dfrac{g(a_k)}{p'(a_k)}\, e^{a_k t}$
	$p(s) = (s-a_1)\cdots(s-a_n)$, alle a_k verschieden	

3. Irrationale Funktionen

Nr.	$F(s)$	$f(t)$
134	$\dfrac{1}{\sqrt{s}}$	$\dfrac{1}{\sqrt{\pi t}}$
135	$\dfrac{1}{s\sqrt{s}}$	$2\sqrt{\dfrac{t}{\pi}}$
136	$\dfrac{s+a}{s\sqrt{s}}$	$\dfrac{1+2at}{\sqrt{\pi t}}$
137	$\dfrac{1}{\sqrt{s+a}}$	$\dfrac{e^{-at}}{\sqrt{\pi t}}$
138	$\sqrt{s-a}-\sqrt{s-b}$	$\dfrac{1}{2t\sqrt{\pi t}}(e^{bt}-e^{at})$
139	$\sqrt{\sqrt{s^2+a^2}-s}$	$\dfrac{\sin at}{t\sqrt{2\pi t}}$
140	$\sqrt{\dfrac{\sqrt{s^2+a^2}-s}{s^2+a^2}}$	$\sqrt{\dfrac{2}{\pi t}}\sin at$
141	$\sqrt{\dfrac{\sqrt{s^2+a^2}+s}{s^2+a^2}}$	$\sqrt{\dfrac{2}{\pi t}}\cos at$
142	$\sqrt{\dfrac{s-\sqrt{s^2-a^2}}{s^2-a^2}}$	$\sqrt{\dfrac{2}{\pi t}}\sinh at$
143	$\sqrt{\dfrac{\sqrt{s^2-a^2}+s}{s^2-a^2}}$	$\sqrt{\dfrac{2}{\pi t}}\cosh at$
144	$\dfrac{1}{\sqrt{s^2+1}}$	$J_0(t)$
145	$\dfrac{(\sqrt{s^2+1}-s)^\nu}{\sqrt{s^2+1}}$	$J_\nu(t)\quad(\Re\nu>-1)$
146	$\dfrac{(2a)^\nu\,\Gamma\!\left(\nu+\dfrac{1}{2}\right)}{\sqrt{\pi}\,(s^2+a^2)^{\nu+1/2}}$	$t^\nu J_\nu(at)\quad\left(\Re\nu>-\dfrac{1}{2}\right)$

3. IRRATIONALE FUNKTIONEN

Nr.	$F(s)$	$f(t)$
147	$\dfrac{1}{s^\nu}$	$\dfrac{t^{\nu-1}}{\Gamma(\nu)}$ \qquad $(\Re\,\nu > 0)$
148	$\dfrac{1}{s^n \sqrt{s}}$	$\dfrac{4^n\, n!}{(2n)!\,\sqrt{\pi}}\, t^{n-\frac{1}{2}}$
149	$\dfrac{1}{(s+a)^\nu}$	$\dfrac{t^{\nu-1}}{\Gamma(\nu)}\, e^{-at}$

Nr.	$F(s)$	$f(t)$
150	$\dfrac{\log s}{s}$	$-\log t - C$
151	$-\sqrt{\dfrac{\pi}{s}}\,(\log 4s + C)$	$\dfrac{\log t}{\sqrt{t}}$
152	$\dfrac{(\log s)^2}{s}$	$(\log t + C)^2 - \dfrac{\pi^2}{6}$
153	$\dfrac{1}{\log s}$	$\displaystyle\int_0^\infty \dfrac{t^{\tau-1}}{\Gamma(\tau)}\,d\tau$
154	$\log \dfrac{s-a}{s}$	$\dfrac{1-e^{at}}{t}$
155	$\log \dfrac{s-a}{s-b}$	$\dfrac{e^{bt}-e^{at}}{t}$
156	$\log \dfrac{s+a}{s-a}$	$\dfrac{2}{t}\sinh at$
157	$\log \dfrac{s^2+a^2}{s^2}$	$\dfrac{2}{t}(1-\cos at)$
158	$\log \dfrac{s^2+a^2}{s^2+b^2}$	$\dfrac{2}{t}(\cos bt - \cos at)$
159	e^{-as}	$\delta(t-a)$
160	$\dfrac{e^{-as}}{s}$	$U(t-a)$
161	$\dfrac{e^{-\frac{a^2}{4s}}}{s}$	$J_0(a\sqrt{t})$
162	$\dfrac{a^\nu}{2^\nu s^{\nu+1}}\,e^{-\frac{a^2}{4s}}$	$t^{\frac{\nu}{2}} J_\nu(a\sqrt{t}) \qquad (\Re\,\nu > -1)$

4. TRANSZENDENTE FUNKTIONEN

Nr.	$F(s)$	$f(t)$
163	$\chi(a, s)$	$\dfrac{\cos a \sqrt{t}}{\pi \sqrt{t}}$
164	$\psi(a, s)$	$\dfrac{\sin a \sqrt{t}}{\pi}$
165	$\dfrac{e^{\frac{1}{s}}}{\sqrt{s}}$	$\dfrac{\cosh 2\sqrt{t}}{\sqrt{\pi t}}$
166	$\dfrac{e^{\frac{1}{s}}}{s\sqrt{s}}$	$\dfrac{\sinh 2\sqrt{t}}{\sqrt{\pi}}$
167	$e^{-a\sqrt{s}}$	$\psi(a, t)$
168	$\dfrac{e^{-a\sqrt{s}}}{s}$	$\operatorname{erfc} \dfrac{a}{2\sqrt{t}}$
169	$\dfrac{e^{-a\sqrt{s}}}{\sqrt{s}}$	$\chi(a, t)$
170	$\dfrac{1}{s(b+\sqrt{s})} e^{-a\sqrt{s}}$	$\dfrac{1}{b}\operatorname{erfc}\left(\dfrac{a}{2\sqrt{t}}\right) - \dfrac{1}{b}e^{b^2 t + ab} \operatorname{erfc}\left(\dfrac{a}{2\sqrt{t}} + b\sqrt{t}\right)$
171	$\dfrac{1}{\sqrt{s}(b+\sqrt{s})} e^{-a\sqrt{s}}$	$e^{b^2 t + ab} \operatorname{erfc}\left(\dfrac{a}{2\sqrt{t}} + b\sqrt{t}\right)$
172	$e^{-x\sqrt{as^2+bs+c}} - e^{-(b/2\sqrt{a})x} e^{-\sqrt{a}xs}$ $\left(d = \left(\dfrac{b}{2}\right)^2 - ac\right)$	$\begin{cases} 0 & \text{für } 0 \leq t \leq \sqrt{a}\,x \\ \sqrt{\dfrac{d}{a}}\, xe^{-(b/2a)t}\, \dfrac{I_1\left(\dfrac{\sqrt{d}}{a}\sqrt{t^2 - ax^2}\right)}{\sqrt{t^2 - ax^2}} \\ & \text{für } t \geq \sqrt{a}\,x \end{cases}$
173	$\dfrac{1}{\sqrt{s}} \sin \dfrac{a}{s}$	$\dfrac{\sinh\sqrt{2at} \, \sin\sqrt{2at}}{\sqrt{\pi t}}$
174	$\dfrac{1}{s\sqrt{2s}} \left(\cos\dfrac{a}{s} + \sin\dfrac{a}{s}\right)$	$\dfrac{\cosh\sqrt{2at} \, \sin\sqrt{2at}}{\sqrt{a\pi}}$

Nr.	$F(s)$	$f(t)$
175	$\dfrac{1}{\sqrt{s}} \cos \dfrac{a}{s}$	$\dfrac{\cosh \sqrt{2at} \; \cos \sqrt{2at}}{\sqrt{\pi t}}$
176	$\dfrac{1}{s\sqrt{2s}} \left(\cos \dfrac{a}{s} - \sin \dfrac{a}{s} \right)$	$\dfrac{\sinh \sqrt{2at} \; \cos \sqrt{2at}}{\sqrt{a\pi}}$
177	$\dfrac{1}{\sqrt{s}} \sinh \dfrac{a}{s}$	$\dfrac{\cosh 2\sqrt{at} - \cos 2\sqrt{at}}{2\sqrt{\pi t}}$
178	$\dfrac{1}{s\sqrt{s}} \sinh \dfrac{a}{s}$	$\dfrac{\sinh 2\sqrt{at} - \sin 2\sqrt{at}}{2\sqrt{a\pi}}$
179	$\dfrac{1}{\sqrt{s}} \cosh \dfrac{a}{s}$	$\dfrac{\cosh 2\sqrt{at} + \cos 2\sqrt{at}}{2\sqrt{\pi t}}$
180	$\dfrac{1}{s\sqrt{s}} \cosh \dfrac{a}{s}$	$\dfrac{\sinh 2\sqrt{at} + \sin 2\sqrt{at}}{2\sqrt{a\pi}}$
181	$\operatorname{arctg} \dfrac{a}{s}$	$\dfrac{\sin at}{t}$
182	$\operatorname{arctg} \dfrac{2as}{s^2 - a^2 + b^2}$	$\dfrac{2}{t} \sin at \cos bt$
183	$\operatorname{arctg} \dfrac{ab}{s^2 - as + b^2}$	$\dfrac{e^{at} - 1}{t} \sin bt$
184	$\dfrac{\cosh (2v-1)\sqrt{s}}{\sqrt{s} \sinh \sqrt{s}}$ $(0 \leq v \leq 1)$	$\theta_3 (v, t)$
185	$\dfrac{\sinh x\sqrt{s}}{\sinh l\sqrt{s}}$ $(-l < x < +l)$	$\dfrac{1}{l} \dfrac{\partial}{\partial x} \theta_3 \left(\dfrac{l-x}{2l}, \dfrac{t}{l^2} \right) = \displaystyle\sum_{n=-\infty}^{+\infty} \psi(2nl+l-x, t)$ $= -\dfrac{2\pi}{l^2} \displaystyle\sum_{n=1}^{\infty} (-1)^n \, n \, \sin n\dfrac{\pi}{l} x \, e^{-n^2 \frac{\pi^2}{l^2} t}$

4. TRANSZENDENTE FUNKTIONEN

Nr.	$F(s)$	$f(t)$
186	$\dfrac{\sinh(l-x)\sqrt{s}}{\sinh l\sqrt{s}} \quad (0<x<2l)$	$-\dfrac{1}{l}\dfrac{\partial}{\partial x}\theta_3\left(\dfrac{x}{2l},\dfrac{t}{l^2}\right) = \displaystyle\sum_{n=-\infty}^{+\infty}\psi(2nl+x,t)$ $= \dfrac{2\pi}{l^2}\displaystyle\sum_{n=1}^{\infty} n\sin n\dfrac{\pi}{l}x\, e^{-n^2\frac{\pi^2}{l^2}t}$
187	$\begin{cases}\dfrac{1}{\sqrt{s}}e^{-x\sqrt{s}}\sinh\xi\sqrt{s} & (0\leq\xi\leq x)\\ \dfrac{1}{\sqrt{s}}e^{-\xi\sqrt{s}}\sinh x\sqrt{s} & (x\leq\xi<\infty)\end{cases}$	$\dfrac{1}{2}[\chi(x-\xi,t)-\chi(x+\xi,t)]$
188	$\begin{cases}\dfrac{\sinh\xi\sqrt{s}\,\sinh(l-x)\sqrt{s}}{\sqrt{s}\,\sinh l\sqrt{s}} & (0\leq\xi\leq x)\\ \dfrac{\sinh x\sqrt{s}\,\sinh(l-\xi)\sqrt{s}}{\sqrt{s}\,\sinh l\sqrt{s}} & (x\leq\xi\leq l)\end{cases}$	$\dfrac{1}{2}\displaystyle\sum_{n=-\infty}^{+\infty}[\chi(2nl+x-\xi,t)-\chi(2nl+x+\xi,t)]$ $= \dfrac{2}{l}\displaystyle\sum_{n=1}^{\infty} e^{-n^2\frac{\pi^2}{l^2}t}\sin n\dfrac{\pi}{l}x\sin n\dfrac{\pi}{l}\xi$
189	$\dfrac{\sqrt{\pi}}{2}e^{\left(\frac{s}{2}\right)^2}\operatorname{erfc}\dfrac{s}{2}$	e^{-t^2}

5. Stückweise verschieden definierte Originalfunktionen

Nr.	$F(s)$	$f(t)$
190	$\dfrac{e^{-as}}{s}$	Sprung von 0 auf 1 bei $t=a$
191	$\dfrac{1-e^{-as}}{s}$	Rechteckimpuls: 1 für $0<t<a$, sonst 0
192	$\dfrac{e^{-as}-e^{-bs}}{s}$	Rechteckimpuls: 1 für $a<t<b$, sonst 0
193	$\dfrac{(1-e^{-as})^2}{s}$	1 für $0<t<a$, -1 für $a<t<2a$, sonst 0
194	$\dfrac{(e^{-as}-e^{-bs})^2}{s}$	1 für $2a<t<a+b$, -1 für $a+b<t<2b$, sonst 0
195	$\dfrac{(1-e^{-as})^2}{s^2}$	Dreieckimpuls mit Spitze a bei $t=a$, Basis $[0,2a]$
196	$\dfrac{(e^{-as}-e^{-bs})^2}{s^2}$	Dreieckimpuls mit Spitze $b-a$ bei $t=a+b$, Basis $[2a,2b]$

5. STÜCKWEISE VERSCHIEDEN DEFINIERTE ORIGINALFUNKTIONEN

Nr.	$F(s)$	$f(t)$
197	$\dfrac{b e^{-as}}{s(s+b)}$	$\begin{cases} 0 & \text{für } 0 < t < a \\ 1 - e^{-b(t-a)} & \text{für } a < t \end{cases}$
198	$\dfrac{e^{-as}}{s+b}$	$\begin{cases} 0 & \text{für } 0 < t < a \\ e^{-b(t-a)} & \text{für } a < t \end{cases}$
199	$\dfrac{e^{-as} - e^{-bs}}{s^2}$	
200	$\dfrac{1 - e^{-as}}{s^2}$	
201	$\dfrac{e^{-as} + as - 1}{as^2}$	

5. STÜCKWEISE VERSCHIEDEN DEFINIERTE ORIGINALFUNKTIONEN

Nr.	$F(s)$	$f(t)$
202	$\dfrac{a\left(1-e^{-\frac{2n\pi s}{a}}\right)}{s^2+a^2}$	$\begin{cases} \sin at & \text{für } 0 < t < \dfrac{2n\pi}{a} \\ 0 & \text{für } \dfrac{2n\pi}{a} < t \end{cases}$
203	$\dfrac{s\left(1-e^{-\frac{2n\pi s}{a}}\right)}{s^2+a^2}$	$\begin{cases} \cos at & \text{für } 0 < t < \dfrac{2n\pi}{a} \\ 0 & \text{für } \dfrac{2n\pi}{a} < t \end{cases}$
204	$f_p(s) = \dfrac{f(s)}{1-e^{-as}}$	
205	$\dfrac{a}{s^2+a^2} \cdot \dfrac{1+e^{-\frac{\pi}{a}s}}{1-e^{-\frac{\pi}{a}s}}$	$\lvert \sin at \rvert$

5. STÜCKWEISE VERSCHIEDEN DEFINIERTE ORIGINALFUNKTIONEN

Nr.	$F(s)$	$f(t)$
206	$\dfrac{a}{s^2+a^2}\ \dfrac{1}{1-e^{-\frac{\pi}{a}s}}$	$\begin{cases} \sin at & \text{für } \dfrac{2n\pi}{a} < t < \dfrac{(2n+1)\pi}{a} \\ 0 & \text{für } \dfrac{(2n+1)\pi}{a} < t < \dfrac{(2n+2)\pi}{a} \end{cases}$ $n = 0, 1, \ldots$
207	$\dfrac{a}{s^2+a^2}\ \dfrac{1}{e^{\frac{\pi}{a}s}-1}$	$\begin{cases} 0 & \text{für } \dfrac{2n\pi}{a} < t < \dfrac{(2n+1)\pi}{a} \\ -\sin at & \text{für } \dfrac{(2n+1)\pi}{a} < t < \dfrac{(2n+2)\pi}{a} \end{cases}$ $n = 0, 1, \ldots$
208	$\dfrac{1}{s(1+e^{-as})}$	
209	$\dfrac{e^{-as}+as-1}{as^2(1-e^{-as})}$	

5. STÜCKWEISE VERSCHIEDEN DEFINIERTE ORIGINALFUNKTIONEN

Nr.	$F(s)$	$f(t)$
210	$\dfrac{1}{s(1+e^{as})}$	
211	$\dfrac{1-e^{-\frac{a}{\nu}s}}{s(1-e^{-as})}$	
212	$\dfrac{1-e^{-as}}{s(1+e^{-as})}$	
213	$\dfrac{e^{-as}-1}{s(1+e^{-as})}$	
214	$\dfrac{1-e^{-as}}{s(1+e^{as})}$	

5. STÜCKWEISE VERSCHIEDEN DEFINIERTE ORIGINALFUNKTIONEN

Nr.	$F(s)$	$f(t)$
215	$\dfrac{4 - e^{-as}}{s\,(4 + 2e^{-as})}$	$\dfrac{1}{2} + (-1)^n \dfrac{1}{2^{n+1}}$ für $na < t < (n+1)\,a$.
216	$\dfrac{1 - e^{-as}}{s\,(e^{as} + e^{-as})}$	
217	$\dfrac{e^{-\frac{as}{\kappa}} - e^{-\frac{as}{\lambda}} + e^{-as} - e^{-\frac{as}{\mu}}}{s\,(1 - e^{-as})}$	
218	$\dfrac{1 - e^{-as}}{as^2\,(1 + e^{-as})}$	
219	$\dfrac{(1 - e^{-as})^2}{as^2\,(1 - e^{-4as})}$	
220	$\dfrac{2\nu\left(1 - e^{-\frac{as}{2\nu}}\right)^2}{as^2\,(1 - e^{-as})}$	

5. STÜCKWEISE VERSCHIEDEN DEFINIERTE ORIGINALFUNKTIONEN

Nr.	$F(s)$	$f(t)$
221	$\dfrac{\left(1-e^{-\frac{as}{\mu}}\right)\left(1-e^{-(2-\frac{1}{\mu})as}\right)}{as^2(1-e^{-2as})}$	
222	$\dfrac{\left(1-e^{-\frac{as}{\mu}}\right)\left(1-e^{-(2-\frac{1}{\mu})as}\right)}{as^2(1-e^{-4as})}$	
223	$\dfrac{2\nu\left(1-e^{-\frac{as}{2\nu\mu}}-e^{-\frac{(2\mu-1)as}{2\nu\mu}}+e^{-\frac{as}{\nu}}\right)}{as^2(1-e^{-as})}$	
224	$\dfrac{\nu(\nu-1)+\nu e^{-as}-\nu^2 e^{-\frac{as}{\nu}}}{(\nu-1)as^2(1-e^{-as})}$	
225	$\dfrac{\nu(\nu-1)+\nu e^{-as}-\nu^2 e^{-\frac{as}{\nu}}}{(\nu-1)as^2(1-e^{-2as})}$	
226	$\dfrac{\lambda\nu(\nu-1)+\lambda\nu e^{-\frac{as}{\lambda}}-\lambda\nu^2 e^{-\frac{as}{\lambda\nu}}}{as^2(\nu-1)(1-e^{-as})}$	
227	$\dfrac{as+1-e^{as}}{as^2(1-e^{as})}$	

5. STÜCKWEISE VERSCHIEDEN DEFINIERTE ORIGINALFUNKTIONEN

Nr.	$F(s)$	$f(t)$
228	$\dfrac{1-(1+as)e^{-as}}{as^2(1-e^{-2as})}$	
229	$\dfrac{\nu-(\nu+as)e^{-\frac{as}{\nu}}}{as^2(1-e^{-as})}$	
230	$\dfrac{\mu-\mu e^{-\frac{as}{\mu}}-as\,e^{-as}}{a\mu s^2(1-e^{-as})}$	
231	$\dfrac{\mu-\mu e^{-\frac{as}{\mu}}-as\,e^{-as}}{a\mu s^2(1-e^{-2as})}$	
232	$\dfrac{\mu\nu-\mu\nu e^{-\frac{as}{\nu\mu}}-as\,e^{-\frac{as}{\nu}}}{a\mu s^2(1-e^{-as})}$	
233	$\dfrac{2-as-(2+as)e^{-as}}{as^2(1-e^{-as})}$	
234	$\dfrac{2\mu e^{-\frac{as}{2}}\left(e^{\frac{as}{2\mu}}-e^{-\frac{as}{2\mu}}\right)-as(1+e^{-as})}{a\mu s^2(1-e^{-as})}$	

5. STÜCKWEISE VERSCHIEDEN DEFINIERTE ORIGINALFUNKTIONEN

Nr.	$F(s)$	$f(t)$
235	$\dfrac{2(1-e^{-as})}{as^2(1+e^{-as})} - \dfrac{1}{s}$	
236	$\dfrac{2\left(e^{-\frac{\mu-1}{2\mu}as} - e^{-\frac{\mu+1}{2\mu}as}\right)}{as^2(1+e^{-as})} - \dfrac{1}{\mu s}$	
237	$\dfrac{1}{s(e^s-1)}$	$[t]$
238	$\dfrac{1}{s(e^{as}-1)}$	$\left[\dfrac{t}{a}\right]$
239	$\dfrac{1}{s(1-e^{-s})}$	$[t]+1$

5. STÜCKWEISE VERSCHIEDEN DEFINIERTE ORIGINALFUNKTIONEN

Nr.	$F(s)$	$f(t)$
240	$\dfrac{1}{s\,(1-e^{-as})}$	$\left[\dfrac{t}{a}\right] + 1$
241	$\dfrac{1}{s^2(e^{as}-1)}$	$n\left(t - \dfrac{(n+1)a}{2}\right)$ für $na < t < (n+1)a$
242	$\dfrac{1}{s\,(e^s - a)}\;(a \neq 1)$	$\dfrac{a^{[t]} - 1}{a - 1}$
243	$\dfrac{e^s - 1}{s}\dfrac{1}{e^s - a}$	$a^{[t]}$
244	$\dfrac{e^s - 1}{s}\dfrac{1}{(e^s - a)^2}$	$[t]\,a^{[t]-1}$
245	$\dfrac{e^s - 1}{s}\dfrac{1}{(e^s - a)^3}$	$\dfrac{1}{2}[t]\,([t] - 1)\,a^{[t]-2}$
246	$\dfrac{e^s - 1}{s}\dfrac{1}{(e^s - a)(e^s - \beta)}$	$\dfrac{a^{[t]} - \beta^{[t]}}{a - \beta}\quad (a \neq \beta)$

5. STÜCKWEISE VERSCHIEDEN DEFINIERTE ORIGINALFUNKTIONEN

Nr.	$F(s)$	$f(t)$
247	$\dfrac{e^s-1}{s} \dfrac{e^s-(\alpha+\beta)}{(e^s-\alpha)(e^s-\beta)}$	$-\alpha\beta \dfrac{\alpha^{[t]-1}-\beta^{[t]-1}}{\alpha-\beta} \quad (\alpha \neq \beta)$
248	$\dfrac{e^s-1}{s} \dfrac{e^{\mu s}}{p(e^s)} \quad (\mu=0,1,\ldots,r-1)$ $(p(z)=z^r+c_{r-1}z^{r-1}+\cdots+c_0)$	$Q^{([t]+\mu)}(0)$ $\left(Q(t) \circlearrowleft \dfrac{1}{p(s)}\right)$
249	$\dfrac{1-e^{-s}}{s} \displaystyle\sum_{k=0}^{\infty} F_k e^{-ks}$	$F([t])$
250	$\dfrac{e^s-1}{s} \dfrac{e^s+1}{(e^s-1)^3}$	$[t]^2$
251	$\dfrac{e^s-1}{s} \dfrac{e^s+\alpha}{(e^s-\alpha)^3}$	$[t]^2 \alpha^{[t]-1}$
252	$\dfrac{e^s-1}{s} \dfrac{(c-d)e^s-(c\beta-d\alpha)}{(e^s-\alpha)(e^s-\beta)}$	$c\alpha^{[t]}-d\beta^{[t]}$
253	$\dfrac{e^s-1}{s} \dfrac{\sin\beta}{e^{2s}-2e^s\cos\beta+1}$	$\sin\beta[t]$
254	$\dfrac{e^s-1}{s} \dfrac{e^s-\cos\beta}{e^{2s}-2e^s\cos\beta+1}$	$\cos\beta[t]$
255	$\dfrac{e^s-1}{s} \dfrac{a\sin\beta}{e^{2s}-2ae^s\cos\beta+a^2}$	$a^{[t]}\sin\beta[t]$
256	$\dfrac{e^s-1}{s} \dfrac{e^s-a\cos\beta}{e^{2s}-2ae^s\cos\beta+a^2}$	$a^{[t]}\cos\beta[t]$

Nr.	$F(s)$	$f(t)$
257	1	$\delta(t)$
258	$s^n \ (n = 1, 2, \ldots)$	$\delta^{(n)}(t)$
259	$e^{-Ts}(T>0)$	$\delta(t-T)$
260	$e^{-x\sqrt{as^2+bs+c}}$	$e^{-(b/2\sqrt{a})x}\,\delta(t-\sqrt{a}\,x)$ $+\sqrt{\dfrac{d}{a}}\,x\,e^{-(b/2a)t}\,\dfrac{I_1\left(\dfrac{\sqrt{d}}{a}\sqrt{t^2-ax^2}\right)}{\sqrt{t^2-ax^2}}$ $d = \left(\dfrac{b}{2}\right)^2 - ac$

Funktionen-Verzeichnis

$$U(t) = \begin{cases} 0 & \text{für } t \leq 0 \\ 1 & \text{für } t > 0 \end{cases}$$

$\delta(t)$ = Impuls- oder Dirac-Distribution

$$L_n(t) = \sum_{k=0}^{n} (-1)^k \binom{n}{k} \frac{t^k}{k!} \quad \text{(Laguerre-Polynom)}$$

$$\chi(a, t) = \frac{1}{\sqrt{\pi t}} e^{-\frac{a^2}{4t}}$$

$$\psi(a, t) = \frac{a}{2\sqrt{\pi} t^{3/2}} e^{-\frac{a^2}{4t}}$$

$$\operatorname{erfc} x = \frac{2}{\sqrt{\pi}} \int_{x}^{\infty} e^{-u^2} du$$

$$J_0(t) = \sum_{k=0}^{\infty} (-1)^k \frac{\left(\frac{t}{2}\right)^{2k}}{(k!)^2}$$

$$J_\nu(t) = \sum_{k=0}^{\infty} (-1)^k \frac{\left(\frac{t}{2}\right)^{2k+\nu}}{k!\,\Gamma(\nu+k+1)} \quad \text{(Bessel-Funktion)}$$

$$I_1(t) = \sum_{k=0}^{\infty} \frac{\left(\frac{t}{2}\right)^{2k+1}}{k!\,(k+1)!}$$

$$\theta_3(v, t) = 1 + 2\sum_{k=1}^{\infty} e^{-k^2 \pi^2 t} \cos 2k\pi v = \frac{1}{\sqrt{\pi t}} \sum_{n=-\infty}^{+\infty} e^{-\frac{(v+n)^2}{t}}$$

$[t]$ = größte ganze Zahl $\leq t$

C = 0,577... (Eulersche Konstante)

Stichwortverzeichnis

Abelsche Integralgleichung 133
Abtastvorrichtung 193
Admittanz 95
Ähnlichkeitssatz 34
Amplitude einer Schwingung 12, 15
Amplitudendichte 18
Amplitudengang 67
Anfangsbedingungen bei partiellen Differentialgleichungen 110
Anfangswerte bei gewöhnlichen Differentialgleichungen 43, 52, 72, links- und rechtsseitige 72, 85, 87
Antwort 55
asymptotische Darstellung 158, Entwicklung 159
Ausgangsfunktion 55

Besselsche Funktion J_0 135, 142, J_ν 142
Bildfunktion 30, 173
Bildgleichung 43
Bildraum 30
Block 56

Charakteristische Gleichung 53

D $\mathscr{D}$ (Raum) 212
$\mathscr{D}'$ (Raum) 215
$\mathscr{D}_+'$ (Raum) 218
$\mathscr{D}_0'$ (Raum) 219
Dämpfungsverhältnis 49
Dauerzustand (-vorgang) 66, 187
Derivierte 213, 216
Differentiationssatz 36, 38
Diracsche δ-Funktion 21
diskrete $\mathfrak{L}$-Transformation 172
Distribution 214, von endlicher Ordnung 218
Doppelquellenfunktion 116, 135
$\mathfrak{D}$-Transformation 172
Duhamelsche Formel 62

Eigenlösung einer Differenzengleichung 182

Eigenschwingung einer Differentialgleichung 71, eines Systems 77
Eingangsfunktion 55
eingeschwungener Zustand 67
Einheitssprungfunktion 27
Einschwingvorgang 68
Elastanz 100
Erregung(sfunktion) 43, 55

Fakultätenreihe 149
Faltung 40, Differentiation einer 133
Faltungssatz der $\mathfrak{L}$-Transformation 39, 222, $\mathfrak{Z}$-Transformation 177, komplexer Faltungssatz 40, 177
Faltungssumme 177
fast alle 149
Fourier-Integral 16
Fourier-Reihe 11, komplexe 12
Fourier-Transformation 22
Frequenz, positive und negative 15, komplexe 25, 188
Frequenzantwort 67, 79
Frequenzgang 67, 68, 79, 119
Funktional 212

Gewichtsfunktion 56, 70, 78, 99
Greensche Funktion 56

Hakenintegral 28
Haltekreis 196
Heavisidescher Entwicklungssatz 62

Impedanz 95, charakteristische 123
Impulsantwort 63, 78, 99
Impulsdauer 194
Impulselement 193
Impuls(funktion) 21, 64, 144, 215
Impulsperiode 194
Impulsverlängerer 197
instabil 168
Integrationssatz 38

Jordansches Lemma 139

Kern 132, reziproker 132
Kettenleiter 188
Kirchhoffsche Stromkreisregel 94
komplexe Frequenz 25, 188
komplexe Stromstärke und Spannung 187
Konvergenzhalbebene 26
konzentrierte Konstante 94
Korrespondenz(zeichen) 31, 173

L $\mathfrak{L}$-Integral 25
$\mathfrak{L}$-Transformation 30
$\mathfrak{L}$-Transformierte 31
Laurent-Transformation 173
lokal integrabel 212

Maschenstrom 96
Maximum der Originalfunktion 207
meromorphe Funktion, Rücktransformation 143
Modellfunktion für Pulse 196

Netzwerk 96
Neumannsche Reihe 132

Operation 33
Originalfolge 173
Originalfunktion 30
Originalgleichung 43
Originalraum 30

Parsevalsche Gleichung 41
Partialbruchzerlegung 47, 54, 57, 143, 144
passives System 68
periodische Originalfunktion 209
Phasengang 67
Phasenlage einer Schwingung 12, 15
Poissonsches Integral für J_0 136
Potenzreihe in $1/s$, Rücktransformation 141
Pseudofunktion 21
Puls 196

Quasistabilität 168
Quellenfunktion 116

Randbedingungen bei partiellen Differentialgleichungen 110, 111
Reflexionskoeffizient 129
Regelfläche, quadratische 42
Regelkreis 57
Rekursionsgleichung 179
Residuenrechnung 145
Rückkopplung 57

Schwingung, harmonische 12, komplexe 15, 28
Spektraldarstellung 17, 23, 25
Spektraldichte 17, 25
spektrale Denkweise 32, 188
Spektrallinie 20
Spektralverteilung 17, 20
Spektrum einer periodischen Funktion 15, einer nichtperiodischen 16
Sprungantwort 61, 68, 78
sprungfähige Antwort 84, 102
Stabilität, eigentliche 167, uneigentliche 168
stationärer Zustand 67, 188
Stichproben 195
Störungsfunktion 43
Stoßfunktion 21
Stromkreis 94
Stufenfunktion 193
Systemfunktion 56, 78

Taster, periodischer 200
Taylor-Transformation 179
Telegraphengleichung 122
Testfunktion 211, 212
Thomsonkabel 114, 122
Träger einer Funktion 218, einer Distribution 218
Treppenfunktion 171
T-Vierpol 189

Übergangsfunktion 61, 99
Übertragungsfaktor, -funktion 56, 78
Umkehrformel der $\mathfrak{L}$-Transformation 31, $\mathfrak{Z}$-Transformation 175
$u(t)$ 27

Verformung des Weges im Umkehrintegral 138, 145
Vergleichsfunktion 158
Verschiebungssatz der $\mathfrak{L}$-Transformation 34, 35, $\mathfrak{Z}$-Transformation 176
Verstärkungsgrad (Impulselement) 194
Verteilungsfunktion 17
Verträglichkeitsbedingungen 85
Verzerrung der Übertragung 128
verzerrungsfreie Leitung 124
Vierpol 100, 189, 191

Wechselstromrechnung, komplexe 66, 186, 187

Z $\mathfrak{Z}$-Transformation 173